Oracle Primavera P6 工程项目管理软件应用

齐国友　主　编

中国建筑工业出版社

图书在版编目（CIP）数据

Oracle Primavera P6 工程项目管理软件应用/齐
国友主编. —北京：中国建筑工业出版社，2021.8
ISBN 978-7-112-26306-6

Ⅰ.①O… Ⅱ.①齐… Ⅲ.①建筑工程-工程项目管
理-应用软件 Ⅳ.①TU71-39

中国版本图书馆 CIP 数据核字（2021）第 134878 号

本书重点介绍了项目管理软件 Oracle Primavera P6 Professional 在项目管理尤
其是在建设工程项目管理中的应用。主要内容包括项目管理基础知识，项目管理
软件简介，P6 安装与界面认识，无资源约束的项目计划，无资源约束的项目控
制，资源约束下的项目计划，资源约束下的项目控制以及多级计划的实现与更新。

本书可以作为工程管理专业以及相关专业师生的教材，也可以作为从事项目
计划与项目控制工作专业人员的参考书。

策划编辑：徐仲莉
责任编辑：曹丹丹
责任校对：芦欣甜

Oracle Primavera P6 工程项目管理软件应用
齐国友 主编
*
中国建筑工业出版社出版、发行（北京海淀三里河路 9 号）
各地新华书店、建筑书店经销
霸州市顺浩图文科技发展有限公司制版
廊坊市海涛印刷有限公司印刷
*
开本：787 毫米×1092 毫米 1/16 印张：21 字数：519 千字
2021 年 8 月第一版 2021 年 8 月第一次印刷
定价：**58.00** 元
ISBN 978-7-112-26306-6
（37866）

本书编委会

主编：齐国友　华东理工大学商学院
参编：孙正伟　华东理工大学商学院
　　　艾　伟　友勤（北京）科技发展有限公司

前　　言

Oracle Primavera P6 项目管理系列软件在国际企业项目管理软件市场中处于领导地位，其用户遍布全世界范围内的建设、咨询、制造、设计、金融服务、政府部门、高科技/通信、石化、软件开发和公共设施等行业。

在我国，自从福建水口电站引入 P3 软件用于工程项目建设管理以来，该软件经过多年升级，已经形成了以 Oracle Primavera P6 Professional（本书简称 P6）为核心的软件组合包，广泛应用在水电、石化、交通、天然气、火电以及民用建筑等行业工程项目的建设过程中。

目前，国内很多开设工程管理专业的高校都将项目管理软件的学习及应用纳入到专业人才培养计划中，通过《计算机辅助项目管理》《工程项目管理软件》《工程建设信息化》《工程项目管理》《项目管理》以及《项目管理软件应用课程设计》等课程予以体现。但是，在国内外图书市场上 P6 的教材还比较少。在多年的《项目管理软件应用》以及《项目管理》课程的教学过程中，笔者深感编写一本基于 P6 软件的项目管理应用的教材是非常有必要的。

本书各章节的策划按照循序渐进的知识架构进行设计，从软件介绍开始，涵盖基于 P6 的无资源约束的项目计划、无资源约束的项目控制、资源约束下的项目计划、资源约束下的项目控制以及多级计划的实现与更新等内容。其中，第 1 章、第 4 章、第 5 章、第 6 章、第 7 章由齐国友编写，第 2 章、第 3 章由孙正伟编写，第 8 章由艾伟编写。艾伟参与了本书主要案例项目-CBD 项目的策划及编写工作。全书由齐国友统稿。

在编写过程中，本书得到了肖和平经理、王春雨经理、刘运元经理的支持，研究生李云中、李洋参与了稿件的文字校对工作，在此对以上各位的支持表示诚挚的感谢！

中国建筑工业出版社徐仲莉编辑在本书编写过程中给了笔者很大支持，在此对徐编辑的支持表示感谢！

由于编者水平有限，加之时间仓促，书中不足之处在所难免，敬请各位读者批评指正，电子邮箱：qiguoyou2003@163.com。

目　　录

第1章

项目管理基础知识

1.1 项目管理概述

1.1.1 项目及项目管理定义

目前项目一词被越来越多地应用到社会经济和文化生活的各个方面。国际组织以及一些学者都对项目进行了定义，例如：

国际标准化组织—ISO 发布的国际标准质量管理—项目管理质量指南（ISO 10006），将项目定义为："由一系列具有开始和结束日期、相互协调和控制的活动组成，通过实施而达到满足时间、费用和资源等约束条件目标的独特的过程。"

美国项目管理协会（PMI）把项目定义为："项目是为创造独特的产品、服务或成果而进行的临时性工作。"

国际项目管理协会前主席罗德尼·特纳将项目定义为：项目是一个临时性组织，资源被分配给该组织用于完成那些能够交付有收益性的、变革的工作。

上述对于项目的定义中，美国项目管理协会的定义应用较为广泛。美国项目管理协会于 1996 年发布了第一版项目管理知识体系（A Guide to the Project Management Body of Knowledge，PMBOK），目前已发布 PMBOK 第六版。PMBOK 定义并描述了在大多数情况下，大部分项目中可能会用到的知识与方法，PMBOK 的价值已得到广泛认同。

开展项目是为了通过可交付成果达到目标。这里的目标是指项目工作指向的结果、要达到的战略地位以及要取得的产品。可交付成果可能是有形的，也可能是无形的。例如，可交付成果可以是一个独特的产品，这个产品可能是其他产品的一部分或者某个产品的升级或者修订，也可能是新的最终产品；一种独特的服务或者提供某种服务的能力；一项独特的成果，例如某个结果或文件（如某研究项目所创造的知识），可据此判断某种趋势是否存在，或判断某个新过程是否有益于社会；一个或多个产品、服务或成果的独特组合（例如一个软件应用程序及其相关文件和帮助中心服务）。

项目管理就是将各种知识、技能、工具和技术应用于项目，以便达成预期的商业价值和成果，从而增加项目成功的可能性。项目管理通过合理地运用与整合特定项目所需的项目管理过程得以实现。为了更好地管理项目，满足对项目的要求，就要对项目的目标、项目的范围、项目的组织和项目的对象有着深入的了解，这样才能够很好地理解工作内容。项目管理的根本手段是项目管理工具、技术的应用。

目前，项目管理作为一门学科，已经形成了相对独立的理论架构，形成了一系列项目管理的工具、技术，例如 CPM 技术、赢得值技术和 WBS 技术等。

项目管理主要包括项目计划与项目控制两个过程。其中，美国土木工程师协会将计划定义为"确定和描述要完成的一系列作业的过程"。项目计划是对项目任务、任务进度以及完成任务所需资源的系统描述，是为完成具体项目目标而确定和选择最佳模型的过程。项目计划是指综合运用技能、技术与直觉，制定有效计划模型的过程。常用的计划编制方法有 CPM 技术和横道图技术。其中，CPM 技术是项目计划以及控制管理最流行的技术。项目计划通过整合作业、资源及逻辑关系，增加项目基准工期内成功完成项目的可能性。项目计划是引导项目走向成功的行动路线。

项目控制是建立一个测量、报告和预测项目范围、预算和进度偏差的系统。项目计划是根据预测对未来做出的安排，由于在计划编制过程中难以预测的问题很多，因此在项目组织实施过程中往往会产生偏差。项目控制的目的是确定和预报在项目中的偏差，从而采取纠正措施。项目控制要求连续、定期报告项目的进度信息，以确保项目的管理方能够实时地对项目的偏差做出反应。项目控制的关键核心技术是赢得值技术或者挣值技术。

Oracle Pirmavera P6 作为世界级的项目管理软件，本身就是一个非常好的项目管理工具，项目团队可以利用它提供的项目计划、项目控制等功能实现项目管理的各项任务。

1.1.2　项目管理流程

项目管理流程如图 1-1 所示。

定义项目基本信息。这里需要定义项目名称、项目 ID、选择项目的默认日历等信息。默认的项目日历是由工作周期定义的，可以根据项目作业以及资源情况定义日历，这里包括每周的工作天数、每天的工作班次、每天或者每个班次的工作小时数、加班时段以及节假日。默认日历的设置，根据项目的通常工作时间确定，同时项目团队成员可以根据需要对某些作业建立不同的工作日历。

定义项目范围。制定项目和产品详细描述的过程。在项目环境中，"范围"这一术语有两种含义，即产品范围和项目范围。产品范围是指某项产品、服务或成果所具有的特征和功能；项目范围是为交付具有规定特性与功能的产品、服务或成果而必须完成的工作。项目范围的主要作用是描述产品、服务或成果的边界和验收标准。定义范围的过程就是要从需求文件（收集需求过程的输出）中选取最终的项目需求，然后制定出关于项目及其产品、服务或成果的详细描述。

定义 WBS。将项目可交付成果和项目工作分解为较小的、更易于管理的组件的过

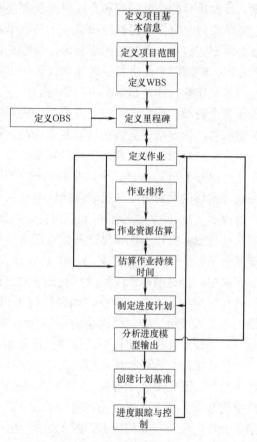

图 1-1　项目计划与控制流程

程。WBS（Work Breakdown Structure）或者工作分解结构是对项目团队需要实施的全部工作范围的层级分解。WBS 组织并定义了项目的总范围，代表着经批准的当前项目范围说明书中所规定的工作。WBS 规定的是要交付什么，而不是该怎样交付或者何时交付。WBS 最底层的组成部分称为工作包。工作包对相关作业进行归类，以便为工作安排进度、估算费用、开展监督与控制。工作分解结构中的"工作"是指作为作业结果的工作产品或可交付成果。工作分解结构的层次取决于项目的规模、类型、工期、估算目的、对有效控

制的需求以及项目所处生命周期的阶段。在 WBS 的合适层次上，项目会为每一个 WBS 要素设置管理控制点，这些控制点称为控制账号（Control account）。控制账号是开展成本、进度控制的集成点。每个控制账号需要与组织结构分解中的单元相关联，以确定负责该控制账号的组织单元或者个人。

定义 OBS。组织分解结构（Organizational Breakdown Structure，OBS）是对项目组织的一种层级描述，展示了项目活动与执行这些活动的组织单元之间的关系。它是一个在组织范围内分解各层次人员的方法。OBS 不等同于企业内的组织分解体系，例如一名财务管理人员虽然处于比较低的组织体系层次，但他/她可能需要了解全局的信息，因此就可能需要处于较高的 OBS 层次上。

定义里程碑。里程碑的持续时间为零，不需要分配资源，可以作为衡量项目绩效的准则，反映项目的开始时间和完成时间等关键时间节点，也可以反映外部的制约因素，例如设备的交付。每个项目都应该有一个开始里程碑和一个完成里程碑。每个项目在创建进度模型时都应该有一套初始的里程碑。这些里程碑由客户、项目团队或者其他项目利益相关者提出，随着项目的进行还可能加入新的里程碑。

定义作业。作业是一个可以测量的独立单元，是项目范围的构成要素。虽然作业可能需要多个资源共同完成，但是需要一个人对该作业的绩效负责并进行汇报，这种资源称为关键资源。作业描述应该包括需要完成的工作内容。除非有日历的非工作时间，否则作业一旦开始就可以不被打断地执行到完成。除了线性的作业（例如公路的铺设）和支持性的作业（LOE）外，通常一个作业的执行时间在不超过两个统计周期内汇报作业的开始和完成，这样的设定方便项目管理团队对项目绩效的测量以及纠正措施的实施。对一些支持性的作业（LOE），由于其可能贯穿整个项目周期，从而导致可能成为关键作业，为了规避这种现象，可以考虑依据这些作业所支持的作业确定这些支持性作业的工期。对作业的定义包括作业日历、作业编码、作业名称、作业对应的 WBS 以及作业风险临界值等内容。其中，合适的作业编码结构有助于对进度数据进行选择、排序和分组，并能帮助计划的开发、维护及报告。作业的编码结构可以考虑识别项目阶段、子阶段、工作地点、成果、负责人或组织等。结构化的编码作为整体编码的一部分，可以使用户更好地理解作业，识别作业在整个项目中的位置。作业编码必须是唯一的。

作业排序。作业排序包括定义作业之间的逻辑关系以及作业本身的限制条件（例如开始不早于、开始不晚于等）。依据一定的逻辑关系对作业和里程碑进行排序，是任何进度模型的基础。作业的逻辑关系包括 FS、FF、SS、SF 四种，其中 FS 关系最为普遍。只要条件允许，应该优先使用 FS 逻辑关系。在一些逻辑关系中，需要设置一些滞后量，这里称为延时。延时表明在紧前作业和紧后作业之间有一个延迟。延时意味着不工作，延时也有持续时间，当紧前作业和紧后作业使用了不同的日历时，需要指定延时使用的日历。这里就需要考虑延时是使用紧前作业的日历还是需要选择紧后作业的日历或者其他日历进行进度计算。在项目计划制定过程中，有时需要对作业设定一些开始或者完成的时间限制，这些时间限制会增加进度计算的复杂性。这些限制条件包括开始不早于（Start On or Before）、完成不早于（Finish On or Before）、开始不晚于（Start On or After）、完成不晚于（Finish On or After）、开始日期（Start On）、完成日期（Finish On）、尽可能晚（As Late As Possible）、强制开始（Mandatory Start）、强制完成（Mandatory Finish）等限制条件。这些限制条件的加入会影响进度计算的结果。其中最早时间限制会影响作业的最早开始或者最早完成时间，最迟时间限制会影响作业的最迟完成或者最迟开始时间，开始日期和完成日期限制会同时影响作业的最早时间和最迟时间，尽可能晚设定作业的自由浮时等于零。以上限制条件皆以满足逻辑关系为前提，而强制开始和强制完成的时间限制，通过强制设置作业的开始和完成时间而不考虑逻辑关系的约束，可能会破坏作业之间的逻辑关系。

作业资源估算。估算作业资源包括确定作业成本的类别、成本估算、作业工作量估算、确定作业资源（包括确定关键资源）、识别资源的可用性、定义和分配资源日历、定义资源 ID、资源类型以及资源描述等内容。

估算作业持续时间。估算作业持续时间，也就是估算每道作业的有效工作时间或者持续时间。确定作业持续时间的普遍做法是先定义作业，然后对作业的逻辑关系进行排序，接着进行作业资源和时间的估算。通常资源的可用数以及资源总的生产率会决定作业的持续时间。资源数量的需求量与资源的技能水平、资源日历以及工作本身的属性有关。某些情况下，作业的持续时间可能与资源的投入无关，例如 24h 的压力测试作业。作业资源估算与作业持续时间估算两者之间的关系，需要先确定资源与工期的关系。例如，对于基础开挖工作，挖掘机的效率决定作业的持续时间。现场挖掘机的数量及效率决定作业的工期。这里需要先确定作业的关键资源以及关键资源的约束条件和效率，然后计算作业工期，最后根据工期的需要分配非关键资源。这样的作业被定义为资源依赖的作业。这样的作业需要设定一个关键资源，设定这个资源的基本信息，例如资源的日历、资源的单位时间数量等。然后将此资源分配到作业网络中，以此决定作业的持续时间。

制定进度计划。完成上述工作后，就可以确定作业之间的逻辑关系。根据确定的逻辑关系，通过进度计算模型就可以计算每道作业的开始日期、完成日期，确定作业的总浮时（Total Float，又称总时差）和自由浮时（Free Float，又称自由时差）。采用前推法确定每道作业的最早时间，采用后推法确定作业的最迟时间。然后根据最早时间计算自由浮时，根据最早和最迟时间计算总浮时。

分析进度模型输出。根据进度计算的初始结果，可以进行资源平衡工作。通过资源平衡降低资源过载的可能性以及缩小资源的波动性。资源平衡需要在增加资源需求与延长项目总工期之间进行权衡。资源平衡也可以通过调整逻辑关系以及增加约束条件来实现部分资源平衡工作。同时需要根据总浮时结果，进行工期优化，确保关键路径的总浮时满足项目管理的需要。

创建计划基准。最后报批计划，批准后形成基准进度计划。项目团队应该主动参与对初始进度计划编制过程的审查工作。审查工作应该包括下列内容：项目的完成日期、里程碑完成日期、关键路径、总浮时、资源需求（和资源可用性进行比较）。如果有必要可以对计划进行变更，这里的途径是通过对进度逻辑、资源分配、作业持续时间以及整个进度进行重新分析。最常见的更新是缩短整个计划的持续时间。压缩进度的关键技术是赶工（增加资源）和快速跟进，意味着改变关键作业的逻辑关系，例如改变原来的 FS 关系使其变成 SS 关系，使得作业可以重叠运行。赶工仅对资源驱动的作业有效，而快速跟进可能会改变原始的逻辑关系，增加项目返工的风险。可以综合考虑赶工和快速跟进两种方法，通过多次迭代达到项目利益相关者都可以接受的程度。至此可以批准进度计划作为进度的基准模型。

进度追踪与控制。项目基准被批准后，工作开始需要跟踪项目的进展。以事先确定的时间间隔［通常称为反馈周期、统计周期（Financial Period）］收集项目工作的实际状态。这里需要收集的信息包括所有已经开始作业的实际开始日期，以及所有已经完成作业的实际完成日期。对于正在进行的作业，还需要估计尚需工作的持续时间。同时还需要收集其他信息，例如资源的使用情况以及实际成本。根据确定的更新日期（或者状态日期、当前日期）对项目进展的实际数据进行记录，例如作业的实际开始日期、实际完成日期、尚需工期以及完成百分比等数据。分配新的数据日期，重新计算所有尚需作业的进度数据。将项目的实际进展数据与基准数据进行比较，从而监测项目时间以及成本的差异。根据事先设定的临界值监控项目的绩效偏差，确定哪些作业需要进行汇报并采取下一步的行动。如有需要则变更项目的基线计划（Baseline）。

1.2　网络进度计划

1.2.1　概述

网络进度计划技术是在 20 世纪 50 年代末发展起来的。其中，CPM 技术是由杜邦公司的摩根·沃克（Morgan Walker）、詹姆斯 E. 凯利（James E. Kelly）以及兰德公司发展而来。当初在研究中提出 CPM 的目的是减少工厂的建造时间和维护时间。CPM 是一种假设作业工期确定的网络计算方法，它假设至少有一条贯穿项目的路径确定项目的工期，这条路径称为关键路径。因此此法又称为"关键路径法"，由于关键路径法有效地克服了横道图进度计划的不足，因此在工程项目管理中获得广泛的应用。

网络进度计划是各种项目群或项目计划的基础。在工程建设领域，CPM 网络图是编制进度计划并进行控制的主要工具。其中 CPM 网络图有两种，一种是双代号网络图（ADM，Arrow Diagramming Method），另一种是单代号网络图（PDM，Precedence Diagramming Method）。

与横道图进度计划相比，网络进度计划的不足之处在于网络进度计划工作量最大。全面完成诸如高层办公楼这样的大型商业项目的网络进度计划，往往需要花费数周的时间和大量的资源。因此，通过使用基于网络技术的项目管理软件可以极大地提高进度计划编制的速度。

1.2.2　双代号网络图

1.2.2.1　双代号网络图基本要素

双代号网络图也称为 AOA，双代号网络图的逻辑关系仅有 FS 一种。双代号网络图的基本要素包括作业、节点和虚工作。

1. 作业

项目可以被进一步分解为消耗时间或者资源的作业。在双代号网络图中，作业用指向前方的箭线表示。箭线的尾部表示作业的开始，箭线的头部表示作业的结束。作业的名称写在箭线的上方，作业持续时间写在箭线下方居中的位置。

2. 节点

节点（或称为事件）是指紧前作业结束和后续作业开始的状态，它没有持续时间，只代表一个时间点。在网络图中节点（事件）用圆圈或椭圆表示。节点以数字编号进行区别，通过相邻两个节点描述每道作业。

3. 虚工作

虚工作是一个不代表任何具体操作或过程的附加作业。它的持续时间为零，也不消耗资源。它的目的包括两方面：①正确地描述作业之间的逻辑关系；②表达并行作业。

例如，由 6 道作业组成的网络图，即 A、B、C、D、E 和 F。A 作业和 B 作业同时开始，为了避免用相同的编号表示两道作业，增加虚工作 G。为了清晰地表达 E 作业在 D、C 作业结束后开始，同时 F 作业在 C 作业之后开始，增加虚工作 H。结果见图 1-2。

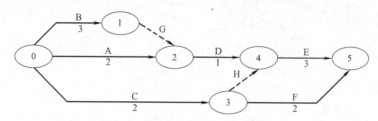

图 1-2　网络图作业和各自的持续时间

1.2.2.2　双代号网络绘制要求

（1）只允许有一个首节点，一个尾节点。

在图 1-3 中，节点 1 只有箭线从它出发，没有箭头指向它，它为首节点；而节点 12 只有箭头指向它，没有箭线从它出发，它为尾节点。如果出现多个首节点或尾节点，则可以运用合并节点或增加虚工作的方法解决，见图 1-3。

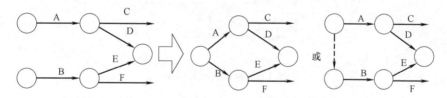

图 1-3　多个首节点的表示方法

（2）不允许出现环路。出现环路则表示逻辑上的矛盾，如图 1-4 所示。

（3）不能有相同编号的节点，也不能出现两根箭线有相同的首节点和尾节点，这会导致计算机网络分析的混乱。

（4）不能出现错画、漏画，例如没有箭头、没有节点的作业或双箭头的箭线等。

1.2.2.3　双代号网络绘制方法

利用计算机进行网络分析，只需将作业的工期、逻辑关系、日历等数据输入计算机。计算机可以自动绘制网络图并进行网络分析。但有时需要人工绘制和分析。在双代号网络图的绘制过程中容易出现逻辑关系的错误，而防止错误的关键是

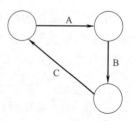

图 1-4　网络图中的环路

正确使用虚工作。在绘制双代号网络图过程中，一般先按照某个作业的紧前作业关系多增加虚工作，以防止出错，待将所有的作业画完后再进行图形整理，将多余的虚工作去除。

1.2.2.4 双代号网络绘制实例

某工程项目作业及逻辑关系见表1-1。

表 1-1

某工程项目作业及逻辑关系

作业	A	B	C	D	E	F	G	H	I	J	K
持续时间(d)	5	4	10	2	4	6	8	4	2	2	2
紧前作业	—	A	A	A	B	B、C	C、D	D	E、F	G、H、F	I、J

作图。初次布置见图1-5。经过整理并给节点编号，结果见图1-6。

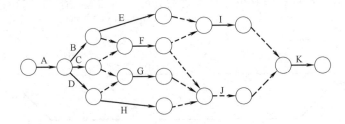

图 1-5　初次布置

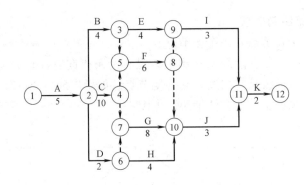

图 1-6　调整后的网络图

1.2.3 单代号网络图

单代号网络图也称为 AOD，每项作业用矩形或正方形框表示。这些框显示作业的属性，例如作业代码、作业工期、作业的最早、最迟开始和完成时间等。作业之间的逻辑关系用连接作业节点的不同形式的箭线表示。

1.2.3.1 单代号网络图基本要素

1. 作业

一个典型的作业框如图1-7所示。

i		
D		
ES	TF	EF
LS	FF	LF

图 1-7　典型作业框

其中，ES 为最早开始时间；LS 为最晚开始时间；EF 为最早完成时间；LF 为最晚完成时间；D 为持续时间；i 为作业编号；TF 为总时差（总浮时）；FF 为自由时差（自由浮时）。

2. 作业逻辑关系

一般情况下，作业框最左边的垂直边代表作业的开始，最右边的垂直边代表作业的完成。连接线表示不同作业之间的关系。作业之间的逻辑关系通过连线表示。关系线的交叉应尽量少，不可避免时，线的交叉可采用电路符号表示。典型的逻辑关系如图1-8所示。

单代号搭接网络的绘制比较简单，按照逻辑关系将工程作业之间用箭线连接，一般不会出错。

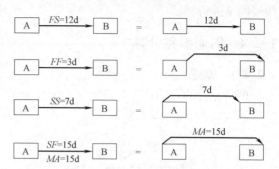

图 1-8　作业网络间四种典型的逻辑关系

1.2.3.2　单代号网络图绘制要求

1. 不能有相同编号的节点

相同编号的节点即为相同的作业，同样的作业出现在网络的两个地方则会出现定义上的混乱，特别是在计算机上进行网络分析时。

2. 不能出现违反逻辑的表示

违反逻辑即违反自然规律，不符合客观现状，会导致矛盾的结果，例如：

（1）环路。即出现作业之间在顺序上的循环，如图1-9（a）所示。

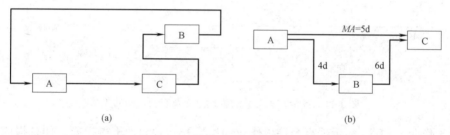

图 1-9　环路示例

（2）当搭接时距使用最大值定义时要特别小心，有时虽然没有环路，但也会造成逻辑上的错误。例如图1-9（b）。不管B持续时间几天，按A→B→C的关系，A结束后10d以上C才能开始，而A→C的关系，A结束必须在0～5d内开始C，两者矛盾。

（3）不允许有多个首节点、多个尾节点。

3. 单代号网络的优点

除了具有网络图共同的优点外，与双代号网络相比，单代号搭接网络更有其自身的优点：

（1）有较强的逻辑表达能力。能清楚、方便地表达作业之间的各种逻辑关系，延时可以为最小值、最大值定义，也可以为负值，且两个作业之间还可以有多重逻辑关系。

（2）其表达与人们的思维方式一致，易于被接受。人们通常表达一系列作业的过程都用这种形式，例如工作流程图、计算机处理过程图等。

（3）绘制方法简单，不易出错，不需要虚箭线。有一个关系画一个箭线，是不容易出错的。

（4）如果理解了单代号网络，掌握了它的算法，则很自然地就理解了双代号网络，同时掌握了它的算法。在时间参数的算法上，双代号网络是单代号网络的特例，即它仅表示 FS 关系且延时为 0 的状况。

现在国外有些项目管理软件包以单代号网络分析为主，本书的网络分析也主要根据单代号网络进行。

1.2.4 时间参数计算

1.2.4.1 概述

网络分析的目的首先是确定每一个作业的时间参数，见图 1-10。

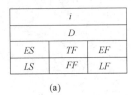

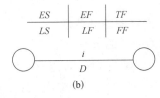

图 1-10 网络分析时间参数图例

（a）单代号网络；（b）双代号网络

如果确定了作业的各个时间参数，则完全定义了本作业的工期计划。各个时间参数的物理意义及它们之间的关系见图 1-11。

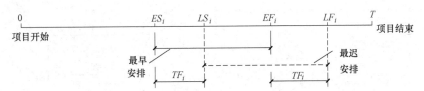

图 1-11 各个时间参数的物理意义及它们之间的关系

对于作业 i，ES_i 表示项目允许该作业的最早开始时间，不得提前。如果提前则该项目的开始日期必须提前，所以工程作业的最早开始时间由项目的开始日期定义。这样就决定了各作业的最早时间的计算必须由项目开始节点向前推算。

LF_i 为作业 i 的最迟结束时间，i 必须在此时或此前结束，不得推后，否则会延长总工期。

TF_i 为作业 i 在不影响总工期条件下的总的机动时间，表示作业 i 可以在这个时间段内推迟或延长而不影响总工期。则 i 作业可以在 ES 和 LS 之间的任何时间开始，但不得超过这个期限（提前或推迟）开始。几个时间参数的关系为：

$$EF_i = ES_i + D_i \tag{1-1}$$

$$LS_i = LF_i - D_i \tag{1-2}$$

$$TF_i = LF_i - EF_i = LS_i - ES_i \tag{1-3}$$

上述三个公式在一般情况下是成立的，但在考虑作业类型时，在进度计算过程中公式（1-3）可能不成立。

FF_i 为 i 作业在不影响其他作业情况下的机动时间，这跟 i 和它紧后作业（Successor Activity）或紧前作业（Predecessor Activity）的逻辑关系及其延时有关。存在关系：

$$FF_i \leqslant TF_i \tag{1-4}$$

作业节点时间参数计算见表 1-2。

作业节点时间参数的计算　　　　　　　　　　　　　　　　　　　　表1-2

逻辑关系	图式	计算步骤与公式					
		MI 最早时间	**MI** 最迟时间	**MI** 自由时差	**MA** 最早时间	**MA** 最迟时间	**MA** 自由时差
FS	$i \rightarrow j$	$ES_j = EF_i + FS$ $EF_j = ES_j + D_j$	$LF_i = LS_j - FS$ $LS_i = LF_i - D_i$	$FF_i = ES_j - FS - EF_i$	(1)令 $ES_j = EF_i$; (2)若 $ES_j - EF_i \le FS$, 则满足; 否则令 $ES_j = EF_i - FS$	(1)令 $LF_i = LF_j$; (2)若 $LS_j - LF_i \le FS$, 则满足; 否则令 $LS_j = LF_i + FS$	$FF_i = ES_j - EF_i$, $FF_j = EF_j + FS - ES_j$
SS	$i \; j$	$ES_j = ES_i + SS$	$LS_i = LS_j - SS$	$FF_i = ES_j - SS - ES_i$	(1)令 $ES_j = ES_i$; (2)若 $ES_j - ES_i \le SS$, 则满足; 否则令 $ES_j = ES_i - SS$	(1)令 $LS_i = LS_j$; (2)若 $LS_j - LS_i \le SS$, 则满足; 否则令 $LS_j = LS_i + SS$	$FF_i = ES_j - ES_i$, $FF_j = ES_j + SS - ES_j$
FF	$i \; j$	$EF_j = EF_i + FF$	$LF_i = LF_j - FF$	$FF_i = EF_j - FF - EF_i$	(1)令 $EF_j = EF_i$; (2)若 $EF_j - EF_i \le FF$, 则满足; 否则令 $EF_i = EF_j - FF$	(1)令 $LF_i = LF_j$; (2)若 $LF_j - LF_i \le FF$, 则满足; 否则令 $LF_i = LF_j + FF$	$FF_i = EF_j - EF_i$, $FF_j = EF_j + FF - EF_j$
SF	$i \; j$	$EF_j = ES_i + SF$	$LS_i = LF_j - SF$	$FF_i = EF_j - SF - ES_i$	(1)令 $EF_j = ES_i$; (2)若 $EF_j - ES_i \le SF$, 则满足; 否则令 $ES_i = EF_j - SF$	(1)令 $LS_i = LF_j$; (2)若 $LF_j - LS_i \le SF$, 则满足; 否则令 $LF_j = LS_i + SF$	$FF_i = EF_j - ES_i$, $FF_j = ES_i + SF - EF_j$

1.2.4.2 示例

以一个单代号网络为例，介绍网络分析过程和计算公式的应用。作业清单见表 1-3。

作业清单（单代号网络）　　　　　　　　　　　　　表 1-3

作业名称	A	B	C	D	E	F		G	H	I	J
持续时间	4	10	6	10	4	2		10	6	2	2
紧前作业		A				B	C	C	D	F,G	G	E	H,I
逻辑关系		FS				FS	FS	SS	FS	FS	FS	FF	FS
延时		0				2	0	2	0	0	0	4	0

根据表 1-3 提供的参数计算规则，执行前推法计算作业节点的 ES、EF，通过后推法计算节点的 LS 和 LF，最后计算 FF 和 TF。计算过程略，结果见图 1-12。

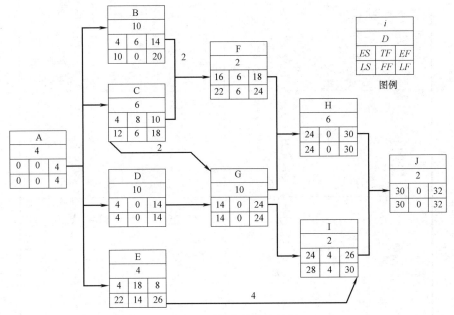

图 1-12　时间参数计算结果

网络图关键路径为：A→D→G→H→J。

1.2.5　有作业日期限制的网络进度计划

在进度计划编制过程中，为了满足资源约束等条件，需要对具体的作业增加一些必要的约束条件。约束可以是灵活的（例如尽可能早）、适度灵活的（例如开始不早于）以及不灵活的（例如强制开始）。适度灵活的约束有时也称为软约束，其在参与进度计算的过程中，以不违反作业之间的逻辑关系为前提，不灵活的约束称为硬约束，可能会对原有的逻辑关系造成破坏。

1.2.5.1 作业限制类型

常用的作业限制类型有以下几种：

1. 最早时间限制

最早时间限制包括开始不早于（Start On or Before）和完成不早于（Finish On or

Before）两种类型。

该限制条件强制作业的最早开始日期或最早完成时间不早于限制日期，即将最早开始日期或最早完成日期推迟到限制日期或以后。该类限制条件影响作业的最早时间。在计算时将最早时间限制设定为 WES 或 WEF，分别表示最早开始时间限制和最早完成时间限制。

2. 最迟时间限制

最迟时间限制包括开始不晚于（Start On or After）和完成不晚于（Finish On or Af-ter）两种类型。这类限制条件将影响作业的最迟开始时间和最迟完成时间，即将最迟开始日期或最迟完成日期限制在限制日期之前。该类限制条件影响作业的最迟时间。在计算时将最迟时间限制设定为 WLS 或 WLF，分别表示最迟开始时间限制和最迟完成时间限制。

3. 混合时间限制

这类限制条件包括开始日期（Start On）、完成日期（Finish On）、强制开始（Man-datory Start）和强制完成（Mandatory Finish）等。

开始或完成时间限制相当于对作业同时增加了"最早时间限制"和"最迟时间限制"两种类型的限制条件，但是在计算时首先要满足作业之间逻辑关系的限制。对于"强制开始"或者"强制完成"类型的限制条件，计算时和"开始日期""完成日期"时间限制条件相似，但可能会破坏作业之间的逻辑关系。

4. 尽可能晚

尽可能晚（As Late As Possible），该限制条件是指在不延迟其后续作业最早开始日期的前提下，尽可能晚地开始与完成。即作业的最晚完成日期由其后续作业（可以存在多个后续作业）的最早开始日期决定，也称为零自由浮时限制。

1. 2. 5. 2　有限制条件的时间参数计算规则

1. 有最早强制时限约束的时间参数计算

有最早开始强制时限的时间参数计算应按照以下规则计算：

（1）与紧前作业为 FS 关系：

在计算最早时间参数时需要考虑 WES（j）或者 WEF（j）的影响，即：

$$ES(j)=\text{Max}\{WES(j),EF(i)+FS(i,j)\} \tag{1-5}$$

或者

$$EF(k)=\text{Max}\{WEF(j),EF(i)+FS(i,j)+D(j)\} \tag{1-6}$$

（2）与紧前作业为 SS 关系：

$$ES(j)=\text{Max}\{WES(j),ES(i)+SS(i,j)\} \tag{1-7}$$

或者

$$ES(j)=\text{Max}\{WEF(j)-D(j),ES(i)+SS(i,j)\} \tag{1-8}$$

（3）与紧前作业有 FF 关系：

$$ES(j)=\text{Max}\{WES(j),EF(i)+FF(i,j)-D(j)\} \tag{1-9}$$

或者

$$ES(j)=\text{Max}\{WEF(j)-D(j),EF(i)+FF(i,j)-D(j)\} \tag{1-10}$$

（4）与紧前作业有 SF 关系：

$$ES(j)=\text{Max}\{WES(j),ES(i)+SF(i,j)-D(j)\} \qquad (1\text{-}11)$$

或者

$$ES(j)=\text{Max}\{WEF(j)-D(j),ES(i)+SF(i,j)-D(j)\} \qquad (1\text{-}12)$$

2. 有最迟强制时限约束的时间参数计算

（1）与紧后作业为 FS 关系：

在计算最迟时间参数时需要考虑 $WLS(i)$ 或者 $WLF(i)$ 的影响，即：

$$LS(i)=\text{Mix}\{WLS(i),LF(j)-FS(i,j)-D(i)\} \qquad (1\text{-}13)$$

或者

$$LF(i)=\text{Mix}\{WLF(i),LS(j)-FS(i,j)\} \qquad (1\text{-}14)$$

（2）与紧前作业为 SS 关系：

$$LS(i)=\text{Mix}\{WLS(i),LS(j)-SS(i,j)\} \qquad (1\text{-}15)$$

或者

$$LF(i)=\text{Mix}\{WLF(i),LS(j)-SS(i,j)+D(i)\} \qquad (1\text{-}16)$$

（3）与紧前作业有 FF 关系：

$$LS(i)=\text{Mix}\{WLS(i),LF(j)-FF(i,j)-D(i)\} \qquad (1\text{-}17)$$

或者

$$LF(i)=\text{Mix}\{WLF(i),LF(j)-FF(i,j)\} \qquad (1\text{-}18)$$

（4）与紧前作业有 SF 关系：

$$LS(i)=\text{Mix}\{WLS(i),LF(j)-SF(i,j)\} \qquad (1\text{-}19)$$

或者

$$LF(i)=\text{Mix}\{WLF(i),LF(j)-SF(i,j)+D(i)\} \qquad (1\text{-}20)$$

3. 有开始或完成时间限制的时间参数计算

对于有开始或完成时间限制的作业 j，在计算最早时间参数时，按照有最早时间限制的情况计算，即按照作业有 $WES(j)$ 或 $WEF(j)$ 约束条件进行计算；在计算最迟时间参数时，按照 $WLF(j)$ 或者 $WLS(j)$ 进行计算。

4. 有强制开始或者强制完成时间限制的时间参数计算

计算规则与有开始或完成时间限制类似，但可能会破坏网络图的逻辑关系。

1.2.5.3 示例

1. 作业清单

结合示例说明有作业限制条件下，作业时间参数计算规则的应用。作业清单见表1-4。

作业清单（有作业限制条件）   表1-4

工作编号	紧后作业	开始不早于限制条件	开始不晚于限制条件	作业持续时间	逻辑关系	延时
	1				FS	0
0	2	—	—	0	FS	0
	4				FS	0
	3				SS	1
1	4	—	—	2	SF	1
	6				FS	2

续表

工作编号	紧后作业	开始不早于限制条件	开始不晚于限制条件	作业持续时间	逻辑关系	延时
2	5	—		5	SS	2
	5				FF	2
3	6	2	—	4	FS	0
4	7	—	—	3	SS	2
	8				FS	0
5	7	—	16	5	FS	1
	8				SS	3
6	9	6	16	6	FF	4
7	9	—	—	2	FS	0
8	10	—	—	4	FS	0
9	10	—	16	5	FS	0
10	—	—	—	0	—	—

备注：本案例引自克里斯·T·翰觉克森《建设项目管理》第 10 章。

2. 计算结果

计算结果如图 1-13 所示。

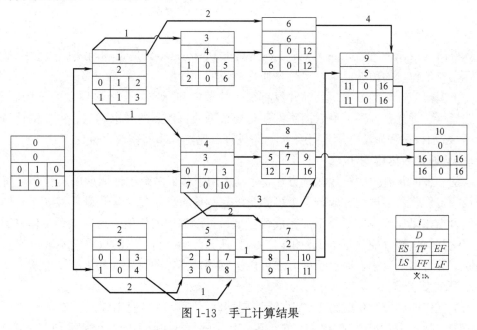

图 1-13　手工计算结果

1.3　赢得值技术

1.3.1　赢得值概述

赢得值技术（Earned Value Method）又称为挣得值法或者挣值法，是对项目进度和费用进行综合控制的一种有效的方法。赢得值法通过测量和计算已完成工作的预算费用、已完成工作的实际费用和计划工作的预算费用得到有关计划实施的进度和费用偏差，达到判断项目预算和进度计划执行情况的目的。它的独特之处在于综合使用预算和实际费用衡量项目进度。赢得值法由于用到了"赢得值"的概念，故而得名。赢得值法主要适用于项目工期和成本目标界定清楚、有规范的组织管理结构的项目控制工作。

1.3.2 赢得值技术基本参数

赢得值技术的三个基本参数为计划值、实际值和赢得值。

1.3.2.1 计划值

计划值（BCWS，Budgeted Cost for Work Scheduled）是指项目实施过程中某阶段计划要求完成的工作量所需的预算费用。计算公式通常表现为：

$$BCWS = BAC \times 计划完成百分比 \tag{1-21}$$

其中，BAC（Budget At Completion）为完成时预算。计划百分比通常按照工期的计划百分比进行核算，有时也会利用资源曲线形成计划百分比。

1.3.2.2 实际值

实际值（ACWP，Actual Cost for Work Performed）是指项目实施过程中某阶段实际完成的工作量所消耗的费用或者资源的实际消耗量。ACWP 主要反映项目执行的实际消耗指标。

1.3.2.3 赢得值

赢得值（BCWP，Budgeted Cost for Work Performed）是指项目实施过程中某阶段按实际完成工作量的预算成本，也就是通常所说的"挣值"（Earned Value）。

关于赢得值计算的方法，目前并没有统一的规定和标准，会随着项目的不同而不同。具体选择哪一种计算方法，最后的决定还是要根据项目控制的需求确定。主要的计算方法包括 WBS 加权里程碑法、固定任务法、完成百分比法和步骤完成百分比等。

1. WBS 加权里程碑法

这是一种非常有效的绩效测量方法，尤其适用于覆盖多个统计周期的工作包。每个历时较长的工作包都会被划分成若干个可测量的里程碑事件，每个里程碑都被赋予具体的权重，代表当该里程碑内的任务全部完成时，项目可以创造的价值。这样整个工作包的预算就按照这些权重被分配到每个里程碑内。一旦任务开始执行，它的权重就不能改变了。在一些固定总价的项目中，通过这种方法可以决定如何支付项目期间的报酬。

2. 固定任务法

当某些作业的历时长度为 1~2 个统计周期时，可以对其使用固定任务法。典型的固定任务法包括 50/50、0/100 和 75/25。事实上，只要斜杠前后的两个数字加起来等于 100 就可以。例如 10/90、25/75、40/60、90/10 等。通过作业的开始和结束状态计算赢得值。以 50/50 为例，假如该作业开始执行了，作业的赢得值为预算值的 50%，如果发现该项作业完成了，那么作业的全部预算价值就都实现了，也就是赢得值等于预算值。采用本方法，任务的时间跨度最多不能超过两个测量周期或者统计周期。

3. 完成百分比法

通过完成百分比法，可以在统计周期内对项目工作完成的百分比进行周期性的估算。

完成百分比法包括实际百分比法、工期百分比法和数量百分比法。实际百分比法是一种主观的估算，为了便于使用，通常采用累计方式表示每个工作已完成的百分比。实际百分比法估算结果主观性太强。为了降低实际百分比法估算的主观性，可以使用数量百分比法、工期百分比法或者基于作业步骤的实际百分比法。工期百分比法是以实际工期（等于原定工期减去尚需工期）与原定工期的比值计算。数量完成百分比法是以实际数量除以完成时的数量计算。基于作业步骤的实际百分比法，根据每个作业步骤的完成情况计算。

1.3.3 赢得值曲线

在项目的成本模型图中将过去每个控制期末的上述三个值在坐标系中标出，则形成三条曲线，见图 1-14。

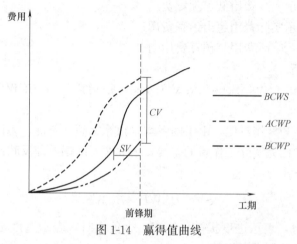

图 1-14 赢得值曲线

通过图 1-14 中 *BCWS*、*BCWP*、*ACWP* 三条曲线的对比，可以直观地综合反映项目费用和进度的进展情况。

（1）*BCWS* 曲线，即计划工作量的预算值曲线，简称计划值曲线。它是按照批准的项目进度计划，将作业的预算成本按照计划曲线（通常为线性）在作业的持续时间上分配，然后在项目控制周期累加得到，这条曲线通常作为项目控制的基准曲线。

（2）*BCWP* 曲线，即已完工作量的预算值曲线，亦称为赢得值曲线。*BCWP* 曲线的含义是，按控制期统计已完工作量，并将此已完工作量的值乘以预算单价，将各期的 *BCWP* 累计值绘制在坐标系中即生成赢得值曲线。赢得值与实际消耗的费用无关，它是用预算值或单价计算已完工作量所取得的实际进展的值，是测量项目实际进展所取得的绩效的尺度。对承包商来说，这是他有权利从业主方获得的工程价款，或是他真正已"赢得"的价值。它能较好地反映工程实际进度。

（3）*ACWP* 曲线，即已完工作量的实际消耗曲线，简称实耗值曲线。*ACWP* 的含义是，对应已完工作量实际消耗的费用，逐项记录实际消耗的费用。将各期的 *ACWP* 累加并绘制在直角坐标系中，即可生成这条实际消耗值曲线。

1.3.4 赢得值技术应用

1. 费用偏差分析

（1）费用偏差值（*CV*，Cost Variance）是指检查期间 *BCWP* 与 *ACWP* 之间的差异，

由于两者均以已完工作量作为计算基准，因此两者的偏差即反映出至前锋期项目的费用差异（CV）。计算公式为：

$$CV = BCWP - ACWP \tag{1-22}$$

当 CV 为负值时，表示执行效果不好，即实际消费费用（或人工）超过预算值即超支；当 CV 为正值时，表示实际消耗费用（或人工）低于预算值，表示有节余或效率高；当 $CV=0$ 时，表示实际消耗与预算相符。

（2）费用指数（CPI，Cost Performed Index）是指预算费用与实际费用值之比（或工时值之比）：

$$CPI = BCWP/ACWP \tag{1-23}$$

当 $CPI>1$，表示实际费用低于预算费用；

当 $CPI<1$，表示实际费用超出预算费用；

当 $CPI=1$，表示实际费用与预算费用吻合。

2. 进度偏差分析

（1）进度偏差值（SV，Schedule Variance）是指前锋期 $BCWP$ 与 $BCWS$ 之间的差异。

将 $BCWP$ 与 $BCWS$ 作对比，由于两者均以预算定额（单价）为计算基础，其差值实质上是计划工作量和已完实际工作量的差异，因此两者的偏差即反映出项目工作量的进度差异（SV）。计算公式为：

$$SV = BCWP - BCWS \tag{1-24}$$

当 SV 为正值时，表示进度提前；当 SV 为负值时，表示进度延误；当 $SV=0$ 时，表示项目实际进度与计划进度相符。

（2）进度指数（SPI，Schedule Performed Index）：

$$SPI = BCWP/BCWS \tag{1-25}$$

当 $SPI>1$，表示进度提前；当 $SPI<1$，表示进度延误；当 $SPI=1$ 时，表示实际进度等于计划进度。

SV、SPI 都是用工作量反映进度。SV 用完成工作量的实际值表示进度提前或推迟。SPI 表示工作量提前或延误的速率。对于 $BCWP$ 的计算，由于没有区分关键作业和非关键作业，对于进度绩效偏差或者指数的使用要综合考虑关键作业的进度执行情况。例如，对于进度绩效大于 1 的情况，如果关键路径上作业的 TF 变小，则说明项目进展绩效落后于计划。只要是关键路径上的作业进度提前，即使 $SPI<1$，项目的进度相比计划还是提前的。

3. 趋势分析

通过绘制 SPI 和 CPI 曲线，可以分析进度和成本绩效的发展趋势，见图 1-15。

在图 1-15 中，图 1-15（a）表示项目成本低于计划成本，工期提前；图 1-15（b）表示项目成本低于计划但进度落后；图 1-15（c）表示项目进度提前但成本超支；图 1-15（d）表示项目成本超支和工期超期。

也可以在 SPI 和 CPI 曲线中标示控制线或警戒线，通过设定 SPI 或 CPI 的上下控制线加强对 SPI 和 CPI 的管理，见图 1-16。

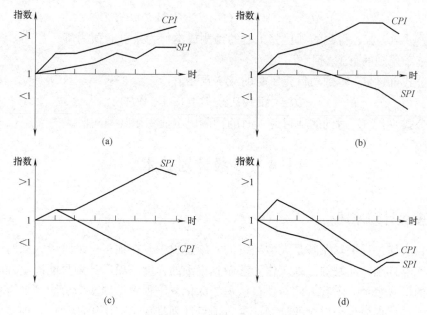

图 1-15　项目趋势分析

（a）项目成本低于计划成本并提前完成；（b）项目成本低于计划成本但超期；

（c）项目提前完成但成本超支；（d）项目超支且超期

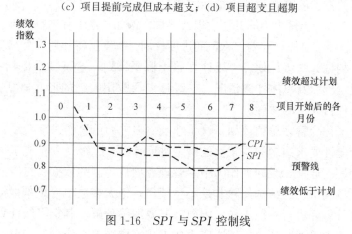

图 1-16　SPI 与 SPI 控制线

在图 1-16 中，项目的进度绩效在第 6 期超出警戒线，从第 7 期开始有所好转。

4. EAC 预测

根据项目当前的绩效指标 SPI 和 CPI，可以预测项目完成时总成本（EAC），EAC 的预测有三种。

（1）基于悲观的 EAC 预测。

使用公式（1-26）得到项目完工时的成本预测值：

$$EAC = ACWP + (BAC - BCWP)/(CPI \times SPI) \tag{1-26}$$

利用公式（1-26）得到的项目完工时的预测成本值为悲观预测值。其中 BAC 为"项目预算总投入"。

（2）基于最可能的 EAC 预测。

使用公式（1-27）计算项目完工时的成本预测值：

$$EAC = ACWP + (BAC - BCWP)/CPI \tag{1-27}$$

利用公式（1-27）得到的项目完工时的预测成本值为最可能预测值。

（3）基于乐观的 EAC 预测。

使用公式（1-28）得到项目完工时的成本预测值：

$$EAC = ACWP + (BAC - BCWP) \tag{1-28}$$

利用公式（1-28）得到的项目完工时的预测成本值为乐观预测值。

1.4 多级计划技术

1.4.1 多级计划概述

在项目实施过程中，尤其是大型项目的实施过程中，在项目决策阶段人们对项目范围的定义还不够详细，此时的计划工作无法做到很细的程度。项目计划只能以里程碑计划或者横道图的形式表示。随着人们对项目认识的深化，里程碑计划或横道图计划也将得到不断的细化，最后形成各个层次的计划，导致项目计划呈现出多层级的特性。项目实现多级计划的意义在于通过建立多层次计划，以满足不同层次管理者对计划细化程度的要求，实现各项目利益相关方进度控制和评价指标的统一。

多级计划在实践中体现为不同的层次以及名称。例如，在工程项目管理领域可以体现为项目总进度计划、业主总控制计划、承包商进度计划、季度工作计划、月/周工作进度计划。

最顶层的计划称为一级计划。一级计划属于概要计划，这是一个概括性的进度计划，主要包括合同里程碑以及总体任务情况。一级计划通常用大纲的形式概括描述一个项目，通常为高层进行项目评价的文件。

二级计划，又称为管理总控计划，这是涉及更多方面信息的进度模型，是根据一级计划里程碑点的控制性要求编制的框架性的网络进度计划。二级计划扩充了一级计划，考虑了更多的细节问题。通常二级计划作为中层管理者项目控制的依据。二级计划可以进一步定义项目的责任以及组织的结构。除非是小型项目，绝大多数项目很难根据二级计划制定项目短期的进度计划并进行控制工作，因此有必要继续分解，制定三级计划。

三级计划包含大量的细节，能够决定需要安排完成哪些工作。对于公司内部实施的项目，这一层次的计划通常与 WBS 控制账号进行关联。如果是外包项目，主要用于控制承包商的工作，这个计划要根据二级计划的要求，由承包商进行细化。

四级计划如果是公司内部实施的项目，主要体现为针对控制账号对应的 WBS 的进度计划。如果是外包项目，通常体现为分包商的计划。四级计划可以是更短周期的滚动计划。滚动计划法是按照"近细远粗"的原则制定一定时期内的计划，然后按照计划的执行情况和环境变化，调整和修订未来的计划，并逐期向后移动，把短期计划和中期计划结合起来的一种计划方法。

对于复杂的项目可以设置更高的计划级别。计划层次的划分需要根据项目的特性、类型和复杂性确定。一个由单一承包商执行的简单计划可能仅需要 2~3 个计划级别，而一个大型复杂的项目可能需要超过 5 个级别的计划。同时，项目是否外包也会影响到整个计划层次的安排。

在多级计划的层次结构中，计划层级和管理与工作分解结构水平有关。这种关联对于有效地计划和监控项目，为不同层级的管理者提供适当信息是非常有必要的。需要根据项目管理的需要，确定 WBS 的控制账号，据此和不同级别的 OBS 以及进度计划进行关联，以便开展有效的监控。多级计划适应了项目组织结构中各个层级的管理需要，特别是由不同单位组成的项目组织结构，自上而下地形成了对于项目不同层次的控制。例如，处于组织顶层的领导可能仅需要通过一个高层的进度计划了解进度的执行信息，而不需要了解底层具体每一道作业的执行情况，而处于底层的现场管理人员需要制定详细的计划来控制现场的作业执行。为了确保各层计划的一致性，需要将高层计划与底层计划的数据关联在一起，使高层的计划对底层的计划发挥控制和指导作用，通过底层计划的执行情况动态的汇总到高层计划，以满足项目高层对项目控制的需要。

1.4.2　多级计划的编制

1.4.2.1　统一的信息化编码

为了保证在数据更新与交换时能保持数据的正确性及统一性，在编制多级计划时需要总体考虑以下编码的编制规则：项目代码、WBS 编码、作业代码、资源、角色、作业分类码、项目分类码、OBS、自定义数据项和日历等。例如，电力行业在编制 WBS 和费用科目时普遍采用了《电力工业基本建设预算管理制度及规定》的思路，以满足费用和进度协调的要求。

1.4.2.2　各级计划的编制

各级计划的编制应遵循上级计划对下级计划的控制作用，下级计划应充分体现上级计划的要求。整个计划的编制过程不是一蹴而就的，而是不断优化的过程。例如工程施工项目，业主发布初始的指导性二级计划后，各个承包商以指导性二级计划为依据编制三级计划，然后向上汇总形成与二级指导性计划的对比，通过对比分析形成二级控制性计划。承包商根据控制性计划，重新确定三级计划。最后各个承包商根据三级计划确定各个项目的四级滚动计划，见图 1-17。

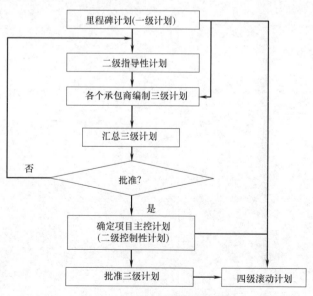

图 1-17　各级计划的编制流程

1.4.3　多级计划的控制

多级计划编制完成并经批准后开始执行。执行过程需要根据设定的统计周期，动态的开展数据采集工作。从底层的滚动计划开始，获得项目作业开始和完成等情况的实际数据，评价或者计算作业的完成百分比。估计统计周期内尚需作业的尚需工期。底层计划数据的更新汇总到上一个层次，形成更高级别的计划的动态更新，从而实现各个层级计划的动态跟踪与控制。

第2章

项目管理软件简介

2.1 项目管理软件作用与功能

2.1.1 项目管理软件定义

项目管理软件是专门用来助力项目管理人员开展项目计划与控制工作的计算机应用程序。主要用于收集、综合和分发项目管理过程中的输入和输出。传统的项目管理软件主要包括进度计划、成本控制、资源调度和图形报表输出等功能模块。目前，一些项目管理软件开始包含合同管理、采购管理、风险管理、质量管理、索赔管理、组织管理等功能。

随着企业业务发展的需要，企业经营管理中面临着多项目、项目群和项目组合管理的挑战。为了适应这一挑战，企业级项目管理软件应运而生。目前国际上主流的项目管理软件均具有企业级项目管理的功能。

2.1.2 项目管理软件功能

目前国际上主流的项目管理软件，例如 Microsoft Project 和 P6 等都很好地集成了项目管理知识体系及项目管理实践。应用项目管理软件是提升项目管理水平的有效途径。项目管理软件作为一种管理工具与管理方法，在项目实施中发挥着越来越重要的作用。利用项目管理软件进行项目管理在国内外已经非常普遍。目前，项目管理软件被广泛应用于进度管理、成本管理、合同管理、风险管理、工程经济分析、信息管理、索赔管理等方面。

项目管理软件的主要功能包括：

1. 进度管理

基于 CPM 技术的进度管理功能是项目管理软件开发最早、应用最普遍、技术上最成熟的功能，也是目前绝大多数工程项目管理信息系统的核心功能。一般包括日历定义、项目定义、WBS 划分、作业定义、逻辑关系的设定、关键路径的计算以及进展更新及执行状况反馈、分析与报告等功能。

2. 费用管理

费用管理通常与进度管理结合起来，在进度管理的基础上，增加对资源和费用的管控，实现进度与费用的集成管理。费用管理功能包括预算管理、支出管理、费用预测、费用控制、绩效管理及偏差分析等。

3. 资源管理

项目管理中的资源有狭义和广义之分。狭义资源主要是人工、机械设备和材料。广义资源除了包括狭义资源外，还包括工程量、功能点等，甚至可以把承包商作为一个资源来看待。资源管理的功能涉及资源定义、资源分配、资源平衡以及资源实际消耗的反馈与对比分析等。

4. 其他功能

一些项目管理软件还包括沟通管理、招标投标管理、采购管理、合同管理、风险管理、质量管理、索赔管理等功能。

2.2　Oracle Primavera P6

2.2.1　Oracle Primavera P6 发展历程

1983 年，两名土木工程师创立了 Primavera 公司，同年推出了 P3（Primavera Project Planner）for DOS。P3 软件主要用于对单个项目进行进度计划与控制。

1993 年底，Primavera 公司推出了 P3 在 Windows 操作系统下的版本。

1999 年，Primavera 公司推出了企业级项目管理的产品 P3E（P3 for enterprise）系列软件。P3E 系列由四大部分组成，它们是 P3E（进度计划编制、计算、分析系统，是项目管理的核心组件）、Progress Reporter（简称 PR，基于 Web 项目执行层读取计划和上报完成情况的工具）、Primavision（简称 PV，基于 Web 的项目计划与控制工具）、Portfolio Analyst（简称 PA，基于 Web 的项目组合分析工具）。

2006 年，Primavera 公司推出 Primavera P6。Primavera P6（以下简称 P6）作为新一代的项目管理软件，提供了功能强大、简单易用的企业级项目管理解决方案，包括全局项目的优先级划分、计划编制、项目的执行和控制，以及大型项目管理和多项目组合管理（Project Portfolio Management，PPM）。作为综合性的多项目组合管理（PPM）解决方案，P6 基于角色的功能设计，以满足管理队伍中不同成员的具体需要、不同责任以及不同技能的发挥。P6 可以为任意规模的项目提供解决方案，满足项目团队中不同角色、不同职能、不同技能等级的需求。

2008 年甲骨文（Oracle）公司收购 Primavera 公司。Primavera P6 产品演化成两个并行系列：Oracle Primavera P6 EPPM 与 Oracle Primavera P6 PPM，从此 P6 软件被纳入 Oracle 整体解决方案的一部分。

2009 年甲骨文（Oracle）公司发布 Oracle Primavera P6 软件新版本：Oracle Primavera P6 V7。2010 年甲骨文（Oracle）公司发布 Oracle Primavera P6 R8。2015 年甲骨文（Oracle）公司发布 Oracle Primavera P6 R15。目前，最新版本为 Oracle Primavera P6 R20。

2.2.2　Oracle Primavera P6 的组件及功能

1. Oracle Primavera P6 Professional 组件

Oracle Primavera P6 Professional 是 Oracle 企业级项目管理方案的核心组件。Oracle Primavera P6 Professional 在 Microsoft Windows 操作系统上运行。该软件可以在单用户和多用户环境下使用。

在多用户环境下［通过将 P6 Professional 与关系数据库（Oracle 和 Microsoft SQL Server）进行连接］，Oracle Primavera P6 Professional 可以实现用户设置、安全配置及程序管理设置，以及其他全部项目管理业务。包括创建 EPS、OBS、资源、费用科目、项目、WBS 等数据，执行计划编制、进展更新、数据分析和报告等。

在连接 SQLite 数据库成为单机用户的情况下，该软件可以实现除用户设置、安全配置及程序管理设置外的其他全部项目管理业务，同时支持项目数据的导入和导出、签入和签出，并可实现与 Microsoft Project 和 Microsoft Excel 软件的数据交互。

一直以来，Oracle Primavera P6 Professional 在项目现场有着广泛的应用。该软件能够在大型复杂项目中加载及交互数万条数据时性能表现稳定且快速，深受项目经理和计划编制人员的喜爱。本书后续章节均是针对 Oracle Primavera P6 Professional 所做的介绍，后续将 Oracle Primavera P6 Professional 简称为 P6。本书所使用的 Oracle Primavera P6 Professional 版本为 R20。

2. P6 Team Member 组件

P6 Team Member 组件专为项目团队成员设计，主要用于查看和提供项目任务状态。P6 Team Member 包括 P6 Team Member for iOS、P6 Team Member for Android、P6 Team Member Web 和 E-mail Statusing Service 四个组件。借助这些组件，可以快速、方便地存储所分配的任务。

（1）P6 Team Member 移动应用程序。

使用 P6 Team Member for iOS 和 P6 Team Member for Android 移动应用程序，可以实现：①按照时间及任务状态对任务进行分组与排序；②用星号标记任务的重要性；③查看任务步骤的列表；④查看与任务关联的分类码和 UDF；⑤使用"讨论"功能查看和发布消息；⑥与项目经理就任务进行交流，通过电子邮件与项目经理或其他团队成员沟通。

（2）P6 Team Member Web。

使用 P6 Team Member Web 可以在 Web 环境下实现 Team Member 功能。P6 Team Member Web 为项目团队成员在 Web 环境下实现便捷获取作业列表、更新作业进展状态、反馈工时及在线协作功能。项目团队成员可以在 Web 环境下直接登录 P6 Team Member 处理业务，也可以使用任何 HTML 或纯文本电子邮件应用程序来更新任务状态。P6 Team Member Web 登录后的界面如图 2-1 所示。

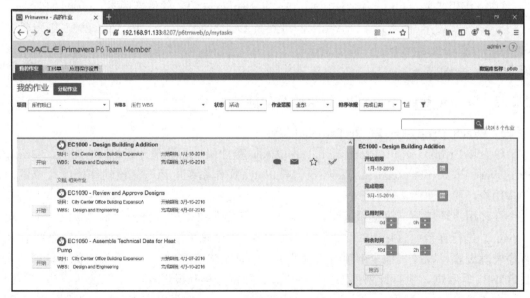

图 2-1　P6 Team Member Web

（3）E-mail Statusing Service。

项目团队成员利用 E-mail Statusing Service，可以使用与 P6 用户关联的电子邮件账户，通过电子邮件请求当前的任务列表；可以请求按项目、时间框架、当前状态过滤的任务列表以及加星标的任务列表；可以利用该软件回复接收任务列表的电子邮件，记录进度并发送更新。

项目经理可以使用 E-mail Statusing Service 向新用户发送"欢迎"电子邮件，其中包括电子邮件地址及关于通过电子邮件请求和更新任务列表的说明。项目经理还可以使用 E-mail Statusing Service，通过过滤器选项自定义发送给项目团队成员的任务列表。

3. Oracle Primavera P6 Web

Oracle Primavera P6 Web 是 Oracle 公司推出的基于 Web 浏览器界面的项目管理工具，可以实现在浏览器界面下开展计划编制与项目控制。Oracle Primavera P6 Web 除了可以实现 P6 Professional 下的计划与控制功能外，还可以提供定制的图形界面，例如仪表盘等，见图 2-2。

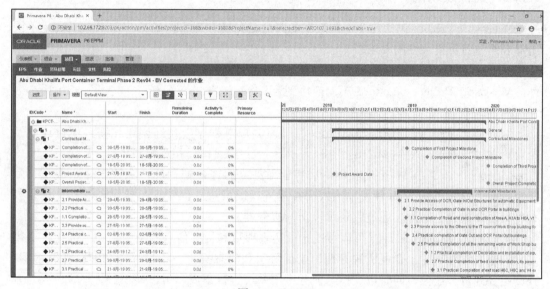

图 2-2 P6 Web

4. P6 API & Webservice

Oracle P6 API & Webservice 是 P6 软件提供的实现与外部系统数据集成或功能二次开发的接口方案。可以选择采用基于 Java 的应用程序编程接口（API）或者选择基于包括 SOAP、XML 和 WSDL 在内的开放标准的 P6 Webservice 创建集成的软件解决方案，这些解决方案可以与在各种硬件和操作系统平台上运行的多种企业软件应用程序相互操作。

2.3 Microsoft Project

2.3.1 发展历程

Microsoft Project（或 MSP）是由微软开发的一款项目管理工具软件。它集成了许多成熟的项目管理论和方法，可以帮助项目管理者实现工期、资源、成本的计划和控制。Microsoft Project 不仅可以快速、准确地创建项目计划，还可以帮助项目经理实现项目进度、成本的控制、分析和预测，使项目工期大大缩短，资源得到有效利用，从而提高经济效益。第一版 Microsoft Project 为 Microsoft Project for Windows 95，发布于 1995 年。使用 Microsoft Project & Server 可以快速地构建企业项目管理信息平台，提高企业现代化的项目管理能力和管理效率。

Microsoft Project 不仅能够管理一般项目，而且还具备管理复杂大型项目的能力，作为工程项目管理软件受到许多企业的青睐。其原因在于 Microsoft Project 的操作界面和 Microsoft Office 的其他产品相似，符合许多人的操作习惯，因此 Microsoft Project 较容易掌握。Microsoft Project 2019 是 Microsoft Project 的最新版本，与 Windows 10 兼容。

自 2010 年开始，Microsoft Project 家族包括 Project Standard、Microsoft Project Professional、Office Project Server 和 Project Web App。

2.3.2 组件及功能

Microsoft Project 包括几个不同版本的产品，分别针对不同的用户需求，以满足不同用户规模和项目复杂度的要求。

Microsoft Project Standard 为无须与其他人协作建立项目或选择资源的管理者而设计。Microsoft Project Standard 不能连接到 Microsoft Project Online 或 Microsoft Project Server。

Microsoft Project Professional 是一款桌面客户端程序，允许创建和编辑项目计划及企业资源库。通过连接到 Microsoft Project Server 实现日程和资源共享。

Microsoft Project Web App 是一款基于浏览器的客户端程序，允许工作组成员、资源经理和主管人员在 Web 环境下输入和查看进程表信息，创建项目建议和活动计划，查看项目组合报告。另外，通过它还可以访问服务器。

Microsoft Project Server 可以帮助企业实现项目和资源信息的集中化和标准化，提供完善的项目管理功能：企业资源管理、项目时间和状态报告、项目性能和健康状况视图、资产组合分析和建模，同时也支持与业务应用系统进行集成。可以使项目管理者、参与者及业务决策者随时随地、快速开展工作，划分和管理项目的日常工作并实现预期的商业价值。

通过上述四个系列产品可以实现四种项目管理方案：单项目管理、团队项目管理、企业项目管理、项目组合管理等。除了本地安装的 Microsoft Project 产品外，微软也发布了基于云服务的 Microsoft Project Online 产品。其中，Microsoft Project Online Essentials 为简化版的 Microsoft Project Online 产品，专为项目组成员接收项目任务以及开展简单的项目协作管理使用；Project Online Professional 为专业版的 Project Online 产品，专为项目经理编制项目计划及项目计划执行过程的审核与团队协同；Project Online Premium 为高级版的 Project Online，专为项目高级管理者进行组织内企业项目组合分析、财务管理及项目执行过程管理。

第3章

P6安装与界面认识

3.1 P6 软件安装

P6 软件同时支持网络化应用模式及单机应用模式，这为不同情境下项目计划与控制人员使用 P6 软件辅助开展项目管理工作提供了极大的便利。本节将重点介绍 P6 软件的单机应用模式及网络化应用模式的安装过程。

3.1.1 单机模式安装

1. 启动安装文件

P6 软件程序包如果是压缩包形式，需要解压后再进行安装。找到如图 3-1 所示程序文件目录中的 P6 Professional Setup. exe 程序文件。单击鼠标右键选择"以管理员身份运行"，启动 P6 软件安装向导。

图 3-1 启动安装文件

2. 选择安装类型

在软件安装"P6 Professional Setup"页面，勾选"Typical"选项；程序会自动检测是否安装了旧版本 P6，若需保留 P6 旧版本，取消勾选"Replace existing version"；点击"OK"命令，进入下一步向导。

注意：如果用户选择"Advanced"，则进入自定义安装模式，在高级选项下，用户可以选择安装的组件及安装路径，见图 3-2。

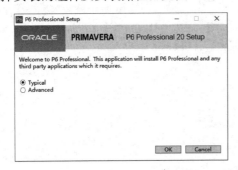 

图 3-2 选择安装类型

3. 开始安装

在准备安装向导页面中点击"Install",开始安装 P6 Professional,见图 3-3。

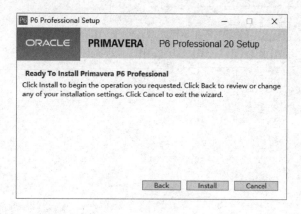

图 3-3　开始安装

4. 安装 P6 Professional 客户端

在安装界面中,等待安装进程全部完成,见图 3-4。

程序安装进程完成后,将进入选择运行数据库配置选项页面。

5. 运行数据库配置

在"Next Steps"向导页面中,勾选"Run Database Configuration",点击"OK"命令启动数据库配置向导,见图 3-5。

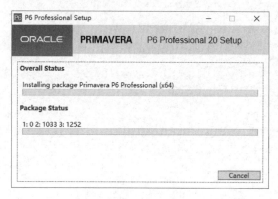

图 3-4　安装进程

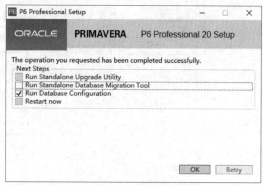

图 3-5　运行数据库设置

6. 选择数据库

新安装的 P6 默认的数据库别名为"PMDB",需要将数据库别名与数据库类型及数据库文件进行关联。

单机版安装需要选择"Driver Type"为"P6 Pro Standalone(SQLite)"。同时,选择"Add a new standalone database and connection"以创建新的数据库文件,并与"PMDB"数据库别名进行关联。完成上述配置,点击"Next"命令,从而创建新的单机数据库并将 P6 客户端与之链接,见图 3-6。

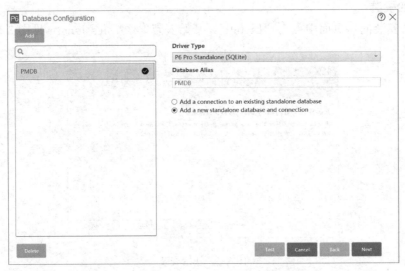

图 3-6　选择新建或使用现有单机数据库数据

注意：如果计算机中已经有单机数据库文件（文件名称的后缀为 db），则可选择"Add a connection to an existing standalone database"，从而实现与已有数据库文件的关联。

7. 设置登录账户、密码及基本货币

继续在"Database Configuration"对话框中设置用户登录名、密码及基础货币，见图 3-7。完成配置后，点击"Next"。

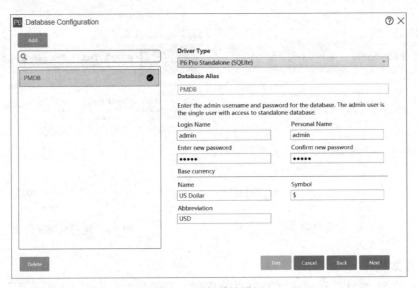

图 3-7　选择默认设置

8. 选择数据库存储路径

继续在"Database Configuration"对话框中设置数据库的存储路径及是否加载样例数据。如不需要加载样例数据，取消勾选该选项即可。点击"保存"，创建新的数据库文件，默认的名称为"PPMDBSQLite"，可以命名为其他的数据库文件名称及存储路径，见图 3-8。

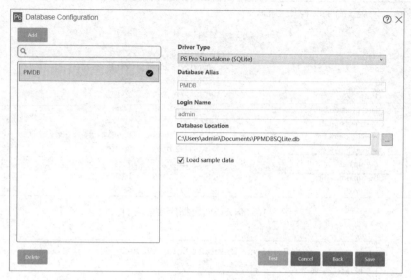

图 3-8　选择数据库存储路径

9. 安装完成

提示"Alias is saved successfully",点击"确定",
完成 P6 软件单机版安装,见图 3-9。

3.1.2　网络化应用模式安装

P6 软件在网络化应用模式下,需要依托大型关系
型数据库。P6 软件同时支持 Oracle Database 及 Mi-
crosoft SQL Server 两种关系型数据库。本节将重点

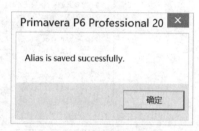

图 3-9　安装完成对话框

讲解 P6 软件基于 Microsoft SQL Server 数据库的网络化应用模式的安装过程。

1. 准备工作

在启动 P6 软件数据库安装工作之前,用户可以参考以下检查列表(表 3-1),在服务
器环境下完成准备工作。

网络化应用模式的安装准备表　　　　　　　　　　　　　　　　　表 3-1

序号	准备事项	是否准备完毕
1	在服务器端安装 Microsoft SQL Server 2017 或 2019 版本,并启用 TCP/IP 侦听协议	
2	在服务器端安装 Oracle JDK 1.8.0_271(64 bit),并配置 Java Home 系统环境变量	

2. 启动 P6 数据库安装文件

进入数据库配置安装包"P6_R2012_Database"文件夹。运行 dbsetup.bat 文件,见
图 3-10。

3. 选择数据库安装类型

在数据库安装向导中,将 Database options 选择为"Install a new database",将
Server type 选择为"Microsoft SQL Server",点击"Next",见图 3-11。

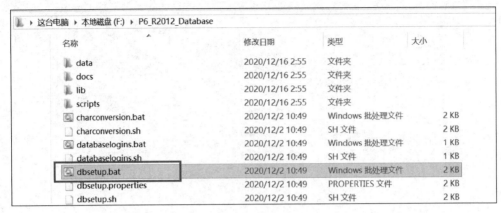

图 3-10　启动 P6 数据库安装文件

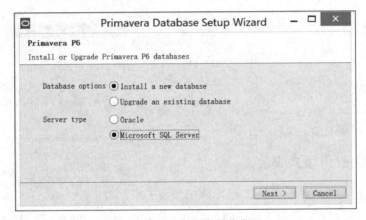

图 3-11　选择数据库安装类型

4. 连接 Microsoft SQL Server 数据库

输入 SQL Server 中 DBA 用户（比如 sa 账户）的密码，点击 "Next"，见图 3-12。

其中 Database host address 软件会自动识别服务器的计算机名（本示例中应用的服务器名为 "Lenovo-PC"），用户保持默认，无须修改；其中 Database host port 为 "1433"，也是 SQL Server 数据库环境下默认的侦听端口。

图 3-12　连接 Microsoft SQL Server 数据库

5. 配置数据库名称

输入 Database name，例如 P6DB，确认或修改 P6 数据库的部署路径，点击"Next"，见图 3-13。

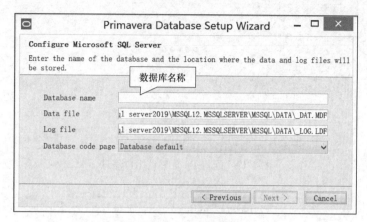

图 3-13　配置数据库名称

6. 创建 SQL Server 用户

输入并确认 SQL Server 中 privuser 和 pubuser 的账户名及密码（密码在创建后需要牢记，后续在配置数据库连接时还需要用到），点击"Next"，见图 3-14。

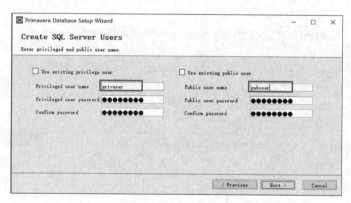

图 3-14　创建 privuser 和 pubser 用户及其密码

7. 配置 P6 管理员用户信息

设置 P6 软件管理员账户的用户名和密码，默认管理员账户是"admin"；根据需要判断是否勾选"Load sample data"选项。P6 软件预置了一些示例项目的计划数据（数据都是英文的），用户通过勾选"Load sample data"可以将示例数据加载到数据库中作为参考，如果不需要参考可以不勾选此选项。设置货币，点击"Install"开始安装，见图 3-15。

8. 数据库安装进程

进入安装界面，等待安装进程，完成后点击"Next"，见图 3-16。

9. 数据库安装完成

在完成页面点击"Finish"，完成 P6 软件数据库的安装工作，见图 3-17。

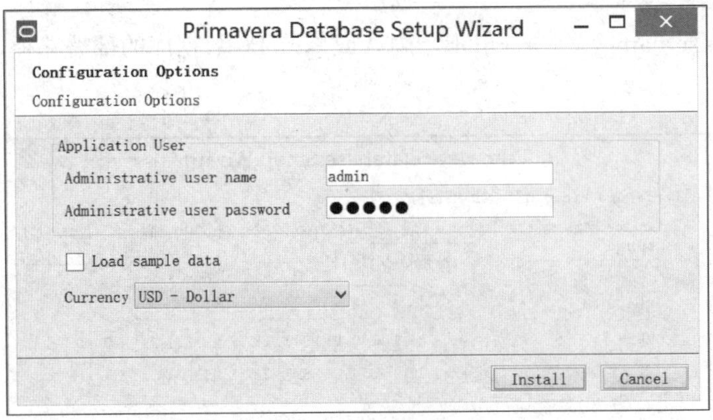

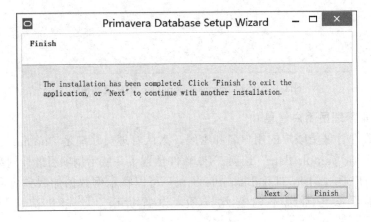

图 3-15　配置 P6 管理员用户信息

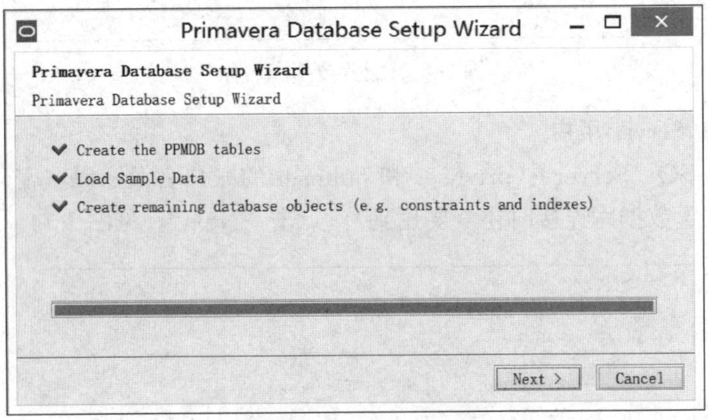

图 3-16　数据库安装进程

图 3-17　数据库安装完成

10. P6 客户端安装

客户端软件 Oracle Primavera P6 Professional 的安装，在配置数据库之前步骤是一样的，直到如图 3-18 所示的界面开始有所差异。

11. 选择数据库连接

如图 3-18 所示，选择数据库类型为"Microsoft SQL Server/SQL Express"，在"Database Alias"中自定义 SQL Server 数据库在 P6 中的别称（例如 PMDB），在"Connection String"中填写连接 SQL Server 数据库的 IP 地址及名称，格式为＜host/database＞，例如"127.0.0.1/P6DB"。点击"Next"命令，见图 3-18。

图 3-18　选择数据库连接

12. 填写公众账户登录信息

输入公共账户的用户名及密码（用户名为"pubuser"，密码为创建 pubuser 账户时设置的密码），点击"Test"，见图 3-19。

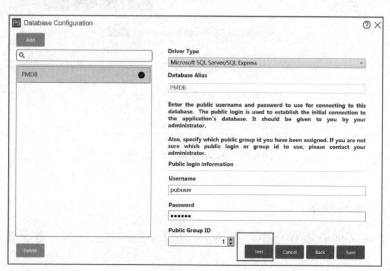

图 3-19　填写公众账户登录信息

13. 测试数据库连接

提示"Test connection is successful"后，点击"确定"，见图 3-20。

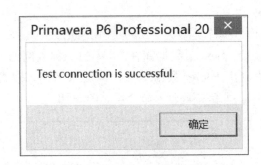

图 3-20　测试数据库连接

14. 安装完成

点击"Save"，提示"Alias is saved successfully"，点击"确定"即安装完成，见图 3-21。

图 3-21　保存数据库连接信息

3.1.3　启动 P6 专业版

在 Windows 界面开始程序中，找到 P6 Professional 20（x64）登录快捷方式，见图 3-22。

进入登录对话框，见图 3-23。

输入安装过程中设置的登录名（Login Name）与密码（Password）。点击下方的"Connect"命令，登录 P6 软件。点击"Edit database configuration?"，可以在弹出的"数据库配置"对话框中进行数据库配置。

如果需要配置高级选项，可以点击"Advanced"左侧的三角箭头，显示登录 P6 专业版的高级设置，主要包括所需登录的数据库和软件语言的设置。P6 专业版默认语言为英语，可以通过点击"language"下方下拉菜单的浏览箭头，选择"中文（中国）"，使用简体中文作为 P6 专业版的界面语言，见图 3-24。

首次登录 P6 软件将弹出对话框，提示：尚未在"管理设置"中为您的组织选择适当行业，此时点击"确定"，忽略该消息，进入 P6 软件。在 P6 软件中可以依次点击菜单"管理员/管理设置"，在弹出的"管理设置"对话框中的"行业"页面，选择默认的行业，见图 3-25。

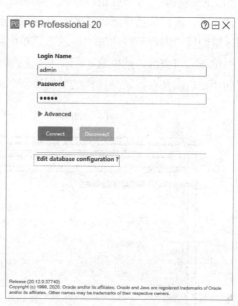

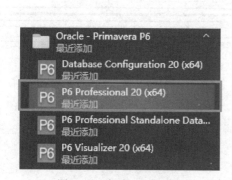

图 3-22　启动 P6 专业版

图 3-23　登录 P6 专业版

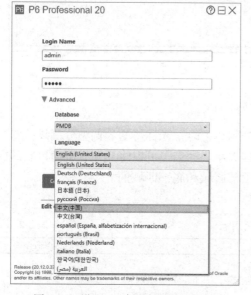

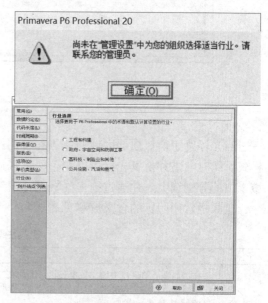

图 3-24　设置 P6 专业版的界面语言

图 3-25　设置 P6 专业版的默认行业

3.2 P6 界面

3.2.1 初始界面

登录后进入 P6 初始界面，默认窗口通常为项目窗口。P6 初始界面主要包括标题栏、菜单栏、工具栏、窗口和状态栏。其中，菜单栏包括文件、编辑、显示、项目、企业、工具、管理员和帮助等菜单。分布在窗口左侧、上侧及右侧的一些快捷命令，包括放大、缩小、过滤、进度计算等。窗口包括顶部区域和底部区域，其中顶部区域通常分割为左侧区域与右侧区域。不同区域的显示内容可以通过"显示"菜单中的"显示于顶部"和"显示于底部"进行设置。状态栏位于窗口底部，此栏显示的信息包括当前组合的名称、存储模式、数据日期、当前基线、当前用户名以及在登录时选择的数据库别名的名称及数据库类型，见图 3-26。

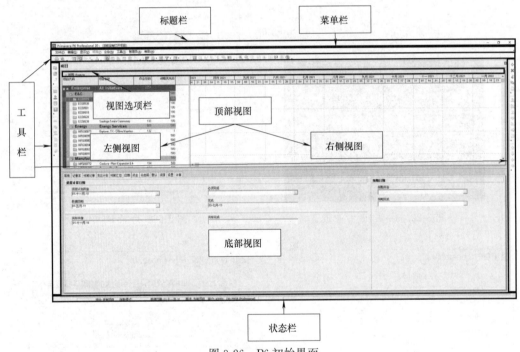

图 3-26 P6 初始界面

当光标置于窗口顶部区域的左侧和右侧的分割线上时，光标将变为调整分割线的图标样式。此时点击并拖曳光标可以调整两侧区域的大小。同理，可以将光标置于窗口底部区域上方的分割线上，并通过拖曳光标调整窗口顶部区域和底部区域的大小。

工具栏常用图标的含义解释见表 3-2。

工具栏常用图标   表 3-2

图标	功能	快捷键	对应菜单命令
➕	在目前激活的窗口中增加数据条目。例如在"项目"窗口中增加项目；在"WBS"窗口中，增加 WBS；在"作业"窗口中，点击该图标增加一个作业	Ins 或 Insert 键	编辑→增加

续表

图标	功能	快捷键	对应菜单命令
✖	删除选中的数据对象	Del 或 Delete 键	编辑→删除
✂	剪切选中的数据对象	Ctrl+X	编辑→剪切
📋	复制选中的数据对象	Ctrl+C	编辑→复制
📋	粘贴复制或剪切的数据对象；复制或剪切数据对象后启用该图标	Ctrl+V	编辑→粘贴
⬆	将选中的对象在层次中上移一行	—	
⬇	将选中的对象在层次中下移一行	—	
⬅	将选中的对象在层次中左移。左移对象时会将其在层次中上移一层	—	
➡	将选中的对象在层次中右移。右移对象时会将其在层次中下移一层	—	
◆	EPS 节点(EPS—企业项目结构)	—	企业→EPS
▦	打开"工作分解结构"窗口。使用该窗口创建、查看和编辑已打开项目的工作分解结构(WBS)	—	项目→WBS
▭	打开"作业"窗口。使用该窗口创建、查看和编辑已打开项目的作业	—	项目→作业
📁	创建新项目	Ctrl+N	文件→新建
📂	启动"打开项目"对话框,选择要打开的项目	Ctrl+O	文件→打开
📁	关闭所有打开的项目。点击该图标时,所有显示项目数据的已打开窗口(例如"作业"和"WBS"窗口)都会自动关闭	Ctrl+W	文件→全部关闭
▤	在顶部视图中显示或隐藏表视图	—	显示→显示于顶部→表视图
▦	在顶部视图中显示或隐藏横道图	—	显示→显示于顶部→横道图
⽤	在顶部视图中显示或隐藏作业网络图。要设置作业网络图选项,请打开一个作业网络图视图或保存作业网络图视图,点击该图标,然后选择适当选项	—	显示→显示于顶部→作业网络图
⬚	在横道图中显示或隐藏逻辑关系线	—	—
▨	在底部视图中显示或隐藏窗口详情。使用窗口详情查看或编辑所选条目的信息	—	显示→显示于底部→详情
▽	显示或隐藏底部视图。当隐藏底部视图时,顶部视图会扩大并充满整个工作区域	—	显示→显示于底部→无底端视图
🕐	打开"进度计算"对话框。在该对话框中,可以计算已打开项目的进度并设置进度计算选项	F9	工具→进度计算

　　通常将鼠标悬停于工具命令处即可显示该命令对应的工具名称与快捷键。显示工具名称提示和快捷键,需要通过"显示/工具栏/自定义",打开"自定义"对话框,在"自定义"对话框中的"选项"标签页进行设置。

41

3.2.2 界面与窗口的选择

登录后的默认初始窗口可以由用户自定义。依次选择"编辑/用户设置",点击"应用程序"标签页,在"启动窗口"部分的下拉菜单中选择每次启动模块时显示的窗口。该选项下拉菜单中包括 P6 的 12 种窗口:WBS、报表、风险、跟踪、工作产品及文档、项目、项目临界值、项目问题、项目其他费用、资源、资源分配和作业。其中,WBS、作业、工作产品及文档、项目临界值、资源分配、风险、项目问题、项目其他费用属于项目级别的数据,除非上次登录、退出程序时有打开的项目,否则即使被选为启动窗口,也无法在此次登录程序时启动该窗口作为初始窗口。在"分组和排序"部分中,可以选择分组所带的标签显示为代码/分类码或者名称/说明。在"栏位"部分中,可以选择要在栏位中显示的统计周期范围,见图 3-27。

1. 界面的设置

在菜单栏或工具栏区域单击鼠标右键,在弹出的下拉菜单中选择是否在工具栏中显示相应的命令,主要包括项目、分配、编辑、视图、企业、打印、action、管理员、底部视图、字典、显示、查找、发布、报表、标准、工具、顶部视图、移动。

工具栏中不同的命令组合由灰色点状虚线分隔,在每个命令组合的最右侧或者最下方是向下或者向左的黑色三角箭头。点击此黑色三角箭头,弹出"增加或删除按钮(A)"按钮,点击此按钮可以在弹出的下拉菜单中自定义需要显示的命令。此外,通过"显示/工具栏/自定义",打开"自定义"对话框,在"自定义"对话框的"工具栏"标签页可以编辑状态栏上显示的图标。在"选项"标签页,可以设置个性化菜单和工具栏,并选择是否使用大图标、是否在工具栏上显示工具提示或快捷键、是否使用特定的菜单动画,见图 3-28。

图 3-27 "用户设置"对话框—"应用程序"页面　　图 3-28 "自定义"对话框—"选项"页面

此外,P6 的菜单栏和工具栏的位置并不是固定不变的,可以利用鼠标将菜单栏拖曳至不同的区域。同样地,也可以对工具栏中的命令组合做类似的操作。

2. P6 的菜单

P6 的菜单栏包括文件、编辑、显示、项目、企业、工具、管理员和帮助等菜单。其中，文件菜单包括对项目文件的基本操作，例如项目的新建、打开和关闭，页面和打印设置，导入、导出、发送项目，选择项目组合，提交修改和刷新数据，最新使用的项目以及退出 P6 程序。

编辑菜单包括对项目数据的基本操作，例如撤销操作、剪切、复制和粘贴、增加、删除、分解作业和重新编号作业代码、为作业分配各种数据、连接作业（增加作业间的逻辑关系）、向下填充和选择全部、查找、替换、拼写检查和用户设置。

显示菜单主要包括对视图文件的基本操作及 P6 界面的基本显示设定。

项目菜单主要包括与项目相关的窗口，包括作业、资源分配、WBS、项目其他费用、工作产品及文档、项目临界值、项目问题、风险窗口的打开。

企业下拉菜单主要包括与企业相关的数据窗口与对话框，例如项目、EPS、跟踪、项目组合、资源、角色、OBS、资源分类码、项目分类码、作业分类码、角色分类码、分配分类码、用户定义字段、存储的图像、日历、资源班次、作业步骤模板、费用科目、资金来源、资源曲线和外部应用程序等。

工具菜单主要包括 P6 的各种计算工具，例如进度计算、资源平衡、本期进度更新、更新进展、重新计算分配费用、汇总、保存本期完成值、监控临界值和报表等。

管理员菜单主要包括各种管理设置，例如管理设置、管理类别、货币和统计周期日历。

帮助下拉菜单主要包括各种帮助文件的链接及 P6 的基本信息。

3. 窗口的选择

P6 软件有 WBS、报表、风险、跟踪、工作产品及文档、项目、项目临界值、项目问题、项目其他费用、资源、资源分配和作业 12 个窗口。其中，WBS、作业、工作产品及文档、项目临界值、资源分配、风险、项目问题、项目其他费用属于项目级别的数据，只有存在打开项目的情况下才可以使用这些窗口。但是，资源、报表、项目、跟踪属于企业层面的数据，这些窗口可以在关闭所有项目的情况下执行相应的操作。通过选择菜单栏中的"项目""企业"或者"工具"的下拉菜单中对应的窗口启动图标或者工具栏中对应的命令图标，可以打开相应的窗口。当多个窗口被同时打开时，可以点击窗口左上方相应的页面切换当前窗口。要显示对应窗口数据（例如项目或作业）的"详情"，需要依次选择"显示/显示于底部/详情"。要关闭窗口，可以点击窗口右上角的"×"。

此外，可以通过"显示"菜单的"页面组"命令，创建多个水平排列（或者垂直排列）的窗口。当需要同时操作多个窗口时，平铺这些窗口可以避免在窗口页面之间来回切换，有效地提高操作效率。例如，可以平铺 WBS 窗口和作业窗口，从而同时操作已打开项目的 WBS 和作业表格。水平平铺时，工作中心分为顶部和底部页面组；垂直平铺时，工作中心分为左侧和右侧页面组。

在有多个窗口打开的情况下，可以通过"显示/页面组"选择"新建水平页面组""新建垂直页面组"或者"合并页面组"。例如，在同时打开"项目"和"资源"窗口的情况下，通过选择"新建水平页面组"实现两个窗口的水平平铺，见图 3-29。

如果有多个窗口页面需要平铺时，可以利用上述步骤将一部分窗口水平平铺，而将另

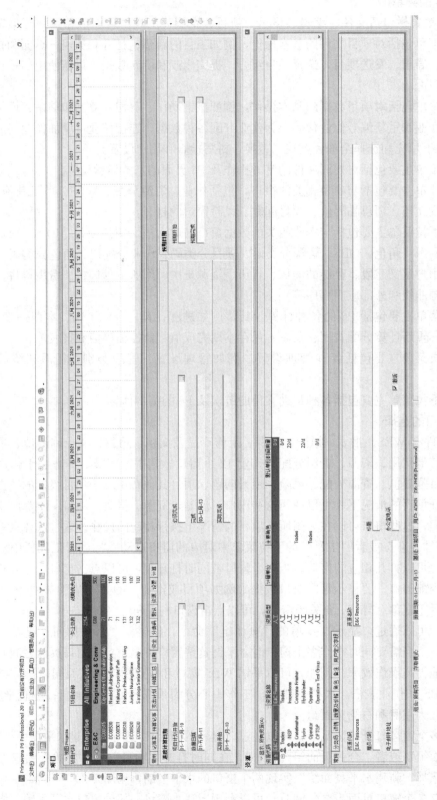

图 3-29 水平平铺窗口（"资源"窗口和"项目"窗口）

外的部分窗口垂直平铺。如果需要取消平铺窗口，可以依次选择"显示""页面组""合并所有页面组"。

3.3 "项目"窗口

3.3.1 窗口基本操作

依次选择"企业/项目"打开"项目"窗口，也可以点击项目窗口图标" "打开"项目"窗口。如果关闭"项目"窗口，则点击窗口右上方的"×"图标关闭"项目"窗口。"项目"窗口的工作区分为两部分，顶部区域反映的是企业项目结构（EPS）以及每个项目的具体内容，底部区域可以选择显示或者隐藏项目的"详情"。"详情"包括常用、记事本、预算记事、支出计划、预算汇总、日期、资金、分类码、默认、资源、设置、计算等标签页，见图 3-30。通过"显示"菜单中的"显示于顶部"和"显示于底部"设置不同区域的显示内容。其中顶部视图可以分为左右显示项目表格和项目横道图，或者只显示项目表格或项目图表视图［企业项目结构（EPS）树状图］。在顶部视图的项目表格中可以定制显示的栏位，可以显示的栏位包括项目代码、项目名称、所处的状态、责任人、风险等级和优先级等。通过点击表中的企业项目结构（EPS）的上层节点前的"－"或者"＋"，可以展开或折叠相应节点，从而展示或隐藏位于其下层节点的项目。此外，也可以

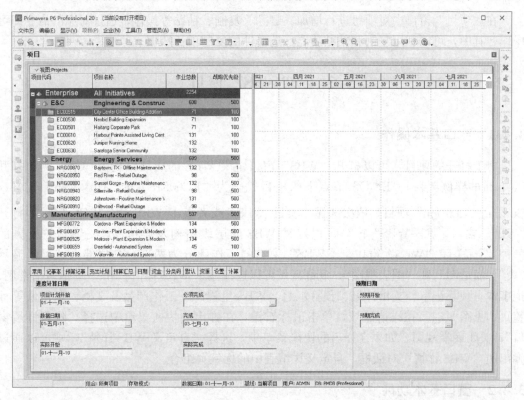

图 3-30 "项目"窗口

通过依次选择"显示/全部展开"或者"全部折叠"或者"折叠到",将企业项目结构（EPS）全部展开或全部折叠，或者在弹出的"折叠到"对话框中选择将企业项目结构（EPS）折叠到相应的层级。在"项目"窗口顶部视图的右侧可以显示项目的横道图，将光标置于横道图上方的时间标尺上，可以通过左右拖曳缩小或放大时间标尺。此外，横道图显示的横道（栏）的层级与左侧表中显示的层级一致。当某些项目被折叠到上层节点时，横道图也将仅显示它们的汇总。"项目"窗口的顶端视图也可以仅显示图表。此时，"项目"窗口将在顶端视图中以树状图的形式显示企业项目结构（EPS）。"项目"窗口的底部视图可以显示或隐藏项目详情。鼠标右键单击此区域，可以在弹出的菜单中选择"隐藏详情窗口"，从而关闭底端视图，或者选择"自定义项目详情"，从而在弹出的"项目详情"对话框选择需要显示在详情表中的标签页。

3.3.2　窗口基本功能

"项目"窗口的主要功能包括打开、增加、删除、复制、粘贴项目以及定义项目的详情数据。其中，在"项目"窗口的表中选中想要打开的项目，单击鼠标右键，选择"打开"命令即可打开选中的项目。如果想要打开连续的多个项目，可以点击要选择的第一个项目，按住 Shift 键，然后点击最后一个项目，则两个项目之间的所有项目将被选择，单击鼠标右键，选择"打开"；如果选择非连续的多个项目，需要按住 Ctrl 键，单击鼠标右键，选择"打开"。如果要关闭所有的项目，可以依次选择"文件""关闭全部"。

在"项目"窗口中对项目进行增加、删除、复制、粘贴等操作，通过对应的命令即可操作。其中，可以利用复制和粘贴功能，选择性的复制项目数据。

3.4　"WBS"窗口

3.4.1　窗口基本操作

对于打开的项目，可以打开"WBS"窗口定义 WBS 的层级结构及详情。例如打开 P6 自带的样例项目—"E&C"节点下的项目代码为"EC00515"的"City Center Office Building Addition"项目。依次选择"项目/WBS"或者点击 WBS 命令按钮" "打开"WBS"窗口。在"WBS"窗口可以定义 WBS 的层级结构及详情。点击窗口右上方的"×"图标关闭"WBS"窗口。"WBS"窗口的工作区分为两部分，顶部区域可以显示"表""横道图"和"图表视图"。底部区域可以选择显示 WBS 详情。WBS 详情包括常用、记事本、预算记事、支出计划、预算汇总、WBS 里程碑、工作产品及文档、赢得值等标签页，见图 3-31。在详情区域，单击鼠标右键，在弹出的快捷菜单中选择"隐藏详情窗口"，关闭底端视图。如果在弹出的快捷菜单中，选择"自定义 WBS 详情"，则可以通过弹出的"WBS 详情"对话框，自定义详情表中的标签页组合。

3.4.2　窗口基本功能

"WBS"窗口主要用于查看或者编辑已打开项目的 WBS 节点。在"WBS"窗口通过

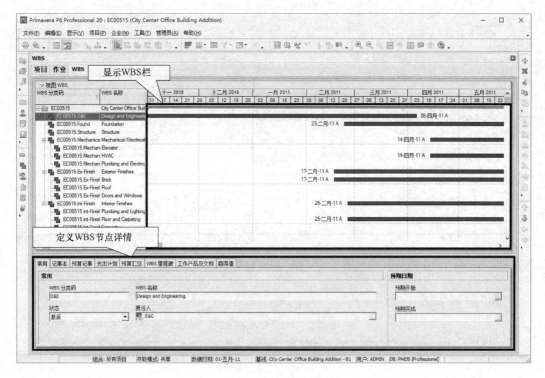

图 3-31　"WBS" 窗口

点击 "➕"，创建 WBS 节点。通过复制、粘贴、删除、剪切等命令编辑 WBS 数据。WBS 的层级结构通过 "⬆""⬇""⬅" 和 "➡" 命令实现。

3.5　"作业" 窗口

3.5.1　窗口基本操作

对于打开的项目，可以通过 "作业" 窗口为项目增加作业。例如，打开 P6 自带的样例项目—"E&C" 节点下的项目代码为 "EC00515" 的 "City Center Office Building Addition" 项目，则自动进入 "作业" 窗口。点击窗口右上方的 "×" 图标可以关闭 "作业" 窗口。"作业" 窗口的工作区分为两部分，通过 "显示" 菜单中的 "显示于顶部" 和 "显示于底部" 控制不同区域的显示内容。顶部区域可以显示 "表""横道图""作业网络图" 或 "作业使用剖析表"。底部区域可以显示的内容包括 "详情""横道图""作业使用剖析表""作业使用直方图""资源使用剖析表""逻辑跟踪" 或者 "资源直方图"。通常状态下底部视图为作业 "详情"，"详情" 包括常用、状态、资源、紧前作业、紧后作业、步骤、反馈、分类码、风险、记事本、汇总、工作产品及文档、逻辑关系、其他费用、讨论等标签页，见图 3-32。

如果想隐藏 "详情"，在 "详情" 区域单击鼠标右键，在弹出的菜单中选择 "隐藏详情窗口"。

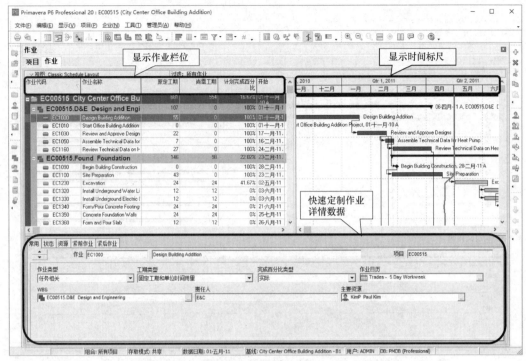

图 3-32 "作业"窗口

3.5.2 窗口基本功能

在"作业"窗口中，可以实现为打开的项目新增作业并定义作业属性。作业属性包括原定工期、尚需工期、资源分配、作业逻辑关系、其他费用、步骤等。新增作业通过点击"作业"窗口的增加命令"➕"实现。作业属性一般通过底部视图"详情"的不同标签页进行定义。

对作业的操作还包括"删除""复制""粘贴""全部选择""撤除""撤销新增作业"等。其中撤除命令"🔧"可以实现删除作业的同时保留被删除作业与紧前和紧后作业的部分逻辑关系。"选择全部"命令，可以选择窗口的所有作业。

3.6 "项目临界值"窗口

3.6.1 窗口基本操作

临界值【Thresholds】定义项目进度/费用偏差可以接受的范围，是用来监控项目进展好坏的有力工具，在使用 P6 临界值功能时需指明要监控的参数类型，如总时差（总浮时）或完成日期差值。

只有对打开的项目可以定义临界值。在打开项目的情况下，通过"🔳"进入"项目临界值"窗口，见图 3-33。

点击窗口右上方的"×"图标可以关闭"项目临界值"窗口。"项目临界值"窗口的工作区分为两部分，顶部区域以表格形式反映项目临界值的具体内容，底部区域显示临界

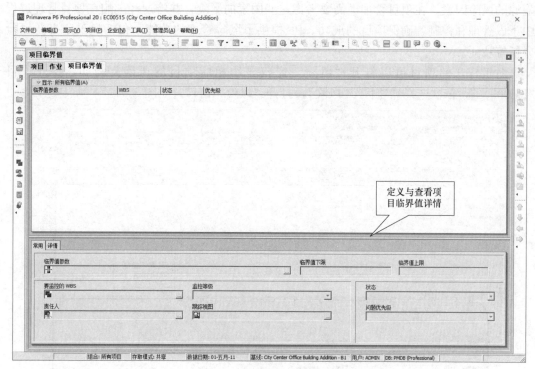

图 3-33　"项目临界值"窗口

值的常用信息与详情。不同于"项目""WBS""作业"等窗口,"项目临界值"窗口不能自定义顶部与底部区域的显示状态。在顶部视图的项目临界值表格中可以定制显示的栏位,但仅有临界值参数、WBS、状态和优先级四个栏位可供选择。不同于"项目""WBS""作业"等窗口,"项目临界值"窗口无法隐藏底部视图,也无法自定义底部视图中详情表的标签页。"项目临界值"窗口中详情表的标签页包括常用与详情两项。

3.6.2　窗口基本功能

在"项目临界值"窗口中,可以定义项目需要监控的临界值,从而在跟踪项目的实施进展时,通过监控临界值判断项目中是否有超出临界值范围的问题。例如,对打开的项目—"EC00515"定义临界值。点选菜单栏中的"项目/临界值",进入"项目临界值"窗口。点击右侧工具栏中的"➕",在底部视图详情表的常用标签页中设置临界值参数为"Start Day Variance(days)",临界值下界为"-11",上限为"11",要监控的 WBS 为 WBS 根节点"EC00515 City Center Office Building Addition",监控等级为"作业",状态为"有效的",责任人为"E&C",问题优先级为"3-正常"。

3.7　"风险"窗口

3.7.1　窗口基本操作

风险又称为不确定性,在工程项目管理过程中由于工程的复杂性,面临着来自各个风险源的风险因素，在项目管理中需要考虑这些因素的影响，并将这些影响在项目管理过程中予以管理和控制，确保项目的成功。P6 提供了风险管理的功能，包括风险定义及风险分析等功能。

对于打开的项目可以打开"风险"窗口显示相应项目的风险。例如，打开项目"EC00515"，依次选择"项目""风险"，打开"风险"窗口，见图 3-34。

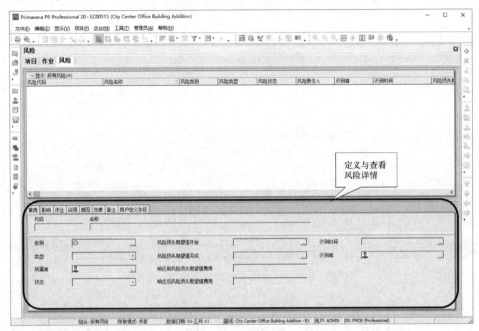

图 3-34　"风险"窗口

点击窗口右上方的"×"关闭当前激活的"风险"窗口。"风险"窗口的工作区分为两部分，顶部区域以表格形式反映风险的具体内容，底部区域可以显示风险的常用信息与详情，见图 3-34。不同于"项目""WBS""作业"等窗口，"风险"窗口不能自定义顶部区域的显示状态。在顶部视图的风险表格中可以定制显示的栏位，其中常用的栏位有风险代码、风险名称、风险类别、风险状态、风险责任人、识别者、识别时间等。"风险"窗口可以隐藏底部的详情表，但无法自定义底部视图中详情表的标签页。"风险"窗口中详情表的标签页包括常用、影响、作业、说明、原因、效果、备注和用户定义字段。

3.7.2　窗口基本功能

在"风险"窗口中可以定义项目实施过程中可能出现的风险，并计算其对项目可能造成的影响，提出具体的控制措施。在"风险"窗口，点击"➕"增加风险，可以进一步通过"详情"定义风险的详情及影响。

3.8　项目问题窗口

3.8.1　窗口基本操作

只有存在打开的项目时，才可以打开"项目问题"窗口显示相应项目的问题。例如，打开项目"EC00515"，依次选择"项目/问题"，进入"项目问题"窗口。"项目问题"窗口的工作区分为两部分，顶部区域以表格形式反映项目问题的具体内容，底部区域可以显示项目问题的常用信息与详情，见图 3-35。

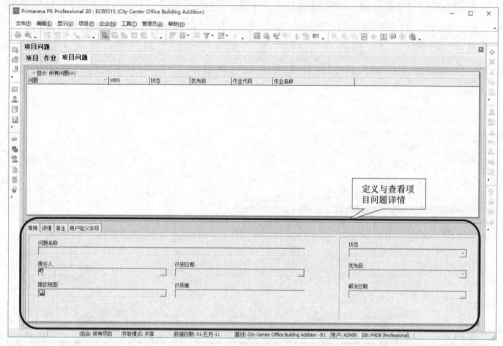

图 3-35　"项目问题"窗口

"项目问题"窗口不能自定义顶部区域的显示方式。在顶部视图的项目问题表格中可以定制显示的栏位，其中常用的栏位有问题、WBS、状态、优先级、作业代码、作业名称等。"项目问题"窗口可以隐藏底部的详情表，但无法自定义底部视图中详情表的标签页。"项目问题"窗口中详情表的标签页包括常用、详情、备注和用户定义字段。点击窗口右上方的"×"命令可以关闭"项目问题"窗口。

3.8.2　窗口基本功能

在"项目问题"窗口，显示由监控项目临界值产生的问题与手动记录的项目中的实际问题，并对所有问题进行跟踪、分析与处理。为打开的项目新增问题，则需要在"项目问题"窗口，点击"➕"新增新的问题。可以利用显示于底部的"详情"的各标签页定义问题详情数据。这些标签页包括常用、详情、备注、用户定义字段等标签页。可以定义的问题属性包括问题名称、责任人、识别日期、临界值参数等。

3.9　"工作产品及文档"窗口

3.9.1　窗口基本操作

工作产品及文档主要用于记录和管理与项目实施相关联的文档与交付产品。经常使用的文档为：技术文件（施工规范、实施程序、施工方案、施工指导书等）、工程记录（工程月报、工程图片等）、招标投标文件、监理月报、项目部会议等。可以根据项目管理过程中文档管理的需要，在"管理类别/文档类别"对话框进行设置。

只有存在打开的项目时，才可以打开"工作产品及文档"窗口，并显示项目的工作产品及文档。例如，打开项目"EC00515"，依次选择"项目/工作产品及文档"，打开"工作产品及文档"窗口。"工作产品及文档"窗口的工作区分为两部分，顶部区域以表格形式反映工作产品及文档的具体内容，底部区域可以显示工作产品及文档的常用信息与详情，见图 3-36。

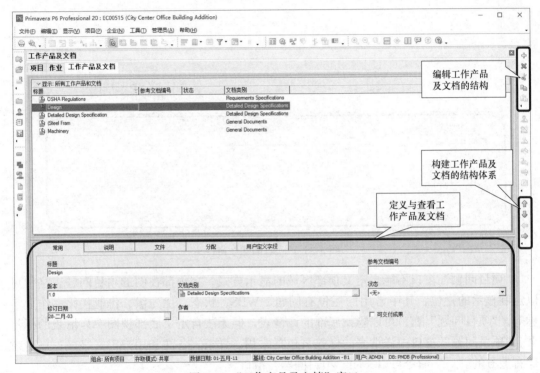

图 3-36 "工作产品及文档"窗口

顶部视图详情表中可以定制显示的栏位，常用的栏位有标题、参考文档编号、状态和文档类别等。"工作产品及文档"窗口可以隐藏底部的详情表，但无法自定义底部视图中详情的标签页。"工作产品及文档"窗口中详情表的标签页包括常用、说明、文件、分配和用户定义字段等。点击窗口右上方的"×"图标可以关闭当前激活的"工作产品及文档"窗口。

3.9.2 窗口基本功能

"工作产品及文档"窗口主要用于为打开的项目创建并分配工作产品和文档。通过建立标准化的工作产品及文档的分类方式，便于项目管理人员以及项目的干系人对文件进行检索和查阅。在"工作产品及文档"窗口可以实现的功能包括：建立工作产品及文档结构体系，定义工作产品及文档详情以及分配工作产品及文档等。

1. 建立工作产品及文档结构体系

工作产品及文档结构体系的建立通过"工作产品及文档"窗口右侧的工具栏进行。通过点击命令栏中的"增加""删除""复制"和"粘贴"等按钮编辑文档的结构要素，然后通过"伸缩键"可以构建工作产品及文档的结构体系，见图 3-37。

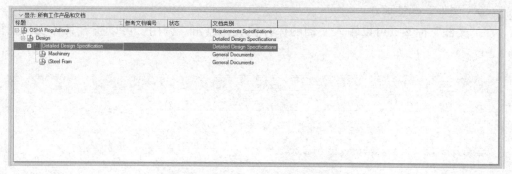

图 3-37　建立工作产品及文档结构体系

2. 定义工作产品及文档详情

（1）"常用"标签页。

在"常用"标签页对"工作产品及文档"进行定义和修改，定义和修改的内容包括：标题、参考文档编号、版本、文档类别、状态、修订日期及作者等，见图 3-38。

图 3-38　工作产品及文档详情表"常用"标签页

点击"文档类别"右下方的"…"按钮，可以在弹出的"选择文档类别"对话框中选择对应的文档类别。点击"状态"右下方的倒三角箭头按钮，可以在下拉菜单中选择相应的状态。其中，可供选择的文档类别在"管理类别"对话框中"文档类别"标签页进行设置，可供选择的"文档状态"在"管理类别"对话框中"文档状态"标签页进行设置。

（2）"说明"标签页。

在"说明"标签页可以输入具体的工作产品及文档说明，还可以建立图片文件的链接，见图 3-39。点击"修改"按钮，通过弹出的"文档说明"对话框输入工作产品及文

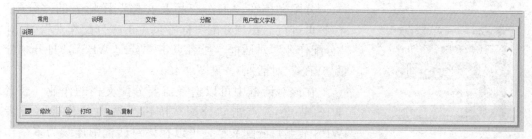

图 3-39　工作产品及文档详情表"说明"标签页

档说明，也可以点击该对话框上方工具栏中的""按钮，在弹出的"图片"对话框中选择相应的图片来源，在文档说明中加入该图片文件的链接。

（3）"文件"标签页。

在"文件"标签页可以输入文档的保存位置，点击"调用"可以查看具体文档，见图 3-40。

图 3-40　工作产品及文档详情表"文件"标签页

文件的存储位置包括私有位置和公共位置，其中，存储在私有位置的文档只能由 P6 的用户调用。存储在公共位置的文档可以被项目的利益相关者查看，这些文档通常放置在共享的网络空间，例如文件服务器及局域网上。

（4）"用户定义字段"标签页。

在"用户定义字段"标签页可以输入用户自定义的工作产品及文档的字段值，例如"New Est Date"等，见图 3-41。点击"自定义用户定义字段"按钮，可以在弹出的"UDF"对话框中选择所需的用户定义字段。其中，可用的用户自定义字段可以依次点击"企业""用户定义字段"，在弹出的"用户定义字段"对话框左上方"自定义字段"区域的下拉菜单中选择"工作产品及文档"进行设置。

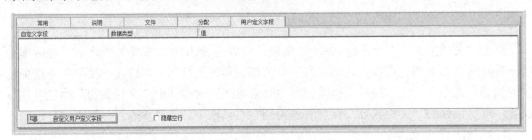

图 3-41　工作产品及文档详情表"用户定义字段"标签页

图 3-42　"分配作业"对话框

3. 分配工作产品及文档

分配文档在"工作产品及文档"详情表的"分配"标签页进行，在"分配"标签页点击"分配作业"，打开"分配作业"对话框（或者点击"分配 WBS"，打开"分配 WBS"对话框），见图 3-42。

在该对话框中可以选择需要分配文档的作业（或者 WBS 节点），点击"分配"按钮为选中的作业（或者 WBS 节点）分配文档，可以在该对话框中连续为多个作业（或者 WBS 节点）分配具体文档。回到"分配"标签页就可以查看文档的具体分配情况，见图 3-43。

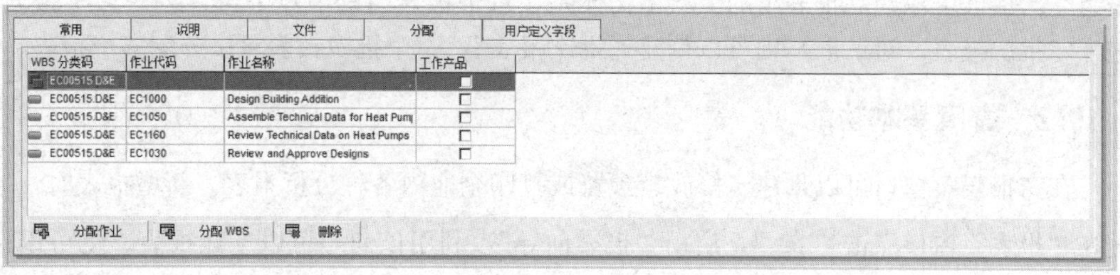

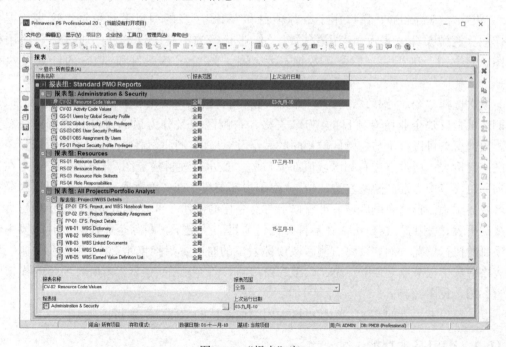

图 3-43　查看文档"Design"的分配详情

3.10　"报表"窗口

3.10.1　窗口基本操作

依次选择"工具/报表"，在弹出的下拉菜单中，可以选择"报表""报表组"及"批次报表"，打开对应的窗口或对话框。如果选择"报表"，则进入"报表"窗口。"报表"窗口的工作区分为两部分，顶部区域以表格形式显示可供选择的报表的基本信息，底部区域通过详情表的形式显示报表的基本信息，见图 3-44。

图 3-44　"报表"窗口

顶部视图的表中栏位固定为报表名称、报表范围和上次运行日期。点击窗口右上方的"×"，可以关闭"报表"窗口。

如果选择"报表组"或"批次报表"，则进入"报表组"或"批次报表"对话框。"报表组"对话框可以建立报表组的层次结构体系，每个报表组的节点下可以创建多个报表。进入"批次报表"对话框，则可以创建"批次报表"，一个批次报表可以分配多个报表。

3.10.2　窗口基本功能

在"报表"窗口可以创建、修改、预览或打印企业内各种分析报表。新增报表时，通过在"报表"窗口点击" ✚ "，启动"报表向导"，利用该向导可以新建报表。也可以选择现有的报表，单击鼠标右键，在弹出的快捷菜单中选择"修改"，启动报表生成器窗口，对现有的报表进行修改，形成新的报表，在该对话框中可以利用" ✏ "启动报表向导，也可以利用命令" 🗋 "形成新的报表。在"报表"窗口，单击鼠标右键，在弹出的快捷菜单中选择"运行"命令，运行报表。也可以在弹出的快捷菜单中选择"运行/批次报表"，运行批次报表，可以实现一次运行多个报表。可以在"报表"窗口对选择的报表进行复制、粘贴、删除等操作。

3.11　"跟踪"窗口

3.11.1　窗口基本操作

"跟踪"（Tracking）窗口用于跟踪项目和 WBS 层级的项目汇总数据。这些数据包括作业、资源预算、实际、尚需数据以及作业状态的汇总统计数据。通过综合使用横道图、直方图、剖析表、栏位等数据显示功能，综合跟踪项目和 WBS 的计划及执行数据。

依次选择"企业/跟踪"，打开"跟踪"窗口。"跟踪"窗口的工作区分为左右两部分，左侧区域是反映企业所有项目的 WBS 表格，右侧区域又分为顶部窗口和底部窗口。其中，顶部窗口可以显示与左侧区域相同的表格及对应的项目横道图，底部窗口可以显示直方图或剖析表。通过点击右侧区域顶部窗口的"显示—项目横道图/直方图"按钮，在弹出的下拉菜单中点选"隐藏左边栏位""隐藏顶部窗口"或"隐藏底部窗口"，可以隐藏相应区域的图表。点选右侧区域底部窗口上方命令栏的按钮，可以在底部窗口显示项目直方图或剖析表。"跟踪"窗口可以在不打开任何项目的情况下，跟踪企业在某个时间段内所有项目的执行情况。例如，将右侧区域顶部窗口的时间标尺拖曳至 2012 年，在左侧区域的表格中选中根节点"Enterprise"，跟踪窗口将显示企业在 2012 年内所有项目的横道图和直方图，见图 3-45。

点击窗口右上方的"✕"图标可以关闭当前激活的"跟踪"窗口。

3.11.2　窗口基本功能

"跟踪"窗口主要用于为打开的项目显示和创建跟踪视图。通过在左侧区域的企业所有项目的 WBS 表格中选取相应的节点，可以在右侧区域的顶部窗口和底部窗口显示选定时间段内对应的 WBS 节点的横道图、人工费用直方图或人工费用剖析表。

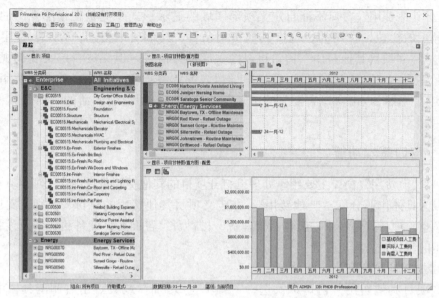

图 3-45　"跟踪"窗口

3.12　"项目其他费用"窗口

3.12.1　窗口基本操作

可以对打开项目的作业分配其他费用。在打开特定项目（例如"EC00515"）的情况下，依次选择"项目/其他费用"，进入"项目其他费用"窗口。"项目其他费用"窗口的工作区分为两部分，顶部区域以表格形式反映项目其他费用的具体内容，底部区域可以显示项目其他费用的常用信息与详情，见图 3-46。

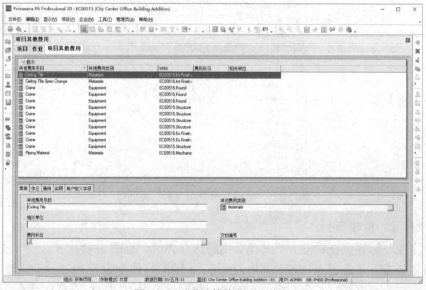

图 3-46　"项目其他费用"窗口

"项目其他费用"窗口不能自定义顶部区域的显示形式。但是在顶部视图的表中可以定制显示的栏位，常用的栏位有其他费用条目、其他费用类别、WBS、费用科目和相关单位等。"项目其他费用"窗口可以隐藏底部详情表，但无法自定义底部视图中详情表的标签页。"项目其他费用"窗口中详情表的标签项包括常用、作业、费用、说明和用户定义字段。点击窗口右上方的"×"图标可以关闭当前激活的"项目其他费用"窗口。

3.12.2　窗口基本功能

"项目其他费用"窗口主要用于处理已打开项目的其他费用条目。在"项目其他费用"窗口可以为具体作业分配"其他费用"，并定义项目其他费用的科目、类别、文档编号、说明等信息。项目其他费用一般包括管理费、材料费、咨询费、设备租赁费及设备费等。其他费用的定义及分配过程为：

1. 增加"其他费用"

在"项目其他费用"窗口依次选择"编辑""增加"或者点击右侧工具栏中"＋"按钮，在弹出的"选择作业"对话框中选择需要增加的其他费用相应的作业，然后在"项目其他费用"窗口底部视图的详情表中输入其他费用的常用信息、说明及预算数量。

2. 定义和修改其他费用详情

（1）"常用"标签页。

在"常用"标签页分配"其他费用"的类别及费用科目等信息。分配这些信息时点击相应字段下的"..."按钮，在打开的"选择其他费用类别"（或"选择费用科目"）对话框中选择相应的"其他费用类别"（或"费用科目"），点击"分配"按钮，给其他费用分配相应的费用类别（或费用科目），见图 3-47。

图 3-47　"选择其他费用类别"对话框

（2）"作业"标签页。

在"作业"标签页查看已分配其他费用的作业详情，见图 3-48。

如果将分布方式确定为"随工期均匀分布"，同时将作业设定为"自动计算实际值"，则在执行本期进度更新时其他费用的实际费用数据将根据工期完成百分比计算。如果将分

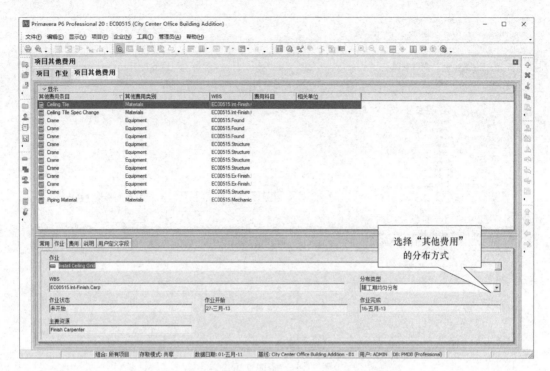

图 3-48　"项目其他费用"窗口"作业"标签页

布方式确定为"开始"或"完成",同时将作业设定为"自动计算实际值",则根据作业的相应状态分配全部其他费用的实际数量。

（3）其他标签页。

在其他页面（包括"费用""说明"和"用户定义字段"标签页）可以查看或修订其他费用的预算数量、预算费用等数据,以及输入其他费用的说明和用户自定义字段值。

3.13　"资源"窗口

3.13.1　窗口基本操作

资源是完成项目工作所需的人工、材料和设备等的总称。在 P6 中,资源是企业级数据。资源类型可以分为人工资源、非人工资源和材料资源三大类。

依次选择"企业""资源",可以打开"资源"窗口。"资源"窗口的工作区分为两部分,顶部区域可以显示资源表格或资源树状图,底部区域可以显示资源详情表,见图 3-49。

依次选择"显示""显示于顶部",在弹出的下拉菜单中选择"表",可以在顶部区域以表格形式反映资源的具体内容,或者选择"图表视图"以图表形式展示资源树状图。在顶部视图的表中可以定制显示的栏位,常用的栏位有资源代码、资源名称、资源类型、计量单位、主要角色、默认单位时间用量等。"资源"窗口可以隐藏底部的详情表,但无法

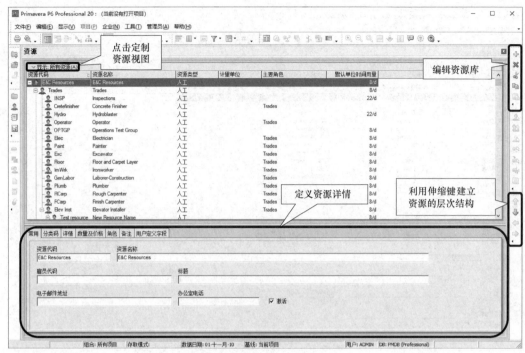

图 3-49 "资源"窗口

自定义底部视图中详情表的标签页。"资源"窗口中详情表的标签页包括常用、分类码、详情、数量及价格、角色、备注和用户定义字段。点击窗口右上方的"×"图标可以关闭当前激活的"资源"窗口。

3.13.2 窗口基本功能

"资源"窗口主要用于增加或修改组织的资源。在"资源"窗口中可以建立企业资源的分解结构（RBS），并定义资源详情。在资源窗口，点击" ➕ "启动资源向导。通过复制、粘贴、删除、剪切等命令编辑资源数据。资源的层级结构通过" ⬆ "" ⬇ "" ⬅ "和" ➡ "命令实现。

3.14 "资源分配"窗口

3.14.1 窗口基本操作

通过"资源分配"窗口可以查看、修改、删除资源随时间的分配数据。点击" 🖥 "，进入"资源分配"窗口，见图 3-50。

在"资源分配"窗口可以设置显示"分配详情"和"资源使用剖析表"，见图 3-51。

只有存在打开的项目时，才可以打开"资源分配"窗口显示相应项目的资源分配情况。例如，打开具体的项目"EC00515"，依次选择"项目""资源分配"，可以打开"资源分配"窗口。"资源分配"窗口的工作区分为上下两部分，顶部区域可仅显示资源表格

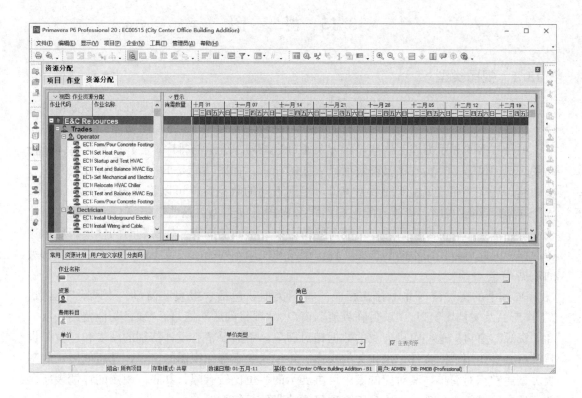

图 3-50　"资源分配"窗口

或在左侧显示资源表格,在右侧显示资源使用剖析表,底部区域可以显示或隐藏资源分配详情表。通过选择"显示""显示于顶部",在弹出的下拉菜单中选择"资源使用剖析表",可以显示或隐藏资源使用剖析表。在顶部视图的表中可以定制显示的栏位,常用的栏位有作业代码、作业名称、资源代码名称、开始和完成等。"资源分配"窗口可以隐藏底部的详情表,但无法自定义底部视图中详情表的标签页。"资源分配"窗口中详情表的标签页包括常用、资源计划、用户定义字段和分类码等。点击窗口右上方的"×"图标可以关闭"资源分配"窗口。

图 3-51　"资源分配窗口"—
"视图:作业分配资源"

3.14.2　窗口基本功能

　　"资源分配"窗口主要用于查看、修改、删除分配给作业的资源数据。在"资源分配"窗口中可以编辑和查看所有打开的项目作业的资源分配情况。这里可以设定按照时间标尺的最低刻度分配资源。删除资源分配,可以点选"✖"命令。使用 Ctrl+A 键选择所有作业,点击"✖"命令,则删除所有的资源分配。

3.15　视　　图

3.15.1　视图类型

通过 P6 的 12 种窗口可以实现各种数据的输入与编辑。有时候需要在不改变数据的前提下，使用不同的图表分析展示已有的数据，此时需要使用 P6 的视图功能。视图是项目群、项目数据的显示方式。这些显示方式通过过滤器、分组与排序、栏位、栏、字体、行高及时间标尺等工具实现项目群及项目数据的显示。视图功能是 P6 中一个非常重要的分析功能，基本上涵盖了主要的数据窗口，根据不同的数据窗口可以将视图分为项目视图、WBS 视图、作业视图、资源分配视图和跟踪视图五种类型。这些数据窗口涉及的数据比较复杂，基于不同的使用目的，可能需要精心设计不同的图表、栏位和时间标尺来展示这些数据。因此可以使用不同的视图文件，记录和使用不同的图表或不同的栏位以展示相关的数据。

P6 剩下的 7 种窗口并不存在相应的视图类型，包括"报表"窗口、"风险"窗口、"工作产品及文档"窗口、"项目临界值"窗口、"项目问题"窗口、"项目其他费用"窗口和"资源"窗口。这些窗口涉及的数据相对简单，不需要精心设计特别的图表和栏位，也就没有必要使用视图文件记录相关的操作。对于这些不存在视图的窗口，其所能展示的图表类型通常相对简单，其对应的表中可供展示的栏位比较有限，其底部视图的详情表所含的标签页数量较少，甚至无法自定义项目详情表的标签页。

1. "项目"视图

"项目"视图是指在"项目"窗口下显示的各种视图。在"项目"窗口中，可以定制形式多样的视图以供项目管理人员使用，例如顶部视图左侧的项目表格、顶部视图右侧的项目横道图和底部视图的项目详情表等，见图 3-52。

通过视图选项栏可以定制"项目"视图各个区域的显示内容，还可以打开系统保存的标准化视图快速定制"项目"视图。在"项目"视图的各个区域单击鼠标右键，打开快捷菜单可以进行相应视图区域的定制，例如，在项目详情表区域单击鼠标右键打开快捷菜单，选择"自定义项目详情"就可以打开"项目详情"对话框进行项目详情显示标签页的定制。用同样的方法可以定制项目表格及项目栏区域的显示信息。

2. "WBS"视图

在"WBS"窗口中可以制作的"WBS"视图包括：顶部视图的图表视图、顶部视图左侧的 WBS 表格、顶部视图右侧的 WBS 横道图和底部视图的 WBS 详情表。通过"显示"菜单中的"显示于顶部"和"显示于底部"两个下拉菜单，可以控制顶部和底部区域的显示状态。其中，顶部视图可以分为左右两部分，分别显示 WBS 表格和 WBS 横道图，或者只显示 WBS 表格或 WBS 图表视图（WBS 树状图）。底部视图可以显示或隐藏 WBS 详情表。只有存在打开的项目时，才可以打开"WBS"窗口显示各种视图。因此，打开 P6 自带的示例项目—"E&C"节点下的项目代码为"EC00515"的"City Center Office Building Addition"项目展示 P6 默认的"WBS"视图，见图 3-53。

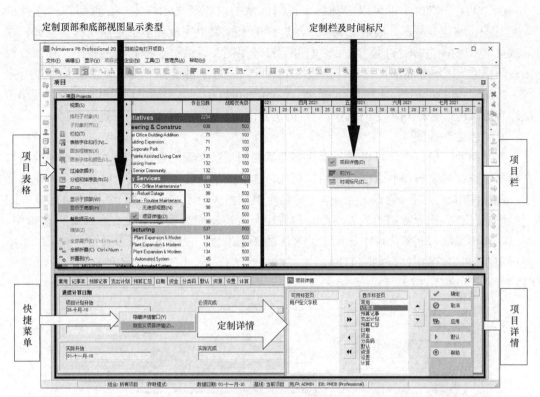

图 3-52 "项目"视图

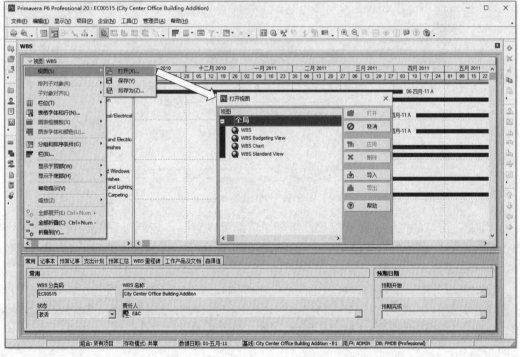

图 3-53 "WBS"视图

在"WBS"窗口中也可以定制各个视图区域的内容及显示格式。在顶部视图左侧的WBS表格区域定制视图，通过"视图选项"栏中下拉菜单完成相应的定制工作。例如，在下拉菜单中选择"视图/打开"命令，打开"打开视图"对话框选择相应的视图。在顶部视图右侧横道图区域和底部视图的详情表区域，可以通过单击鼠标右键打开快捷菜单进行定制。"WBS"窗口的栏位、时间标尺及WBS详情都可以定制，定制过程通过在相应区域单击鼠标右键，在弹出的快捷菜单中选择对应的定制命令，打开对应的对话框进行定制。

3. "作业"视图

在"作业"窗口中，可以定制形式多样的视图反映作业的各种属性，以供不同的用户在分析、查询与发布作业数据时使用。例如，作业表格、作业详情表、横道图、作业网络图、资源使用直方图（数量与费用）、资源使用剖析表（数量与费用）、作业使用直方图（数量与费用）、作业使用剖析表（数量与费用）及逻辑跟踪视图等。在"作业"窗口中，可以在顶部区域与底部区域中显示上述视图的任意组合，视图组合可以通过"显示"菜单进行定制。只有存在打开的项目时，才可以打开"作业"窗口显示各种视图。打开项目"EC00515"，见图3-54。

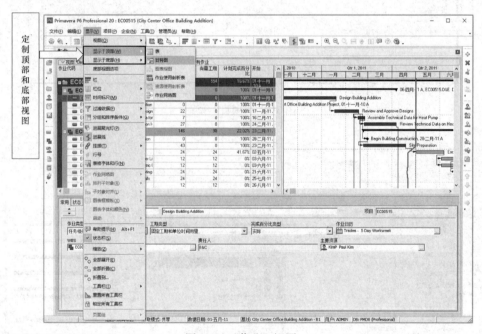

图 3-54 "作业"视图

"作业"窗口的栏位、时间标尺及作业详情都可以定制，定制过程通过在相应的区域单击鼠标右键，在弹出的快捷菜单中选择对应的定制命令，打开对应的对话框进行定制。

4. "资源分配"视图

在"资源分配"窗口中，可以定制形式多样的视图反映资源的分配情况，以供分析与查询项目数据时使用。只有存在打开的项目时，才可以打开"资源分配"窗口显示各种视图。例如，打开特定的项目"EC00515"，进入"资源分配"窗口，定义资源分配视图，见图3-55。

"资源分配"窗口的栏位和时间标尺可以定制，定制过程通过在相应的区域单击鼠标

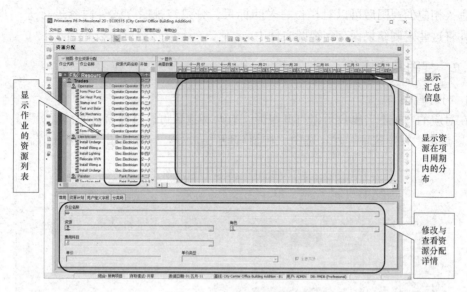

图 3-55　"资源分配"视图

右键，在弹出的快捷菜单中选择对应的定制命令，打开对应的对话框进行定制。通过"显示"菜单可以设置显示于底部及顶部的内容。

5. "跟踪"视图

在"跟踪"窗口中可以定制一些跟踪视图，以供在进行综合分析时使用。在"跟踪"视图里可以利用"显示/视图/新建视图"设置跟踪视图的显示内容，包括 WBS 的项目表格、项目横道图、项目横道图/直方图及资源分析视图等，见图 3-56。

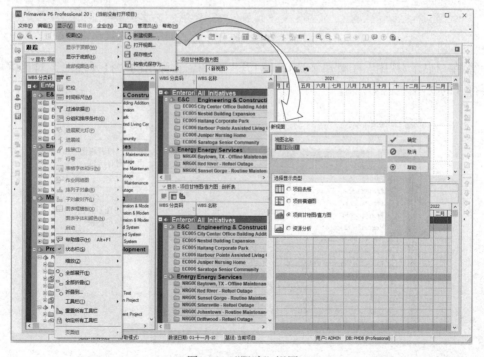

图 3-56　"跟踪"视图

进入相应的视图后可以对栏位、时间标尺、分组与排序方式等内容进行进一步的定制，并将这些定制结果保存到视图文件中。

3.15.2 视图基本操作

1. 打开视图

在对应的"视图"窗口可以打开视图，有两种途径可以打开窗口的"视图"：

① 点击"视图选项"栏，选中"视图/打开"命令，打开视图，见图 3-57。

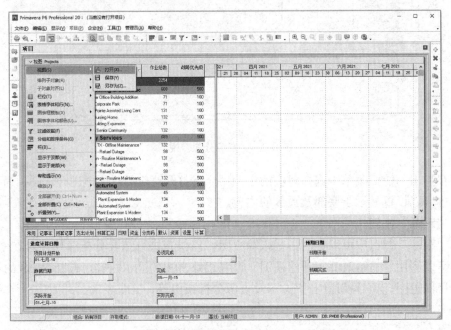

图 3-57 视图的打开方式（一）

② 在"显示/视图"子菜单下选择"打开"命令，在弹出的"打开视图"对话框中选择要打开的视图，见图 3-58。

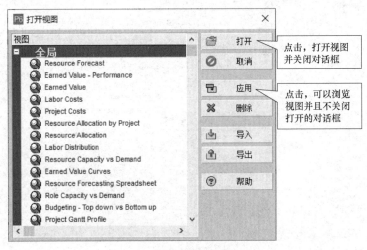

图 3-58 视图的打开方式（二）

2. 保存视图

视图可以保存后供将来重复使用，这样可以提高视图的生成效率。在完成视图的各项定制任务后，可以打开"显示/视图"，选择"保存/另存为"选项，或者打开"视图选项栏/视图"，选择"保存/另存为"选项。若选择"保存"，则会覆盖当前视图；若要使用不同的名称保留一个视图的副本，可以选择"另存为"。

3. 导入与导出视图

在"打开视图"对话框中选择"导入"按钮，将保存在硬盘中的视图导入到"打开视图"对话框中以供用户使用，也可以在"打开视图"对话框中选择计划导出的视图，点击"导出"按钮，将选定的视图导出到指定位置保存以供其他用户使用。P6 的视图文件以"plf"为后缀。

4. 显示视图

一个视图通常由顶部视图和底部视图组成。顶部视图和底部视图可以显示的视图类型见表 3-3。

顶部视图和底部视图可以显示的视图类型　　　　　　　　　　　　　　　表 3-3

视图类型	顶部视图视图类型	底部视图视图类型
"项目"视图	项目表格； 横道图； 项目图表	项目详情表
"WBS"视图	WBS 表格； 横道图； WBS 图表	WBS 详情表
"作业"视图	作业表格； 横道图； 作业使用剖析表； 作业网络图	作业详情表； 作业表格； 横道图； 作业使用剖析表； 资源使用剖析表； 作业使用直方图； 资源直方图； 跟踪逻辑图
"资源分配"视图	资源使用剖析表	资源分配详情表
"跟踪"视图	项目表格； 项目横道图/直方图	剖析表； 项目横道图/直方图

P6 可以在顶部和底部显示不同的视图类型的组合。在不同的数据窗口下显示的视图类型不同，定制方法也不相同，例如，在"项目"窗口中点击"视图选项"栏，在下拉菜单中使用"显示于顶部"与"显示于底部"定制顶部区域与底部区域显示的视图，也可以使用"显示"菜单中的"显示于底部"或者"显示于顶部"子菜单进行定制，见图 3-59。

3.15.3　视图定制

1. 视图定制概述

视图定制涉及显示哪些数据及这些数据的显示方式。常用的选项包括：过滤器、分组

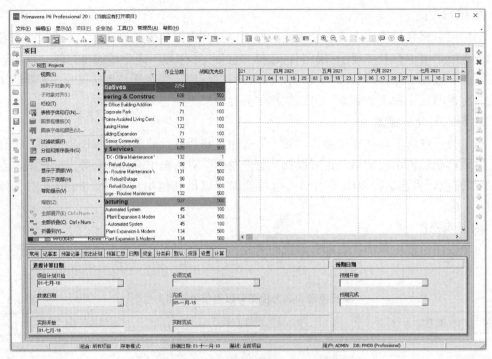

图 3-59　定制顶部视图和底部视图

与排序、栏位、栏、字体、行高及时间标尺等，见表 3-4。

视图定制的常用方法　表 3-4

主题选项	菜单按钮
过滤器	①在各数据窗口中点击"视图选项"栏后选择"过滤器"；②点击工具栏中的按钮 "▼"；③打开"显示"菜单选择过滤器命令"过滤依据"，然后在下拉菜单中选择 "自定义"，打开"过滤器"对话框进行设置
分组与排序	①在各数据窗口中点击"视图选项"栏后选择"分组和排序"；②点击工具栏中的 "🔲"按钮；③打开"显示"菜单选择"分组和排序条件"命令，然后在下拉菜单中选 择"自定义"，打开"分组并排序"对话框进行设置
栏位	①在各数据窗口中点击"视图选项"栏后选择"栏位"；②打开"显示"菜单选择"栏 位"；③在工具栏点击"🔲"按钮，然后在下拉菜单中选择"自定义"，打开"栏位"对 话框进行设置
颜色、字体与行高	行高：打开"显示"菜单或"视图选项"栏，选择"表格字体和行"，在弹出的"表格字 体和行"对话框中进行设置。 　　顶部区域的背景颜色：打开"显示"菜单或"视图选项"栏，选择"表格字体和行"，点击"　　　　　"按钮，在弹出的"颜色"对话框中进行设置。 　　栏行颜色：打开"显示"菜单或"视图选项"栏，选择"栏"或在工具栏中点击"▭"按钮，在"栏"对话框中选择"栏样式"标签页进行设置。 　　分组行颜色：打开"显示"菜单或"视图选项"栏，选择"分组和排序"或在工具栏中单击"🔲"按钮，在弹出的"分组并排序"对话框点击"分组方式"中对应分组的"字体和颜色"栏位，在弹出的"编辑字体和颜色"对话框中进行设置。 　　文本字体：打开"显示"菜单或"视图选项"栏，选择"表格字体和行"，点击"AaBbYyZz"按钮，在弹出的"字体"对话框中进行设置。 　　记事本字体：只有添加内容后才可以编辑

续表

主题选项	菜单按钮
时间标尺	①在工具栏单击"▦"；②打开"显示"菜单或"视图选项"栏，点击"时间标尺"；③在栏图区域单击鼠标右键，在快捷菜单中选择"时间标尺"
栏	打开"显示"菜单或"视图选项"栏，选择"栏"或在工具栏中点击"═"按钮，或在横道图区域单击鼠标右键，在快捷菜单中点击"栏"，打开"栏"对话框
网格	打开"显示"菜单或"视图选项"栏，选择"栏"或在工具栏中点击"═"按钮或在横道图区域单击鼠标右键，在快捷菜单中点击"栏"打开"栏"对话框。点击"选项"，在弹出的"横道图选项"对话框中选择"辅助线"标签页进行设置
数据日期线	打开"显示"菜单或"视图选项"栏，选择"横道图选项"，在"横道图选项"对话框中选择"数据日期"标签页

2. 数据分组与排序

数据分组是指给拥有相同特征的数据按照类别进行分组，集中显示有相同特征的数据。在 P6 的任何一个数据窗口中都可以通过选择相应的数据分组条件对该窗口中的数据进行组织。分组方式所选的数据一般是一些层次化数据（如：EPS、WBS、各种分类码及资源结构等）、类别（文档类别、其他费用类别和风险类别等）等。P6 通常只能对表格中的数据进行分组与排序，但是有些视图类型也可以通过其左侧自带的表格进行分组与排序，例如横道图、作业使用剖析表、作业网络图、资源使用剖析表。而其他的视图类型则无法对展示的数据进行分组与排序，例如各种详情表、作业使用直方图、资源直方图、跟踪逻辑图等。在"项目"窗口、"资源"窗口、"作业"窗口和"资源分配"窗口中，分组方式可以自定义选择一些数据项定制分组条件，而对于其他数据窗口（例如"跟踪"窗口、"项目其他费用"窗口、"WBS"窗口、"工作产品及文档"窗口、"风险"窗口、"项目临界值"窗口、"项目问题"窗口和"报表"窗口），只能选择软件自带的分组方式来组织数据且不能进行修改。

数据分组条件可以作为视图的一部分保存在视图中。而对于不能定制分组条件的数据窗口中，数据的分组方式只能根据需要进行临时的选择与调整。在"项目"窗口、"资源"窗口、"作业"窗口和"资源分配"窗口可以定制分组标准。可以设定单一的分组条件，例如按日期、工期或费用进行分组，也可以在相同的视图上设定组合分组条件进行分组，例如先按项目分组，再按总浮时分组。每一个分组行都可以设定唯一的显示颜色和字体，可以选择是否在每个分组的数据层次进行缩进。

（1）定制分组条件。

进入相应的数据窗口后，在菜单"显示"中选择"分组和排序条件"或者点击"视图选项"栏，选择"分组和排序条件"也可以在数据区域单击鼠标右键，选择"分组和排序条件"，在弹出的下拉菜单中选择常见的分组字段快速分组，或者选择"自定义"，打开"分组并排序"对话框进行分组设置，见图 3-60。

注意：在 P6 professional 20 的作业窗口中单击"视图选项"栏，弹出"分组并排序"对话框的命令为"分组和排序"且该命令没有下拉菜单。

（2）排序。

排序用来决定在当前窗口中项目、作业或资源的排列顺序。可以根据选择的数据类型决定是按照字母顺序排序还是按照数字顺序排序，再或者按照年代顺序排序等。例如，按照"总浮时"升序查看关键路径，按照"完成百分比"降序显示作业完成情况。定制排序

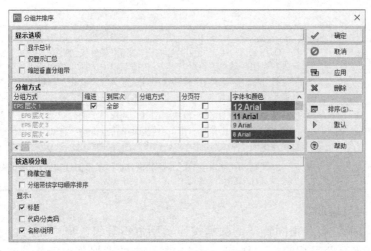

图 3-60 定制分组条件

方式需要在"排序"对话框中选择,见图 3-61。

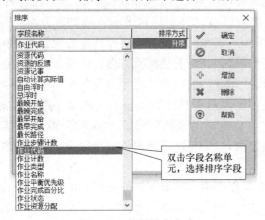

图 3-61 定制排序方式

双击字段名称单元,选择排序字段

"排序"对话框可以通过在"分组并排序"对话框中点击"排序"命令打开。

在 P6 中,用户可以选择数据窗口中显示的任一栏位或多个栏位进行排序。其中,在"项目"窗口、"资源"窗口、"作业"窗口和"分配"窗口中,排序方式可以自定义选择多个字段进行组合式排序。而对于其他数据窗口,只能从当前窗口显示的栏位中选择其中一个进行排序。组合排序依照所含的多个字段在"排序"对话框中出现的顺序,遵循字典排序法则对选中的数据窗口中的数据进行排序。如果数据窗口中的数据已经进行分组,则排序方式只能对每一分组内的数据有效,而不是对所有的数据重新排序。

在"排序"对话框中首先要选择用来排序的字段名称,通常为日期、数字、分类码或者文本,再选择一个排序方式,双击"排序方式"单元选择升序或降序。如果要创建单一的排序方式,进入相应的数据窗口后,点击在窗口中显示的栏位标题,即可以对该数据进行升序或降序排列。也可以使用创建组合的排序方式创建。栏位排序方式指示箭头向下,则按升序排列;指示箭头向上,则按降序排列。如果排序的栏位为带层次结构的分类码或文本,则可以按层次化顺序(在其各自的层次结构中出现的顺序)排序。对不同字段类型进行排序的方式见表 3-5。

不同字段类型的排序方式 表 3-5

数据类型	升序排序	降序排序	层次化
日期	按年月顺序排序,从最早到最晚日期	按年月顺序排序,从最晚到最早日期	无

续表

数据类型	升序排序	降序排序	层次化
数字	从小到大排序	从大到小排序	无
分类码/文本	按字母顺序排序,由 0 到 9,然后从 A 到 Z	按字母顺序排序,从 Z 到 A,然后由 9 到 0	按其在各自的层次结构中出现的顺序排序

（3）分组与排序示例。

打开 P6 自带的示例项目——"E&C"节点下的项目代码为"EC00515"的"City Center Office Building Addition"项目,用以展示在作业窗口中对其作业的分组与排序。打开作业窗口和 P6 自带的作业视图"Classic Schedule Layout",在菜单"显示"中选择"分组和排序条件",打开"分组并排序"对话框进行分组方式的设置,见图 3-62。

在"分组并排序"对话框中点击"排序",打开"排序"对话框进行排序方式的设置,见图 3-63。

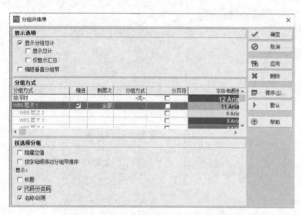

图 3-62　定制分组方式（示例）	图 3-63　定制排序方式（示例）

完成上述设置后,可以得到分组与排序后的作业窗口,见图 3-64。

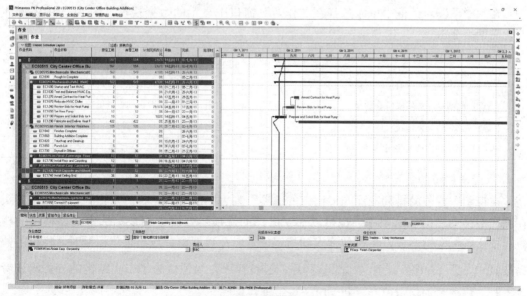

图 3-64　分组与排序（示例）

3. 定制栏位

P6 提供了栏位的定制功能，包括显示栏位的设置、设定栏位显示宽度等。

（1）设置显示栏位。

栏位的设置通常要通过"栏位"对话框进行自定义设置，也可以选择 P6 预先定义的标准栏位组合。

① 自定义栏位：

在 P6 的 12 种数据窗口中，除了"报表"窗口外的其余 11 种窗口都可以自定义栏位。自定义栏位要打开"栏位"对话框，选择在相应的数据窗口显示的栏位组合，例如在"作业"窗口中打开"栏位"对话框，见图 3-65。

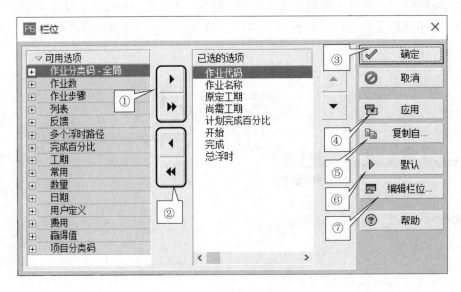

图 3-65 "栏位"对话框

在"栏位"对话框中可以选择在"作业"窗口中显示的数据栏位。图 3-65 中各标注点含义见表 3-6。

"栏位"对话框各标注点含义   表 3-6

①	点击,确定单一选项或全部选择	⑤	点击,转载其他视图的栏位选项
②	点击,取消单一选项或所有选项	⑥	点击,选择软件默认的栏位设置
③	选定栏位,同时关闭"栏位"对话框	⑦	点击打开"编辑栏位"对话框,编辑栏位显示标题
④	应用选定栏位,且不关闭"栏位"对话框		

② 设定栏位的显示顺序：

在视图中栏位的排列顺序与"已选的选项"列表中的顺序一样。点击向上或向下箭头在列表中移动栏位显示顺序。也可以在"已选的选项"列表中用鼠标选中需要移动的栏位，按住鼠标左键不放，将栏位拖曳到指定位置。在数据窗口点击栏位标题时，栏位的数据按照"▽"（升序）或者"△"（降序）进行排序。当栏位为带层次结构的分类码或者文本时，栏位数据还可以"三"（层次化）进行排序。

③ 编辑栏位标题、宽度及排列方式：

在"栏位"对话框的"可用的选项"或"已选的选项"区域选择要修改的栏位，点击"编辑栏位"，输入新的名称，然后设定栏位宽度值。标题在栏位中的排列方式包括"左对齐""右对齐"和"居中"，见图 3-66。

图 3-66　"编辑栏位"对话框

（2）选择默认的栏位组合。

P6 提供了一些默认的栏位组合，例如在项目窗口下选择"大小""责任人"和"日期"等栏位组合。各数据窗口提供的默认栏位组合见表 3-7。

各数据窗口提供的默认栏位组合　　　　　　　　　　　　　表 3-7

数据窗口	栏位组合	显示的栏位
"项目"窗口	大小	项目代码、项目名称、作业总数和战略优先级等
	责任人	项目代码、项目名称和责任人
	日期	项目代码、项目名称、开始、完成和数据日期
"资源"窗口	默认	资源代码、资源名称、资源类型、计量单位、主要角色和默认单位时间用量
	联系单位	资源代码、资源名称、办公室电话和电子邮件地址
"WBS"窗口	大小	WBS 代码、WBS 名称和作业总数
	责任人	WBS 代码、WBS 名称、责任人和 WBS 类别
	日期	WBS 代码、WBS 名称、开始和完成
	项目	WBS 代码、WBS 名称、项目代码和项目状态
"资源分配"窗口	默认	作业代码、作业名称、资源代码名称、开始和完成
	作业	作业代码、作业名称、作业状态、开始和完成
	数量	作业代码、作业名称、资源代码名称、资源类型、计量单位、预算数量、实际数量和尚需数量
"工作产品及文档"窗口	默认	标题、参考文档编号、状态和文档类别
	版本	作者、标题、版本和修订日期
"项目其他费用"窗口	默认	其他费用条目、其他费用类别、WBS、费用科目和相关单位
	费用	其他费用条目、预算费用、实际费用、尚需费用和完成时费用
	作业	其他费用条目、WBS、作业代码、作业名称和作业状态
"项目临界值"窗口	默认	临界值参数、WBS、状态和优先级
	详情	临界值参数、临界值下限、临界值上限、问题总计和责任人
"项目问题"窗口	默认	问题、WBS、状态、优先级、作业代码、作业名称
	详情	问题、责任人、识别日期和识别者
"风险"窗口	默认	风险代码、风险名称、风险类别、风险状态、风险责任人、识别者、识别时间、风险损失期望值开始、风险损失期望值完成、项目和说明
"跟踪"窗口	默认	WBS 分类码、WBS 名称和作业总数

（3）编辑在栏位中显示的用户定义字段。

P6 不仅可以自定义已有的字段在栏位中显示，也可以自定义栏位显示用户定义的字段。依次点击"企业""用户定义字段"，打开"用户定义字段"对话框，见图 3-67。在"用户定义字段"对话框的左上方下拉菜单中选择需要使用字段的数据窗口、对话框或数据窗口的标签页，然后点击对话框右侧的"增加"按钮添加新的用户自定义字段，或者点击对话框右侧的"删除"按钮删除选中的用户自定义字段。可以使用用户定义字段的数据

图 3-67 "用户定义字段"对话框

窗口有"WBS"窗口、"风险"窗口、"工作产品及文档"窗口、"问题"窗口、"项目"窗口、"项目其他费用"窗口、"资源"窗口,以及"作业"窗口、"作业步骤"窗口、"作业资源分配"窗口。

4. 字体、颜色与行高

(1)"作业"窗口设置。

在"作业"窗口的作业表格区域单击鼠标右键,在快捷菜单中选择"表格字体和行"命令,打开"表格字体和行"对话框,在该对话框中对作业表格中的字体、颜色和行高进行设置,见图 3-68。其中,在"行高"区域中要使用设置的当前行高,勾选"保持当前行高"。要根据单元格内容自动调整行高,清除"保持当前行高"并选择"按内容自动调整行高"。勾选"折行不超出×每行线条数"来限制通过文本换行和自动调整行高所创建的文本行数。要为当前视图中的所有行指定行高,清除"保持当前行高"并选择"所有行高设为"。在此字段中输入新的行高或者点击箭头按钮。

(2)其他数据窗口设置。

在其他数据窗口的数据表格区域单击鼠标右键,在快捷菜单中选择"表格字体和行"命令,打开相应的对话框,除了进行表格字体及背景颜色的设置外,还可以设定分组行的字体和背景颜色,见图 3-69。

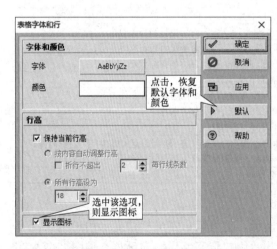

图 3-68 "作业"窗口中的"表格字体和行"对话框

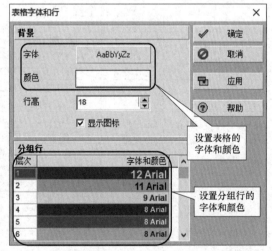

图 3-69 其他窗口中"表格字体和行"对话框

5. 定制时间标尺

可以定制时间标尺的视图类型主要有横道图、剖析表和直方图。注意只有"项目"窗口、"WBS"窗口、"作业"窗口、"资源分配"窗口和"跟踪"窗口可以使用这些视图图表。因此，只有当这些窗口采用上述视图类型时才可以进行时间标尺的定制。

（1）时间标尺定制的选项

时间标尺的设置通过"时间标尺"对话框进行设置，见图 3-70。

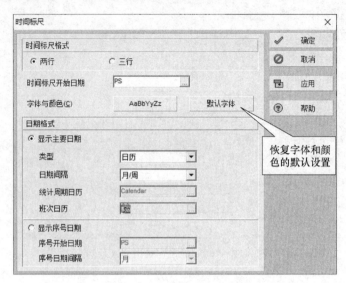

图 3-70　"时间标尺"对话框

打开"时间标尺"对话框的途径有：①打开"显示"菜单选择"时间标尺"命令；②打开"视图选项栏"，在下拉菜单中选择"时间标尺"命令；③点击工具栏菜单中的按钮"▦"；④在数据窗口的栏区域单击鼠标右键，打开快捷菜单选择"时间标尺"。

在"日期格式"区域可以点选时间标尺的显示格式。

在"时间标尺起始日期"或"序号开始日期"选择区域里，点击"浏览"按钮打开日期定义的快捷菜单，可以设定时间标尺的起始日期或时间标尺序号日期的开始日期。在该快捷菜单中定义了一些常用的日期，也可以点击"自定义日期"命令设定具体的开始日期，见图 3-71。

（2）时间标尺的其他调整

除了可以在"时间标尺"对话框中定制时间标尺，还可以对时间标尺做以下调整：

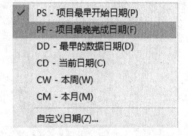

图 3-71　快捷菜单中常用的日期

当光标置于时间标尺上半部分且变为手指时，点击并左右拖曳鼠标可以改变时间标尺的起始日期。

当光标置于时间标尺下半部分且变为放大镜时，点击并左右拖曳鼠标可以改变时间标尺指定的日期间隔在图表中显示的长度。

（3）时间标尺示例。

打开项目"EC00515"，进入"WBS"窗口。通过"显示/时间标尺"，打开"时间标尺"对话框，定制时间标尺，见图 3-72。

完成上述设置后，可以得到"WBS"窗口，见图 3-73。

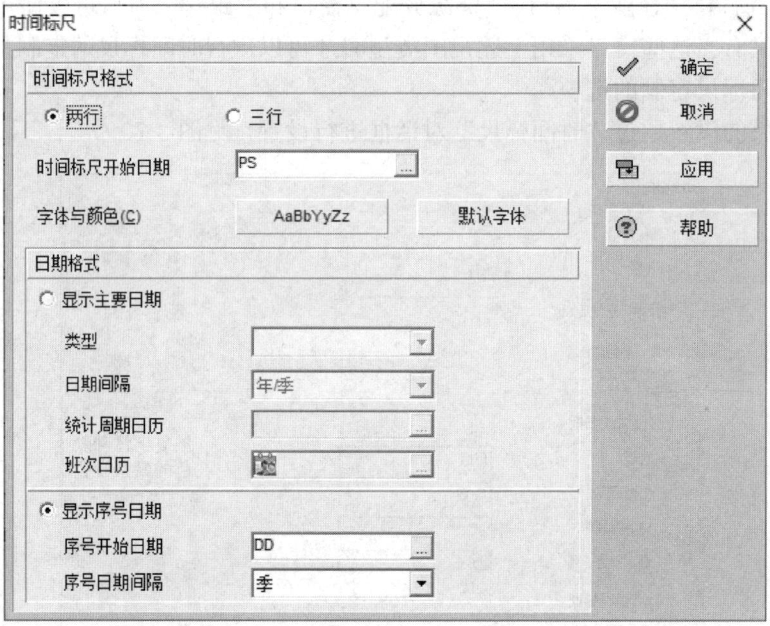

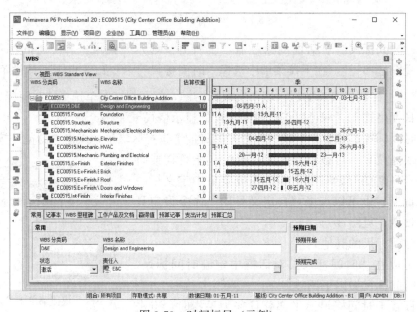

图 3-72 "时间标尺"对话框（示例）

图 3-73 时间标尺（示例）

6. 横道图设置

（1）"栏"对话框设置。

"项目"窗口、"WBS"窗口、"作业"窗口及"跟踪"窗口都可以显示横道图，可以根据实际需求决定要显示哪些横道（也就是这里的"栏"）以及这些横道显示的类型、风格和横道标签等。栏的设置在"栏"对话框中进行，见图 3-74。

"栏"对话框的打开方式：①打开"显示"菜单选择"栏"命令；②打开"视图选项

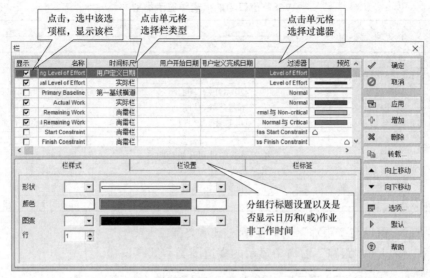

图 3-74　"栏"对话框

栏",在下拉菜单中选择"栏"命令;③点击工具栏菜单中的按钮"![]";④在数据窗口的栏区域单击鼠标右键,打开快捷菜单选择"栏"命令。

1)横道类型。

在不同的数据窗口中,横道图可以显示的栏类型不同。点击"栏"对话框中"时间标尺"栏位的单元格,可以选择相应横道(栏)的栏类型。

①"作业"窗口横道图的栏类型:

"作业"窗口中可以选择的栏(横道图)类型见表 3-8。

"作业"窗口中的栏(横道图)类型　　　　　　　　　　　　　　　表 3-8

栏类型	数据来源	
	开始点	结束点
当前栏	作业的开始日期	作业的结束日期
完成百分比栏	0	作业完成百分比
执行完成百分比栏	0	作业执行百分比
计划栏	计划开始日期	计划完成日期
实际栏	实际开始日期	数据日期/实际完成日期
尚需栏	尚需最早开始日期	尚需最早完成日期
项目基线横道	项目基线开始日期	项目基线完成日期
第一基线横道	第一基线的计划开始日期	第一基线的计划完成日期
第二基线横道	第二基线的计划开始日期	第二基线的计划完成日期
第三基线横道	第三基线的计划开始日期	第三基线的计划完成日期
最早栏	最早开始日期	最早完成日期
推迟栏	最晚开始日期	最晚完成日期
浮时栏	0	正浮时量
负浮时栏	0	负浮时量
用户自定义日期	用户定义开始日期	用户定义完成日期
执行完成百分比—人工数量横道	0	执行完成百分比—人工数量

②"WBS"窗口横道图显示类型:

"WBS"窗口中横道图可以选择的显示类型见表 3-9。

"WBS"窗口中的横道图显示类型 表 3-9

栏类型	数据来源	
	开始点	结束点
当前栏	开始日期	结束日期
执行完成百分比栏	0	执行完成百分比
实际栏	实际开始日期	数据日期/实际完成日期
尚需栏	尚需开始日期	尚需完成日期
项目基线横道	项目基线开始日期	项目基线完成日期
第一基线横道	第一基线的计划开始日期	第一基线的计划完成日期
第二基线横道	第二基线的计划开始日期	第二基线的计划完成日期
第三基线横道	第三基线的计划开始日期	第三基线的计划完成日期
预测栏	预测开始日期	预测完成日期
执行完成百分比—人工数量横道	0	执行完成百分比—人工数量

③ "项目"窗口与"跟踪"窗口横道图显示类型:

"项目"窗口与"跟踪"窗口中显示的横道图类型见表 3-10。

"项目"窗口与"跟踪"窗口中显示的栏(横道图)类型 表 3-10

栏类型	数据来源	
	开始点	结束点
当前栏	开始	结束
执行完成百分比栏	0	执行完成百分比
实际栏	实际开始日期	数据日期/实际完成日期
尚需栏	尚需开始日期	尚需完成日期
基线横道	第一基线开始日期	第一基线完成日期
预测栏	预测开始日期	预测完成日期
执行完成百分比—人工数量横道	0	执行完成百分比—人工数量

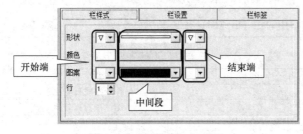

图 3-75 "栏样式"标签页

2)定制横道风格。

在"栏"对话框中选择具体类型的栏(横道图),点击"栏样式"标签页,定制栏(横道图)开始端和结束端的形状、栏中间段形状、各段的颜色、各段的图案以及栏的排列位置等,见图 3-75。

3)横道设置。

在"作业"窗口的"栏"对话框中选择要修改的栏(横道图)类型,点击"栏设置"标签页进行相应的设置,见图 3-76。

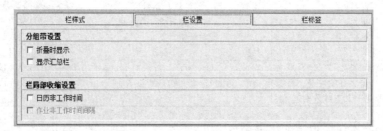

图 3-76 "栏设置"标签页

如图 3-76 所示，在"栏设置"标签页中"分组带设置"区域，若勾选"折叠时显示"选项框，则在显示汇总层次信息时包括选中的栏；若勾选"显示汇总栏"选项框，则在显示分组行汇总栏时只把选中的栏当作汇总栏显示。在"栏局部收缩设置"区域，若勾选"日历非工作时间"选项框，则在选择的甘特图中作业日历非工作时间显示为凹杆；若勾选"作业非工作时间间隔"选项框，则显示基于作业停工/复工日期和其他时间间隔的作业非工作时间，例如显示脱序作业的非工作时间。

4）定制栏标签。

在"栏标签"标签页设置横道图的显示标签，见图 3-77。

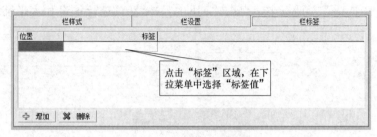

图 3-77 "栏标签"标签页

如图 3-77 所示，在"栏标签"标签页点击"增加"按钮，增加标签；点击"删除"按钮，删除选中的标签。在"位置"栏位和"标签"栏位可以设置标签的显示内容以及显示内容的对齐方式。

（2）在"横道图选项"对话框进行设置。

在"栏"对话框中点击"选项"，在打开的对话框中利用各标签页进行相应的设置。此外，在"作业"视图下点击视图的下拉菜单，选择"横道图选项"也可以打开此对话框。注意：以下部分设置仅在"作业"视图下有效。

①"常用"标签页：

在"常用"标签页可以进行的设置如图 3-78 所示。

在"常用"标签页可以设置显示逻辑关系线，可以勾选"显示逻辑关系"选项框设置显示逻辑关系线，除此之外还可以在工具栏中选择"关系线"按钮""来显示或隐藏逻辑关系线。

②定制折叠栏：

在"折叠栏"标签页定制折叠栏的格式，见图 3-79。

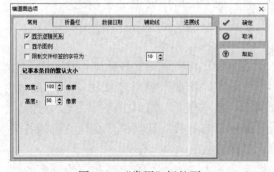

图 3-78 "常用"标签页

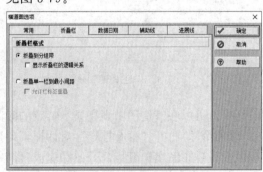

图 3-79 "折叠栏"标签页

③ 定制数据日期线：

为了便于在观察和输出时更容易区分数据日期线，可以在"横道图选项"对话框中，点击"数据日期"标签页定制数据日期线样式、大小和颜色。要改变数据日期线格式，可以从"样式"下拉菜单中选择一种，这些线可能是实线也可能是虚线。要改变数据日期线的宽度，可以在"大小"选择框中选择 1～10 的一个值，这些选项仅应用于实线风格中。在"颜色"区域点击"颜色"，打开"颜色"对话框，从颜色调料板中选择一种颜色，见图 3-80。

④ 定制横道图背景辅助线：

在"横道图选项"对话框中，点击"辅助线"标签页进行垂直和水平辅助线的设置，见图 3-81。

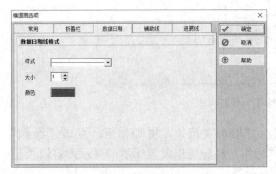

图 3-80 "数据日期"标签页

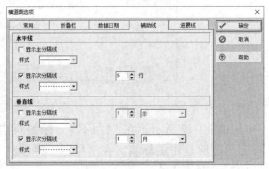

图 3-81 "辅助线"标签页

⑤ 定制进展线：

为了便于在观察和输出时更容易区分作业进展线，可以在"横道图选项"对话框中，点击"进展线"标签页定制进展线大小、颜色、用于计算进展线的基线和绘制极限的基准。要改变进展线的宽度，可以在"大小"选择框中选择 1～10 的一个值，这些选项仅应用于实线风格中。在"颜色"区域点击"颜色"打开"颜色"对话框，从颜色调料板中选择一种颜色。要改变用于计算进展线的基线，可以从"用于计算进展线的基线"下拉菜单中选择一种。要指定绘制进展线的基准，可以在"绘制进展线"区域，选择"基于当前作业和基线作业之间的进度差异"或"根据作业进展连接进展点"，并点击相应的下拉菜单中的选项，见图 3-82。

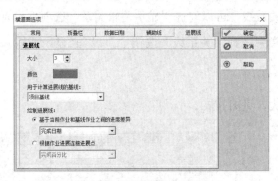

图 3-82 "进展线"标签页

（3）在横道图上高亮显示时间周期。

在"作业"窗口中使用"幕布挂接"对话框，可以在横道图中高亮显示特定的时间周期。在"作业"窗口中选择"显示/挂接/帘/增加帘"，打开"幕布挂接"对话框，勾选"显示幕布挂接"选项框，在标签页的各个区域设置幕布图案、颜色、开始和完成日期等，见图 3-83。

在视图中可以人工改变幕布，移动鼠标指针到幕布上，点击并拖曳幕布一侧到新的数据日期。要隐藏显示在视图上的所有幕布，可以点击"显示/挂接/幕布/全部隐藏"命令；要显示视图中隐藏的幕布，可以点击"显示/挂接幕布/全部显示"命令；在幕布上双击鼠标左键也可以编辑幕布的日期范围、颜色和填充图案。

（4）给横道图增加文本。

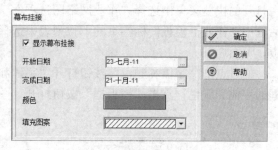

图 3-83　"幕布挂接"对话框

使用"文本挂接"对话框可以创建文本并把它插入到横道图中，见图 3-84。在"作业"窗口中选择要增加文本的作业，点击"视图选项栏/挂接/文本"命令，在"文本挂接"对话框中输入要显示的文本，另外在"字体"区域可以设置文本字体和颜色。"文本挂接"对话框还可以通过点击"显示挂接/文本"命令打开。

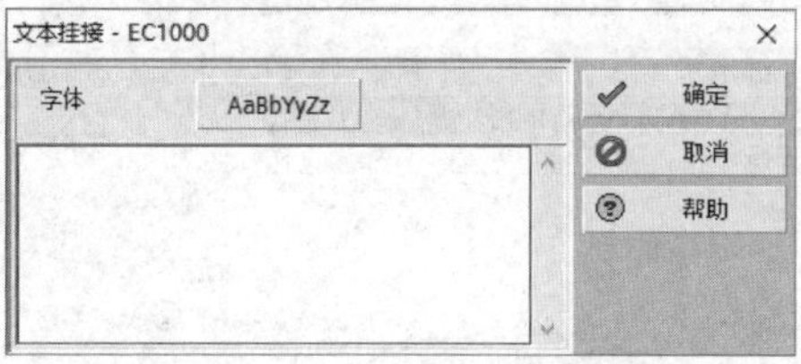

图 3-84　"文本挂接"对话框

7. 定制作业网络图

通过作业网络图可以更方便地查看作业之间的逻辑关系，检查和编辑作业的逻辑关系，关注作业之间的驱控关系路径等。在"作业网络图选项"对话框中可以定制作业网络图的图框内容、作业网络图显示形式以及作业之间的间隔。打开项目"EC00515"进入"作业"窗口，在"作业"窗口中点击"⊞"，将视图切换到网络图模式，见图 3-85。

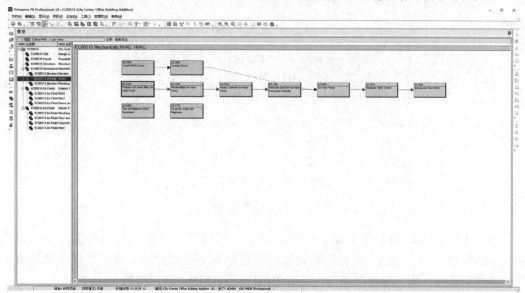

图 3-85　"作业网络图"视图

（1）定制作业网络图模板。

如果"作业"窗口显示的不是作业网络图视图界面，可以通过点击命令栏中的"作业网络图"按钮"⊞"，将视图切换到作业网络图视图界面。在此视图界面单击鼠标右键，在打开的快捷菜单中选择"作业网络图选项",打开"作业网络图选项"对话框。在该对话框中"作业框模板"标签页的下拉列表中选择作业框模板,也可以选择自定义作业框模板,见图3-86。

通过点击"字体和颜色"按钮打开"字体和颜色"对话框,利用该对话框定制作业图框的字体和颜色;点击"模板框"按钮打开"图表框模板"对话框,见图3-87。

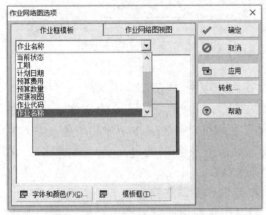

图3-86 定制作业网络图模板

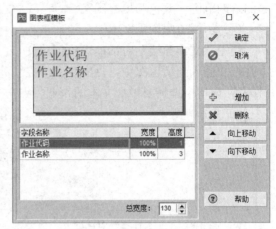

图3-87 "图表框模板"对话框

在该对话框中可以定制模板框总的显示宽度、显示字段、显示的数据内容以及每个字段数据的显示高度和宽度。可以通过宽度的调整使一行可以容纳几个栏位的数据,也可以自行设定总宽度及行的高度,见图3-88。

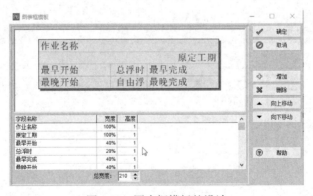

图3-88 图表框模板的设计

如图3-88所示,将最早开始、总浮时和最早完成日期放在一行,宽度占比分别为40%、20%和40%。通过上述操作步骤进一步定制其他栏位数据,最后呈现包括作业名称、最早和最晚日期、总浮时和自由浮时的单代号网络图的显示结果。

(2)定制作业网络图视图。

在"作业网络图选项"对话框中,选择"作业网络图视图"标签页定制作业网络图的显示方式,见图3-89。

(3)保存作业网络图视图。

可以以"anp"文件格式保存作业网络图视图,以便以后使用或用电子邮件传送给项目的其他用户。要保存作业网络图视图，打开"视图选项栏"菜单，依次点击"作业网络图/保存网络图位置"命令，将作业网络图保存在指定位置。

（4）打开已保存的作业网络图视图。

要打开已保存的作业网络图视图，通过打开"视图选项栏"菜单，利用"作业网络图/打开网络图位置"命令即可打开已经保存的作业网络图。

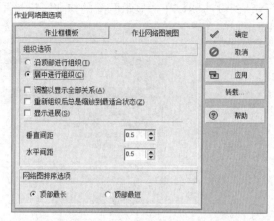

图 3-89　"作业网络图选项"的相关设置

8. 数据过滤

使用 P6 提供的过滤器功能关注指定的数据项，同时将其他数据项过滤掉，既可以创建作业过滤器，也可以创建项目过滤器，还可以使用预先定义的过滤器。过滤器可以是用户定义的，也可以是全局的。用户定义的过滤器仅对设定过滤器的用户有效，而全局过滤器对所有用户都有效。有权限的用户可以将用户定义的过滤器转换为全局过滤器。

按照过滤器是否可以修改，可以将过滤器分为默认和用户创建两种类型。其中，默认的过滤器是不能修改和删除的。如果要查看或修改默认过滤器，可以通过复制、粘贴的方式。对于用户创建的过滤器，按其性质又可以分为两类：全局和用户定义，前者适用于所有的用户，而后者只能适用于创建该过滤器的用户。

在 P6 的数据窗口中，可以通过建立并选择相应的过滤器来对窗口中的数据进行筛选，以便项目管理人员将关注焦点集中在符合某些特定条件的数据，例如某年的项目计划、关键作业、正在进行的作业、未来三个月将开始或完成的作业等。

对于可以保存视图的数据窗口，可以将过滤器作为视图的一部分保存在视图中，在下次打开视图时会自动调用。而对于不能保存视图的数据窗口中的过滤器，只能在需要时临时进行选择。

对于不能修改过滤器的数据窗口，只能选择软件提供的过滤依据中的某一个作为过滤依据使用。

对于能修改过滤器的数据窗口，例如项目、作业等窗口，进入过滤器窗口后，可以选择一个或多个过滤器作为数据的组合过滤依据。

（1）选择过滤器或过滤依据。

1）选择过滤器：

可以使用"过滤器"对话框的数据窗口包括"作业"窗口、"跟踪"窗口和"资源分配"窗口。在这些窗口中打开"过滤器"对话框有以下几种途径：①点击"显示"菜单的"过滤依据"命令；②点击工具栏中"过滤器"按钮" "；③点击"视图"打开下拉菜单，通过点击"过滤器"命令打开"过滤器"对话框；④在"项目"窗口中单击鼠标右键，点击"过滤依据"命令，在打开的子菜单中进行选择或自定义。

现以"作业"窗口为例说明过滤器的创建过程。在"作业"窗口点击"视图选项栏"后选择"过滤器"，进入"过滤器"对话框进行相应的操作。例如，在"作业"窗口中将打开项目的正在进行中的配合作业过滤出来，需要同时选择"进行中"和"配合作业"两个默认的过滤器，在"显示匹配的作业"区域中勾选"所有选中的过滤器"，见图 3-90。

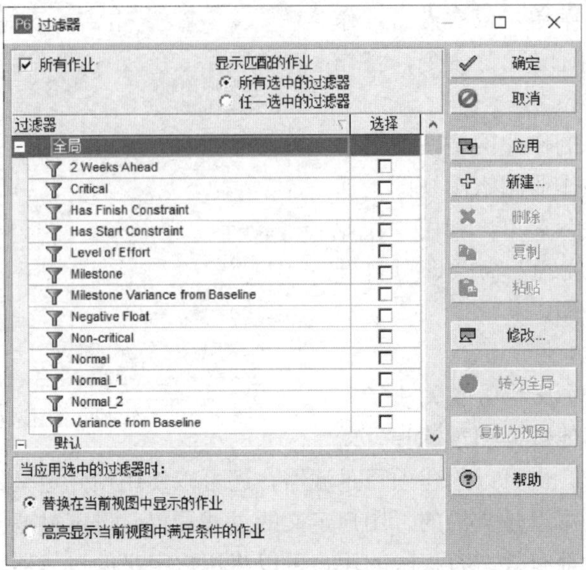

图 3-90 "过滤器"对话框

如果将配合作业或正在进行中的作业过滤出来，在选择上述两个过滤器的同时勾选
"任一选中的过滤器"。选择完过滤器后，点击"应用"按钮即可将所需的作业过滤出来。

如果勾选"所有作业"选项框，则将所有的作业都显示出来。

2）选择过滤依据：

可以使用"过滤依据"菜单的数据窗口包括"项目"窗口、"资源"窗口、"报表"窗
口、"工作产品及文档"窗口、"项目临界值"窗口、"风险"窗口以及"项目问题"窗口。
其中，"项目"窗口还可以自定义过滤依据，其他窗口只能选择设定好的过滤依据。例如
在"资源"窗口中将当前打开项目的资源过滤出来，在"显示"或"视图选项栏"菜单中
点击"过滤依据/当前项目的资源"命令，则将当前项目的资源过滤出来，见图 3-91。

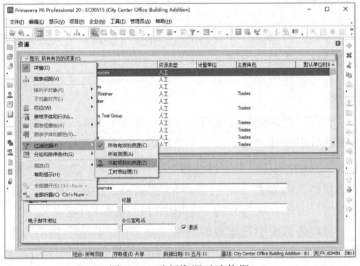

图 3-91 选择资源过滤依据

（2）定义过滤器。

过滤器的定义需要在"过滤器"对话框中进行。例如，在"作业"窗口中依次点击"视图选项栏/过滤器"命令或者打开"显示/过滤器"命令定制过滤器，或者点击工具栏中按钮"🔽"，打开"过滤器"对话框。

点击"增加"，在弹出的对话框中输入过滤器名称，点击"参数"选择一个数据类型。双击"运算符"单元选择一个过滤标准。在"值"的区域选择或输入一个值。可以通过"值"栏位的下拉菜单选择用于过滤的具体值。例如，定制一个组合过滤器将未来两周内的作业过滤出来，见图 3-92。

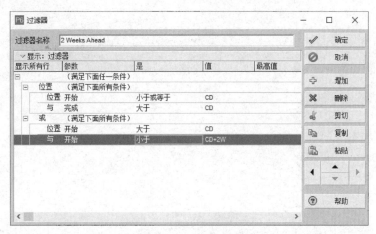

图 3-92　"过滤器"对话框

在"过滤器"对话框中可以创建多层次的过滤依据。如果在对话框中参数设置的最上层选择"满足下面所有条件"，则后续每一层次都得从符合先前层次的数据项中选择，各层标准由"与"连接。如果选择"满足下面任一条件"，则每组标准由"或"隔开。

过滤器的定义也可以通过修改现有的全局过滤器生成。选择要复制的过滤器，点击"复制"按钮，然后进行修改。

（3）取消与删除过滤器。

在"过滤器"对话框中要取消指定的过滤器，只要把需要取消的过滤器选项框清空即可。要取消所有过滤器，只要选择"过滤器"对话框中"所有作业"或"项目"窗口中"所有项目"复选框，点击"应用"即可。用户只能删除用户自定义的过滤器或全局过滤器。

第4章

无资源约束的项目计划

4.1 无资源约束的项目计划流程

无资源约束的项目计划流程如图 4-1 所示。

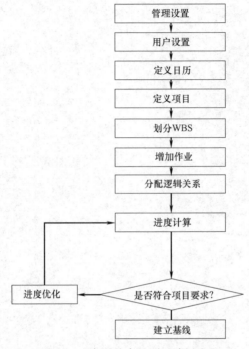

图 4-1 无资源约束的项目计划流程

4.2 无资源约束的项目管理默认设置

4.2.1 利用"管理设置"对话框进行设置

在"管理设置"中主要定义一些应用于所有项目的默认设置，即企业全局性设置。它主要包括常用、数据约定【Data Limits】、代码长度【ID Lengths】、时间周期【Time Periods】、赢得值【Earned Values】、报表、选项、单价类型及行业的设置。

选择菜单"管理员/管理设置【Admin Preferences】"命令，打开"管理设置"对话框后，选择具体的标签页进行相应的设置。

1. "常用"标签页

（1）设定分类码分隔符。

在"常用"标签页中指定在项目中用到的分类码（例如 WBS 分类码）树状层次之间的分隔符，见图 4-2。

这些分类码包括资源分类码、作业分类码、项目分类码、角色、费用科目及 WBS 代码等。默认的分隔符为"."，可以设定其他分隔符，例如"-"。

（2）设定每周的开始日期。

在默认情况下每周的开始日期为"星期日"，如果将每周的开始日期改为"星期一"，则在定义日历时，在日历对话框及定义日历每天小时数的对话框中，日历的排定都从星期一开始。同时，以"周/天"为显示刻度的时间标尺的显示也从设定的每周开始日期显示。每周开始日期的设定也会影响随时间分布的数据的统计结果。

（3）定义默认的作业工期。

可以根据需要指定新作业的默认工期。如果将默认工期定为10d，则所有新增加作业的工期在人工指定前均为10d。

图 4-2　"管理设置"对话框"常用"标签页

（4）修改密码。

在默认情况下，通过点击"密码"可以修改安装过程设置的密码。

2. "数据约定"标签页

在"数据约定"标签页中可以指定树状结构最大的层次数。这里可以为层次化的数据：EPS、WBS、OBS、资源、角色、费用科目、资源分类码、项目分类码、角色分类码、分配分类码等设定最大的层次数。同时，这里可以设定每个项目最大的基线数以及随项目复制的最大基线数。还可以设定统计周期日历的最大数，见图 4-3。

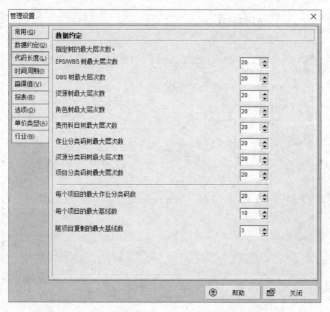

图 4-3　"管理设置"对话框"数据约定"标签页

3. "代码长度"标签页

在"代码长度"标签页中设定各种代码与分类码长度的最大字符数,见图 4-4。

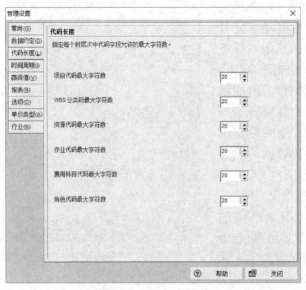

图 4-4 "管理设置"对话框"代码长度"标签页

这里包括项目代码、WBS 分类码、资源代码等树状结构层次允许的最大字符数。

4. "时间周期"标签页

(1)定义每个时段的小时数。

在"时间周期"标签页中定义工作日、周、月和年的默认小时数。当改变显示的时间或工期单位时,系统会使用这些设置作为转换系数进行计算,见图 4-5。

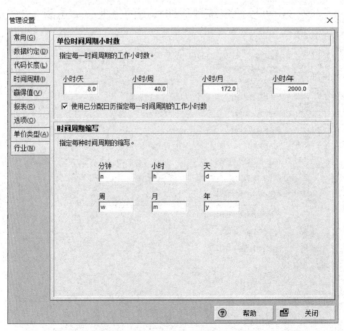

图 4-5 "管理设置"对话框"时间周期"标签页

P6 按小时增量计算和存储时间单位值，用户也可以通过指定设置使用其他增量（如天或周）显示时间单位。为"单位时间周期小时数"指定的值用于将小时数转换为其他时间单位时使用。也可以启用为每个日历定义的"单位时间周期小时数"设置，从而确保每个日历使用独立的时间周期小时数进行不同时间周期的换算。

（2）设置时间周期的缩写。

默认的时间周期的缩写形式为：分钟（n）、小时（h）、天（d）、周（w）、月（m）、年（y）。这里设定的时间周期缩写，如果设置了显示工期单位或时间单位，则按照上述缩写显示。

5．"报表"标签页

在"报表"标签页中可以定义三套报表的页眉、页脚及标注。此处定义的各组页眉、页脚及标注可以在打印与预览报表中调用，见图 4-6。

例如，这里将页眉标签设置为"CBD项目"，在报表的页眉部分选择"页眉标签 1"，则自动在图表的"文字标识区"显示"CBD项目"。这里可以为所有的报表选择三套默认的"页眉标签"，以供输出报表时使用。默认的"页脚标签"为"♯ Oracle Primavera"。

6．"行业"标签页

在"行业"标签页中可以为企业项目选择其所在的行业，从而在该项目中运用 P6 中属于该行业的术语和默认计算，见图 4-7。

图 4-6　"管理设置"对话框"报表"标签页

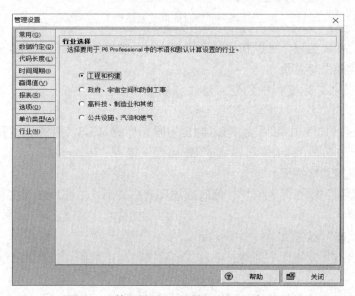

图 4-7　"管理设置"对话框"行业"标签页

通常默认的行业选择"工程和构建"行业。

4.2.2 利用"管理类别"对话框进行设置

利用"管理类别"对话框可以定义应用于所有项目的标准化类别及类别码值。它包括基线类型【Baseline Types】、其他费用类别【Expenses Categories】、WBS 类别【WBS Categories】、文档类别【Document Categories】、文档状态【Admin Status】、风险类别【Risk Types】、记事本【Notebook Topics】和计量单位【Units Of Measure】。选择"管理员/管理类别"命令,打开"管理类别"对话框,在该对话框中选择具体的标签页进行设置。其中,其他费用类别与计量单位的设置一般应用于有资源约束的项目管理中对资源的基本设置,将在本书 6.2 节中详细说明。

1. "基线类型"标签页

在"基线类型"标签页中创建、修改或删除基线类型,见图 4-8。

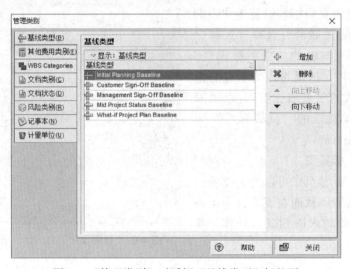

图 4-8 "管理类别"对话框"基线类型"标签页

这里定义的基线类型,可以在项目新增基线时为选择的基线分配基线类型。

2. "WBS 类别"标签页

在"WBS 类别"标签页中创建、修改或删除 WBS 类别,主要用于对 WBS 进行分类,见图 4-9。

在定义 WBS 的过程中可以为 WBS 制定不同类型的 WBS,以满足不同阶段项目管理的需要。例如计划阶段的 WBS 可以将 WBS 类别设定为"Planning"。

3. "文档类别"标签页

在"文档类别"标签页中创建、修改或删除文档类别,主要用于对文档进行分类,见图 4-10。

4. "文档状态"标签页

在"文档状态"标签页中创建、修改或删除文档状态代码,主要用于标示文档的当前状态,见图 4-11。

这里设定的文档状态分类码,可以在为项目、WBS 及作业分配具体文档时选择使用。

图 4-9 "管理类别"对话框"WBS 类别"标签页

图 4-10 "管理类别"对话框"文档类别"标签页

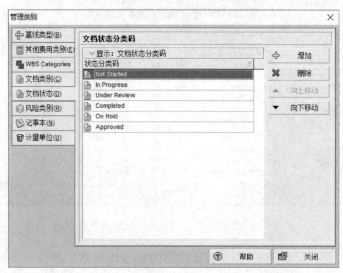

图 4-11 "管理类别"对话框"文档状态"标签页

5. "风险类别"标签页

在"风险类别"标签页中创建、修改或删除风险类型，主要用于对项目风险进行分类，见图 4-12。

图 4-12　"管理类别"对话框"风险类型"标签页

这里设定的风险类别供定义风险时使用。

6. "记事本"标签页

在"记事本"标签页中创建、修改或删除记事本主题，见图 4-13。

图 4-13　"管理类别"对话框"记事本"标签页

可以为 EPS、项目、WBS、作业设定不同的记事本主题，方便对不同主题的记事本进行分类和管理。

4.3　无资源约束的项目管理用户设置

在"用户设置"对话框中，用户可以根据自己的需要设置个性化选项，以满足视图与显示的需求。用户设置的标签页包括时间单位【Time Units】、日期【Dates】、货币【Currency】、助手【Assistance】、应用程序【Application】、密码【Password】、资源分析【Resources Analysis】、计算【Calculations】和开始过滤器【Startup Filters】。该设置只影响当前用户，不会影响系统中其他用户的相关设置。其中，货币、资源分析、计算和开始过滤器等与资源相关的标签页设置可以参见第 6 章的相关内容。

选择菜单"编辑/用户设置"命令，打开"用户设置"对话框后选择具体标签页进行相应的设置。

4.3.1　"时间单位"标签页

在"时间单位"标签页中定义资源数量的时间单位、工期的时间单位及单位时间数量格式，见图 4-14。

在"时间单位"标签页最上方的"单位格式"区域，可以通过下拉菜单选择时间单位为小时、天、周、月或年，P6 会在其右侧同步显示相应的子单位为分钟、小时、天、周或者月。勾选相应的子单位，可以同时显示时间单位及其子单位，勾选时间单位下拉菜单下方的选项，可以在 P6 中显示时间单位。在"单位格式"的右侧区域，

图 4-14　"用户设置"对话框"时间单位"标签页

可以通过下拉菜单选择需要显示的小数位数为 0、1 或 2。在"时间单位"标签页中部的"工期格式"区域，可以对工期格式做出类似的设置。在"时间单位"标签页最下方的"单位时间数量格式"区域，可以设置资源单位时间数量显示为百分比的形式和单位时间数量的形式。例如，资源默认的单位时间用量为每天 8 小时，则可以显示"8h/d"，也可以显示为"100％"。

4.3.2　"日期"标签页

在"日期"标签页中定义日期的格式、年月份的形式以及是否显示小时、分钟等，见图 4-15。

建议使用 P6 时选择显示"24 小时"，这样可以精确地显示作业的开始日期，以方便对计划编制的追踪。

4.3.3 "助手"标签页

在"助手"标签页中，可以在选择增加新作业和资源时是否使用向导，见图 4-16。

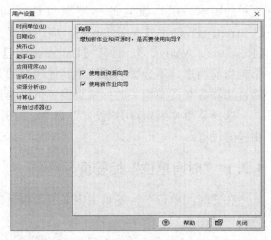

图 4-15 "用户设置"对话框"日期"标签页   图 4-16 "用户设置"对话框"向导"标签页

初学者可以使用新资源向导和新作业向导新增作业和资源。但是，使用这种方法可能会降低计划和资源编制的效率。例如，对于工期计划的编制建议取消"使用新作业向导"，改为在作业窗口直接点击新增作业命令"➕"增加作业，会提高计划编制的效率。这里将同时勾选"使用新资源向导"和"使用新作业向导"。

4.3.4 "应用程序"标签页

在"应用程序"标签页中，可以定义在启动 P6 软件时是否是默认的窗口以及统计周期数据的显示范围等，见图 4-17。

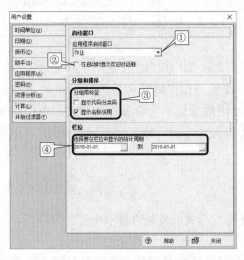

图 4-17 "用户设置"对话框
"应用程序"标签页

"应用程序"标签页中各标注点的含义见表 4-1。

如果选择了在启动时"显示欢迎对话框"，则在启动 P6 后显示"欢迎"对话框，见图 4-18。

这里可以选择新建、打开现有的项目等操作。对于启动 P6 时默认窗口的设置，需要根据情况考察默认设置的有效性。例如，没有打开的项目，即使设定了默认窗口为作业窗口，也无法进入作业窗口。对于在使用分组和排序功能时分组带显示名称还是码值，这里需要给出选择。对于统计周期的显示设置，如果选择"不加载统计周期数据"，则在栏位里无法显示统计周期数据。

"应用程序"标签页中各标注点的含义   表 4-1

序号	含　义
①	可选择:工作分解结构(WBS)、报表、风险、跟踪、工作产品及文档、项目、项目临界值、项目问题、资源、资源分配、作业作为登录 P6 后的开始窗口
②	如果选中的话,则在启动 P6 时显示欢迎对话框
③	定义分组行显示的内容
④	选择统计周期的时间跨度,便于在栏位中显示各统计周期的项目历史本期值

4.3.5 "密码"标签页

在"密码"标签页中可以修改进入 P6 时的用户密码,见图 4-19。

图 4-18　"欢迎"对话框

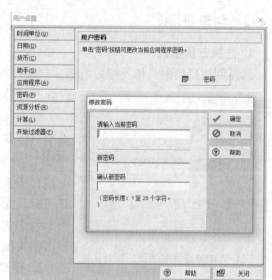

图 4-19　"用户设置"对话框"密码"标签页

密码设置可以包含字符、数字等,最长 20 个字符。

4.4　定义工期计划的日历

4.4.1　日历概述

选择"企业/日历"命令,打开"日历"对话框,见图 4-20。

日历设置了每天的工作时间及非工作时间信息。P6 为项目管理提供了三种日历:全局日历、项目日历和资源日历。全局日历可以供所有项目或资源使用,而资源日历和项目日历仅能够为特定的项目或资源使用。资源日历又可以分为共享资源日历和个人资源日历。共享资

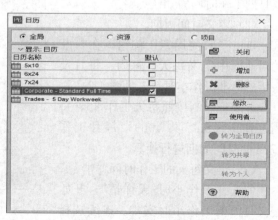

图 4-20　"日历"对话框

源日历能够分配给多个资源。全局日历和项目日历可以分配给具体作业。

P6 提供的默认全局日历供用户在创建全局日历、项目日历及资源日历时使用。例如，"7-Days"日历为每天工作 8h，早上 8：00 开始到下午 16：00 结束，七天工作制日历，无节假日。"Standard 5 Day Workweek"提供的是没有节假日的五天工作制日历。而"4 Days Workweek"提供的是四天工作制、每天工作 8h 的日历。

在"日历"对话框可以设置默认日历。默认日历是新增项目的默认日历。软件默认的默认日历是"Corporate-Standard Full Time"，这个日历也是用于统计 EPS 层次完成时工期使用的日历。默认日历可以设置。

三种日历的创建过程类似，这里仅以全局日历的创建为例介绍日历的创建过程。

4.4.2 创建日历

1. 选择日历模板

选择创建日历的具体类型后，在"日历"对话框中选择日历类型，点击"增加"，在打开的对话框中选择要复制的日历，见图 4-21。

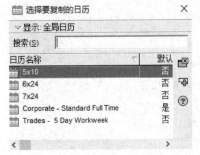

图 4-21 "选择要复制的日历"对话框

例如选择"Corporate-Standard Full Time"作为创建新的全局日历的日历模板，点击"选择"命令"⬚"，选择日历模板。在创建项目日历时可以选择全局日历或共享资源日历作为日历模板。在创建资源日历时，如果是个人日历可以选择具体的资源创建日历。创建共享资源日历需要选择全局日历或共享资源日历作为模板创建。

2. 修改新建日历

在"日历"对话框中输入日历名称"五天工作制"，点击"修改"开始修改新建的日历，见图 4-22。

（1）定义工作周。

点击"工作周"按钮，在打开的对话框中定义每天的标准工作小时数，见图 4-23。

由于是五天工作制，所以周六、周日的工作时间为 0h。

（2）定义时间周期。

点击"时间周期"按钮，在打开的对话框中定义每天、每周、每月及每年的标准工作小时数，见图 4-24。

五天工作制按照每天工作 8h，每周工作 5×8h（共 40h），每月工作 172h 的时间周期进行换算。

（3）定义每天的工作时间详情。

勾选"工作小时/天详情"，开始定义每天的工作小时安排。连续选择工作日，然后点击"工作周"，为工作

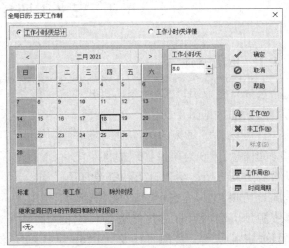

图 4-22 定义工作小时/天总计

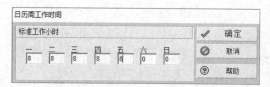

图 4-23　定义工作周

图 4-24　定义单位时间周期的工作小时数

日的工作时间安排起止时间及设定中间的休息时间，选定工作日的工作小时数和非工作小时数。在多日历的环境下，要确保所有日历的工作日起止时间一致，可以通过调整日历的休息时间设定不同的有效工作时间，见图 4-25。

例如，针对五天工作制日历，按住 Ctrl 键，连续选择周一～周五，将周一～周五设定为 8：00 上班，中午休息 1h，17：00 下班，见图 4-26。

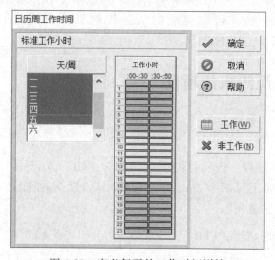

图 4-25　定义每天的工作时间详情

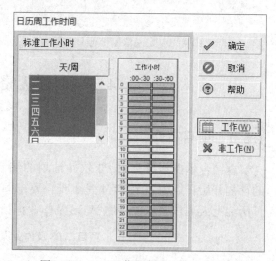

图 4-26　五天工作制每天工作小时详情

假如一个项目中使用不同的日历，则需要将每天工作小时详情的起止时间设为统一的时间，例如统一从 8：00 开始，17：00 结束。如果日历的每天工作小时数不相等，例如工作 7h，可以在 8：00～17：00 之间增加非工作时间实现每天工作 7h 的目标。

（4）定义法定节假日。

在创建新的日历时，可以将具体年份的某一天或者某一时段设定为非工作，从而设定该日历的节假日。这里，根据国务院办公厅相关文件的通知，定义 2020 年 4 月 1 日～2021 年 8 月 31 日为节假日（为了统一五天工作制与七天工作制的法定节假日，不考虑相关周六、周日调休上班的情况）的操作为：

2020 年的法定节假日为：清明节 4 月 4 日～4 月 6 日，劳动节 5 月 1 日～5 月 5 日，端午节 6 月 25 日～6 月 27 日，国庆节、中秋节 10 月 1 日～10 月 8 日。

2021 年的法定节假日为：元旦 1 月 1 日～1 月 3 日、春节 2 月 11 日～2 月 17 日、清明节 4 月 3 日～4 月 5 日、劳动节 5 月 1 日～5 月 5 日、端午节 6 月 12 日～6 月 14 日。

依次选择"企业/日历"，打开"日历"对话框，选择新建的五天工作制日历点击修改。在弹出的"全局日历：五天工作制"对话框中，点击"非工作"将上述节假日改为非工作日，见图 4-27。

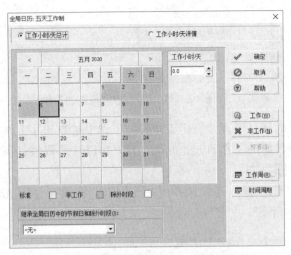

图 4-27　定义法定节假日及除外时段

同时也可以定义除外时段，例如将 10 月 22 日的工作时间改为 7.5h，则显示为除外时段。本次设置的五天工作制不设除外时段。

如果选择创建项目日历或资源日历，可以选择是否"继承全局日历中的节假日和除外时段"，这个选项仅限于资源日历和项目日历的创建。对于全局日历的创建，"继承全局日历中的节假日和除外时段"这个选项是禁用的。按照上述步骤可以完成七天工作制日历的创建过程。

4.5　创建无资源约束的项目

4.5.1　项目简介

现结合示例项目介绍 P6 软件计划的编制过程。该项目的项目名称为"CBD"，项目的计划开始日期为 2020 年 4 月 1 日，要求的完工日期为 2021 年 5 月 21 日。默认的项目日历为七天工作制，项目的 WBS 及作业详情见表 4-2。

项目 WBS 及作业详情（示例"CBD"）　　　　表 4-2

作业代码	作业名称	WBS名称	WBS分类码	原定工期(d)	日历名称	紧后作业	紧后作业详情	作业类型
E1000	地质初勘	地质勘察	CBD05.E.10	3	七天工作制	E1010,PM1000	E1010:FS,PM1000:SS	任务相关
E1010	地质详勘	地质勘察	CBD05.E.10	7	七天工作制	E1020	E1020:FS	任务相关
E1040	基础施工图设计	施工图设计	CBD05.E.50	50	七天工作制	E1050,E1070	E1050:FS,E1070:FS	任务相关
E1050	地下室施工图设计	施工图设计	CBD05.E.50	45	七天工作制	E1060,E1070	E1060:FS,E1070:FS	任务相关
E1060	地上部分施工图设计	施工图设计	CBD05.E.50	45	七天工作制	E1070	E1070:FS	任务相关
E1070	建筑结构施工图报审	施工图设计	CBD05.E.50	6	五天工作制	E1080,E1090,E1100,M1010	E1080:SS,E1090:SS,E1100:SS,M1010:FS	任务相关
E1080	消防施工图报审	施工图设计	CBD05.E.50	6	五天工作制	M1010	M1010:FS	任务相关
E1090	人防施工图报审	施工图设计	CBD05.E.50	6	五天工作制	M1010	M1010:FS	任务相关
E1100	节能报审	施工图设计	CBD05.E.50	6	五天工作制	M1010	M1010:FS	任务相关

续表

作业代码	作业名称	WBS名称	WBS分类码	原定工期(d)	日历名称	紧后作业	紧后作业详情	作业类型
E1030	初步设计报审	初步设计	CBD05.E.40	6	五天工作制	E1040	E1040:FS	任务相关
E1020	初步设计	初步设计	CBD05.E.40	8	七天工作制	E1030	E1030:FS	任务相关
C1020	临时设施及道路	施工准备	CBD05.C.1	20	七天工作制	M1020	M1020:FS	任务相关
C1000	三通一平	施工准备	CBD05.C.1	42	七天工作制	C1010	C1010:FS	任务相关
C1010	办理《建筑工程施工许可证》	施工准备	CBD05.C.1	3	七天工作制	C1020	C1020:FS	任务相关
M1020	开工典礼	里程碑	CBD05.M	0	七天工作制	CA1002	CA1002:FS	完成里程碑
M1030	基础出正负零	里程碑	CBD05.M	0	七天工作制	CA1000	CA1000:FS	完成里程碑
H1000	竣工验收	竣工验收	CBD05.H	7	五天工作制	M1050,PM1000	M1050:FS, PM1000:FF	任务相关
M1000	项目启动	里程碑	CBD05.M	0	七天工作制	E1000	E1000:FS	开始里程碑
M1010	施工图设计完成	里程碑	CBD05.M	0	七天工作制	C1000, PA1000,PA1230, P1A230,PA1240	C1000:FS, PA1000:FS, PA1230:FS, P1A230:FS, PA1240:FS	完成里程碑
PM1000	项目管理工作	项目管理	CBD05.2	467	七天工作制			配合作业
M1050	项目结束	里程碑	CBD05.M	0	七天工作制			完成里程碑
M1040	主体结构验收	里程碑	CBD05.M	0	七天工作制	A1000,A1010	A1000:FS, A1010:FS	完成里程碑
CA1000	一层结构施工	一层结构施工	CBD05.C.20.2.1	8	七天工作制	CA1012	CA1012:FS 1d	任务相关
CA1002	基础施工	基础施工	CBD05.C.20.7	95	七天工作制	M1030	M1030:FS	任务相关
A1000	一层砌体砌筑	一层砌体砌筑	CBD05.C.20.1.1	25	七天工作制	A1070	A1070:FS	任务相关
A1010	屋面工程	屋面工程	CBD05.C.20.RF	13	七天工作制	A1040,A1020	A1040:FS, A1020:FS	任务相关
A1020	电气设备安装	电气设备安装	CBD05.C.30.5	68	七天工作制	H1000	H1000:FS	任务相关
A1030	暖通设备安装	暖通设备安装	CBD05.C.30.1	30	七天工作制	H1000	H1000:FS	任务相关
A1040	电梯安装	电梯安装	CBD05.C.30.2	15	七天工作制	H1000	H1000:FS	任务相关
A1060	一层装饰装修	一层装饰装修	CBD05.C.40.3	8	七天工作制	H1000	H1000:FS	任务相关
CA1012	二层结构施工	二层结构施工	CBD05.C.20.2.2	8	七天工作制	CA1022	CA1022:FS	任务相关

续表

作业代码	作业名称	WBS名称	WBS分类码	原定工期(d)	日历名称	紧后作业	紧后作业详情	作业类型
CA1022	三层结构施工	三层结构施工	CBD05.C.20.2.3	8	七天工作制	M1040	M1040:FS	任务相关
A1070	二层砌体砌筑	二层砌体砌筑	CBD05.C.20.1.2	25	七天工作制	A1080	A1080:FS	任务相关
A1080	三层砌体砌筑	三层砌体砌筑	CBD05.C.20.1.3	25	七天工作制	A1040,A1110,A1030,A1090	A1040:FS,A1110:FS,A1030:SS 8d,A1090:SS 15d	任务相关
A1090	消防设备安装	消防设备安装	CBD05.C.30.3	30	七天工作制	H1000	H1000:FS	任务相关
A1100	二层装饰装修	二层装饰装修	CBD05.C.40.1	8	七天工作制	A1060	A1060:FS−1d	任务相关
A1110	三层装饰装修	三层装饰装修	CBD05.C.40.4	8	七天工作制	A1100	A1100:FS−1d	任务相关
PA1000	电气设备采购	电气设备采购	CBD05.P.1	41	七天工作制	A1020	A1020:FS	任务相关
PA1230	暖通设备采购	暖通设备采购	CBD05.P.3	56	七天工作制	A1030	A1030:FS	任务相关
P1A230	电梯设备采购	电梯设备采购	CBD05.P.4	131	七天工作制	A1040	A1040:FS	任务相关
PA1240	消防设备采购	消防设备采购	CBD05.P.2	56	七天工作制	A1090	A1090:FS	任务相关

4.5.2 创建项目

利用项目创建向导创建一个项目，操作步骤为：

1. 选择对应的 EPS 节点

选择菜单"企业/项目"，打开"项目"窗口后，选择 EPS 根节点"Enterprise"，然后点击"增加"，见图 4-28。创建新项目向导将会引导您一步一步地建立新项目。

图 4-28 选择 EPS

EPS 为企业项目分解结构。所有项目的创建必须选择一个 EPS 节点。如果 EPS 根节点被删除，则无法创建项目。创建 EPS 可以通过选择菜单"企业/EPS"，进入"企业项目结构（EPS）"对话框，在该对话框中进行 EPS 新节点创建、修改与删除等操作，见图 4-29。

在"企业项目结构（EPS）"对话框中创建完成 EPS 后，也可以在"项目"窗口中对选择的 EPS 节点进行详情的定义与修改，包括 EPS 预期开始与完成日期、预算及支出计划与投资收益计划等内容。在执行 EPS 复制操作时，EPS 节点及其包含的项目将被同时复制。对于大型组织各层级的项目管理者，他们需要准确、快速地根据角色及权限获取项目群、项目以及项目各个层次的数据，这就需要将企业所有项目及相关的数据信息进行层次化设计，这种层次化的数据组织体系称为 EPS，包含在 EPS 各个层次上的单元，称为 EPS 节点，各个层次节点可以按照项目阶段、项目地理位置、项目属性、项目类别、责任部门等进行划分，也可以按照项目的 WBS 进行划分，利用 WBS 设置 EPS 结构可以将单个项目不同时期、不同类别的计划保存在不同的 EPS 节点下以供项目管理使用。

表 4-3 为 ABC 电厂二期扩建工程 EPS 编码结构。

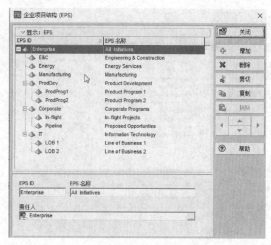

图 4-29　"企业项目结构（EPS）"对话框

ABC 电厂二期扩建工程 EPS 编码结构　　　　　　　　　　表 4-3

根节点	第一层 EPS 节点代码	第二层 EPS 节点代码	EPS 名称
ZHDC			ABC 电厂二期扩建工程
	SGQQ		施工前期
	GCSJ		工程设计
	WZGY		物资供应
	GCSG		工程施工
		TJGC	土建工程
		AZGC	安装工程
		TSGC	调试工程
		MBGC	目标工程
	XMGL		项目管理
		XMXT	项目协调计划
		ZBGL	招标投标管理
		QT	其他
	MBXT		项目协调目标

从表 4-3 中可以看出，第一层 EPS 节点按照项目的 WBS 设置，第二层按照工程专业进行划分，可以将不同专业的分包计划保存在相应的节点下。可以选取任意层次的 EPS 节点创建项目，项目属于最底层的 EPS 数据。企业项目结构可以让企业/公司的计划管理人员分析与查看公司内所有项目的资源使用情况，同时也可以汇报个别或所有项目的汇总或详细数据。项目管理人员或项目经理将 EPS 低层次或某些项目汇总至一个较高层次级别的数据来对节点包含的所有项目进行分析。EPS 支持由下至上的层层汇总，可以查看任一 EPS 节点中由其子节点汇总的项目进度、费用及资源使用等信息，从而为领导决策层提供详细的报表与参考信息。在设计 EPS 结构体系的过程中需要为各层的节点赋予不同的责任人，可以根据公司需要设置 EPS 层次以满足企业对项目报告和工作协调的需求。

EPS 可以用两种方式显示，一种是图表视图的形式，见图 4-30。

一种是表格视图的形式，见图 4-31。

显示方式可以通过"企业/EPS"，打开"企业项目结构（EPS）"对话框，点击对话

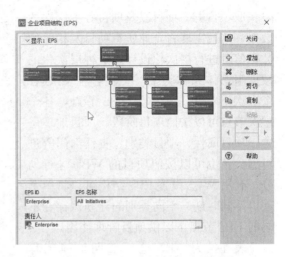

图 4-30　EPS 显示方式—图表视图	图 4-31　EPS 显示方式—表格视图

框中"显示"选项栏进行切换。

2. 输入项目代码和项目名称

项目代码是识别项目的身份代码，最多允许 20 个字符。项目代码是项目的唯一识别码，不同项目的项目识别码不能重复，见图 4-32。

3. 输入项目的计划开始和（或）必须完成日期

按照工程的工期要求输入计划开始时间"2020 年 4 月 1 日"和必须完成时间"2021 年 5 月 21 日"，见图 4-33。

图 4-32　输入项目代码和项目名称	图 4-33　计划开始日期和（或）必须完成日期

4. 分配项目责任人

在"责任人"标签页中分配项目责任人，见图 4-34。

5. 选择资源单价类型

在"分配单价类型"标签页中选择"单价类型"，见图 4-35。

项目默认的单价类型共有五种。每种单价类型的具体内涵，需要在"管理员/管理设置/单价类型"标签页中进行设置。工期计划没有资源，后续步骤可以省略。直接点击"完成"结束新项目的创建。

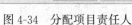

图 4-34　分配项目责任人

图 4-35　选择资源单价类型

4.5.3　设置项目详情及默认设置

创建完成项目后，需要在项目详情表中设置项目默认的设置。例如，在默认标签页选择项目的日历、作业的编码规则等信息。如果项目详情没有显示于窗口底部，可以通过菜单"显示/显示于底部/详情"，将"项目详情表"显示于窗口底部，见图 4-36。

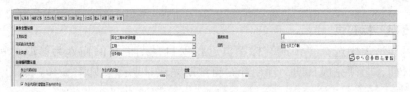

图 4-36　项目详情表

"项目详情"标签页包括常用、记事本、预算记事、支出计划、预算汇总、日期、资金、分类码、默认、资源、设置和计算等。"项目详情"标签页的显示，可以通过在详情表区域单击鼠标右键，在弹出的快捷菜单中选择"自定义项目详情表"进行标签页的设置，见图 4-37。

这里仅对与工期有关的标签页进行介绍。

1. "常用"标签页

在默认状态下，"项目详情"显示的标签页即为"常用"标签页（图 4-37），在"常用"标签页可以

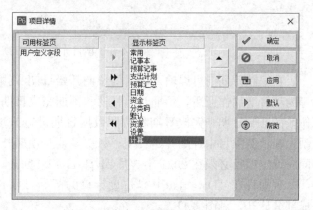

图 4-37　自定义"项目详情"标签页

输入与修改项目的常用信息，包括项目代码、项目名称、状态、责任人、风险等级、平衡优先级、Check-out 状态和项目信息网站 URL 等。

"常用"标签页中各标注选项的含义为：

① 平衡优先级：可以输入 1~100，用于表明项目在企业中的重要性，当多个项目竞

争同一资源时，可以选择按照"平衡的优先级"进行平衡。

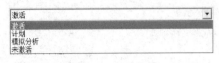

图 4-38　项目状态

② 项目状态：项目状态包括四种，见图 4-38。

项目状态相当于一个项目分类码。可以在"项目"窗口和"作业"窗口显示项目状态栏位，但是在"资源分配"窗口不可以显示该栏位。可以利用，项目状态对项目进行分组和排序。当然，项目状态字段也有一些其他的功能，例如处于模拟分析状态（What-if）的项目在制作资源使用直方图或剖析表时，可以设定不汇总模拟分析状态的项目。同时，在创建反馈项目时，反馈项目自动设定为模拟分析状态。

③ 签出状态：表示项目的签入和签出状态，处于签出状态的项目无法进行编辑工作，见图 4-39。

④ 项目责任人：通过点击" ... "命令，打开"选择责任人"对话框，在该对话框给项目分配责任人。分配责任人主要是在多用户环境下设置不

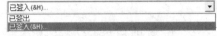

图 4-39　项目签出状态

同用户以及部门对项目的存储权限，实现组织分解结构（OBS）与项目及 WBS 的关联。

⑤ 项目 Web 站点 URL：项目 Web 站点的位置，点击"调用"可以直接调用项目的 Web 站点。

2. "日期"标签页

在项目详情表中选择"日期"标签页进行项目日期信息的输入与修改，包括计划开始、数据日期、必须完成日期、预期开始与预期完成日期等，见图 4-40。

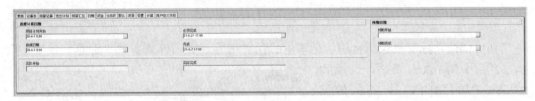

图 4-40　项目详情表"日期"标签页

在编制计划前可以输入项目的预期开始日期和预期完成日期，作为计划的参照日期，等为项目增加作业后，预期开始日期和预期完成日期将不对进度计算起作用，新增作业时作业的开始日期和完成日期将按照数据日期进行进度安排，同时还要考虑默认日历的限制。在示例项目中计划开始日期、数据日期及预期开始日期都是 2020 年 4 月 1 日 8：00，同时设定项目必须在 2021 年 5 月 21 日 17：00 完成。

数据日期（Data date）是进度计算的起始日期，其作用是将项目已完成部分与未完成部分分开，见图 4-41。

数据日期是区分项目实际完成情况与尚需完成工作的分界，数据日期是项目进度更新的计算起点，同时数据日期是项目尚需完成工作安排的起点。

3. "记事本"标签页

在项目详情表中"记事本"标签页可以输入项目概况、项目合同文件、质量要求及安全要求等内容，见图 4-42。

增加记事本可以点击"记事本"标签页的"增加"按钮，在打开的"分配记事本"对

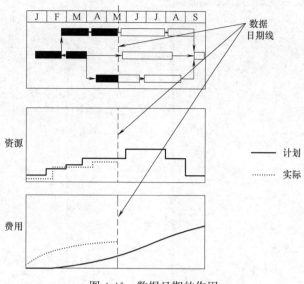

图 4-41　数据日期的作用

话框中选择记事本，点击分配按钮"图"，将选择的记事本分配给当前项目。"记事本"在"管理类别"中进行定义，可以输入文本文件，也可以建立图片格式文件的链接。

4. "默认"标签页

在项目详情表的"默认"标签页中可以设置新增作业的默认设置、费用科目的默认设置以及项目日历的默认设置，见图 4-43。

（1）作业的默认设置。

在"默认"标签页中可以设置新增作业的默认设置，包括默认的作业类型、工期类型、作业完成百分比类型以及新增作业的作业代码的默认设置。在默认状态下，默认的作业类型为"固定工期和资源用量"，默认的完成百分比类型为"工期"，默认的作业类型为"任务相关"。默认的作业代码前缀为"A"，增量为"10"。如果标记了"作业代码的增量基于选中的作业"，则在增加作业时，新增作业的作业代码等于选中的作业代码加上设定的增量，否则新增作业的作业代码等于当前作业代码的最大值加上设定的增量，这一设置对于在多极计划模式下对上层作业进行细化时很有用。关于作业的其他默认的设置需要借助项目详情表的其他标签页，包括作业完成百分比是否基于作业步骤，以及对于未开始的作业是否将原定值与尚需值进行关联等。这里工期类型、作业类型及费用科目与资源有关。无资源约束的工期计划的编制对这些数据的设置没有要求，这些设置对工期计划的编制结果不产生影响。

（2）项目日历的默认设置。

在"默认"标签页中可以设置项目的默认日历，项目的默认日历将是新增作业的默认日历。在默认情况下，项目的默认日历是所在 EPS 节点的默认日历。这里将默认日历设置为七天工作制。

5. "设置"标签页

在"项目详情"标签页中选择"设置"标签页设置项目中 WBS 分隔符及关键作业的定义，见图 4-44。

图 4-42 项目详情表 "记事本" 标签页

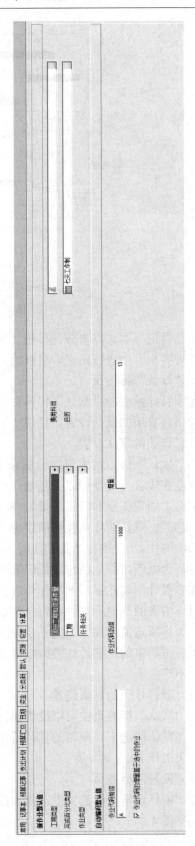

图 4-43 项目详情表 "默认" 标签页

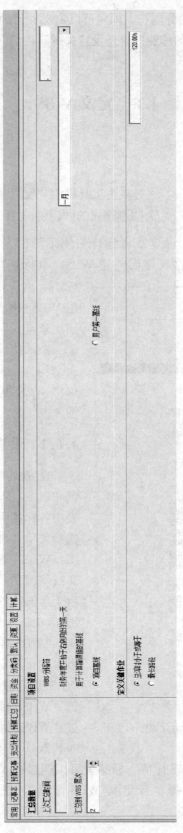

图 4-44　项目详情表 "设置" 标签页

这里可以设置 WBS 跨层的分隔符，同时可以定义项目的关键作业。在默认情况下项目的关键作业是总浮时等于 0 的作业。这里设定关键路径的作业为总浮时小于或等于 15d（显示为 120h）的作业。

4.6   定义 WBS

4.6.1   定义 WBS 层次结构

项目的默认信息定义完成后，通过点击工具栏中"▦"按钮或选择"项目/WBS"菜单，切换到"视图：WBS"窗口，为刚刚建立的"CBD项目"定义 WBS 层次结构。通过单击鼠标右键"✚增加（A）"命令或者选择右侧工具栏上的"✚"按钮，为"CBD"项目建立 WBS 编码和结构。建议逐层创建 WBS，鼠标选择根节点"CBD"创建下层

图 4-45   创建工作分解结构（WBS）

WBS，再选择"设计阶段"节点创建下层 WBS。如果在创建 WBS 的过程中出现层次紊乱，可以通过右侧工具栏的"⬆、⬇、⬅、➡"箭头按钮调节上下和左右层次结构。点击单元格"WBS 分类码"可以将 WBS 视图处于树形"▦"状态，见图 4-45。

4.6.2   设置 WBS 详情

在完成工作分解结构的创建后，进入到"视图：WBS"窗口，利用 WBS 详情表中各标签页继续定义与修改相关信息。选择菜单"项目/WBS"命令，打开"视图：WBS"窗口后，选择要进行详情定义或修改的工作包。选择菜单"显示/显示于底部/详情"，打开"WBS 详情"，见图 4-46。

"WBS 详情"标签页包括常用、记事本、预算记事、支出计划、预算汇总、WBS 里程碑、工作产品及文档和赢得值。WBS 窗口的根节点为项目，可以通过"WBS 详情"标签页定义项目层面的一些默认设置和数据。这里重点介绍与工期计划有关的标签页。"WBS 详情"标签页可以通过在 WBS 详情表区域单击鼠标右键，在弹出的快捷菜单中选择"自定义 WBS 详情"，进行标签页的选择和设计，见图 4-47。

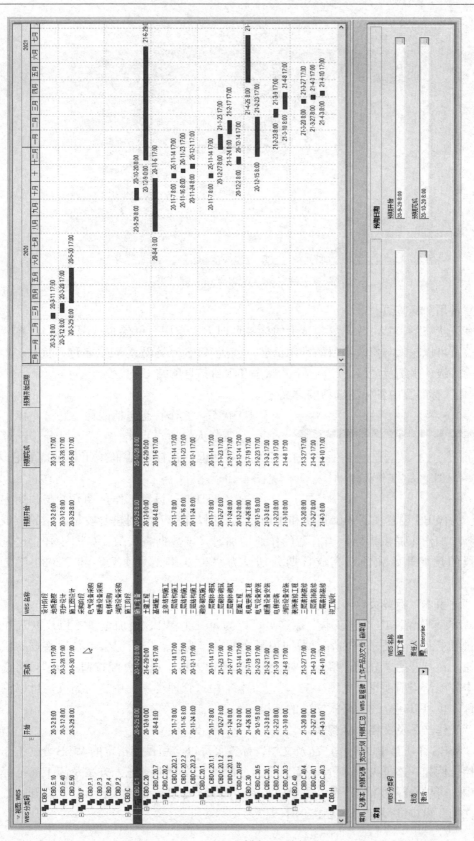

图 4-46　WBS 详情表

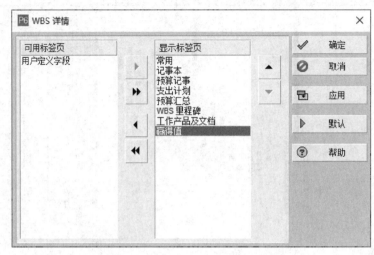

图 4-47　自定义 "WBS 详情" 标签页

1. "常用" 标签页

在默认状态下，"WBS 详情" 显示的标签页即为 "常用" 标签页（图 4-47），在 "常用" 标签页可以输入与修改项目的常用信息，包括 WBS 分类码、WBS 名称、状态、责任人、风险等级、平衡优先级、Check-out 状态和项目信息网站 URL 等。

"常用" 标签页中各标注选项的含义为：

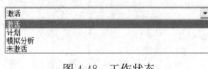

图 4-48　工作状态

① 状态：工作状态包括四种，见图 4-48。

② 责任人：通过点击 "...|"，打开 "选择责任人" 对话框，在该对话框给工作分配责任人，见图 4-49。

③ 预期日期：设置工作预期开始与预期完成的日期。为 WBS 设置预期开始日期和预期完成日期，在 WBS 创建阶段是有用的。该数据可以为增加作业提供指导，当有新的作业增加时，该数据将失效，见图 4-49。这里将设计阶段的预期开始和预期完成日期分别设为 "2020 年 4 月 1 日" 和 "2020 年 7 月 1 日"。

2. "记事本" 标签页

在 "WBS 详情" 中 "记事本" 标签页可以为每一个 WBS 增加记事本以反映工作概况、质量要求及安全要求等内容。增加记事本的操作为：点击 "记事本" 标签页的 "增加" 按钮，在打开的 "分配记事本" 对话框中选择记事本，点击分配按钮 "🔳"，将选择的记事本分配给当前项目，见图 4-50。"记事本" 在 "管理类别" 中进行定义，可以输入文本文件，也可以建立图片格式文件的链接。

3. "工作产品及文档" 标签页

在 "WBS 详情" 中 "工作产品及文档" 标签页可以给项目及指定的 WBS 分配工作产品及文档。例如，这里为施工阶段 WBS 节点分配施工指导书、施工方案及施工规范等文档。其中，可供选择的工作产品及文档需要在 "项目—工作产品及文档" 中，打开 "工作产品及文档" 窗口进行定义，见图 4-51。

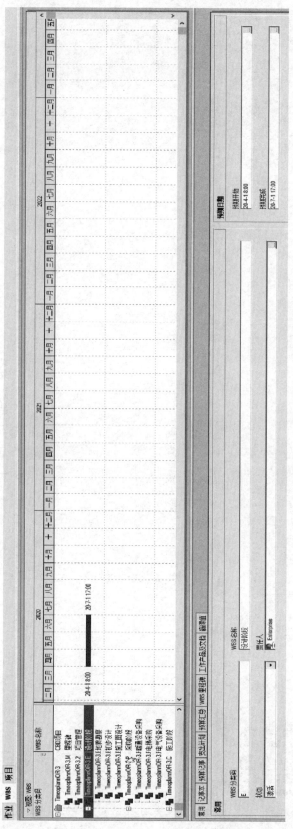

图 4-49　设置 WBS 的预期开始和预期完成日期

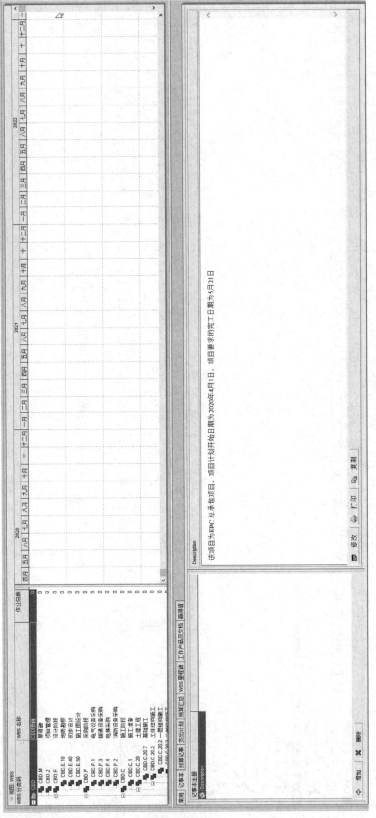

图 4-50 "记事本"标签页

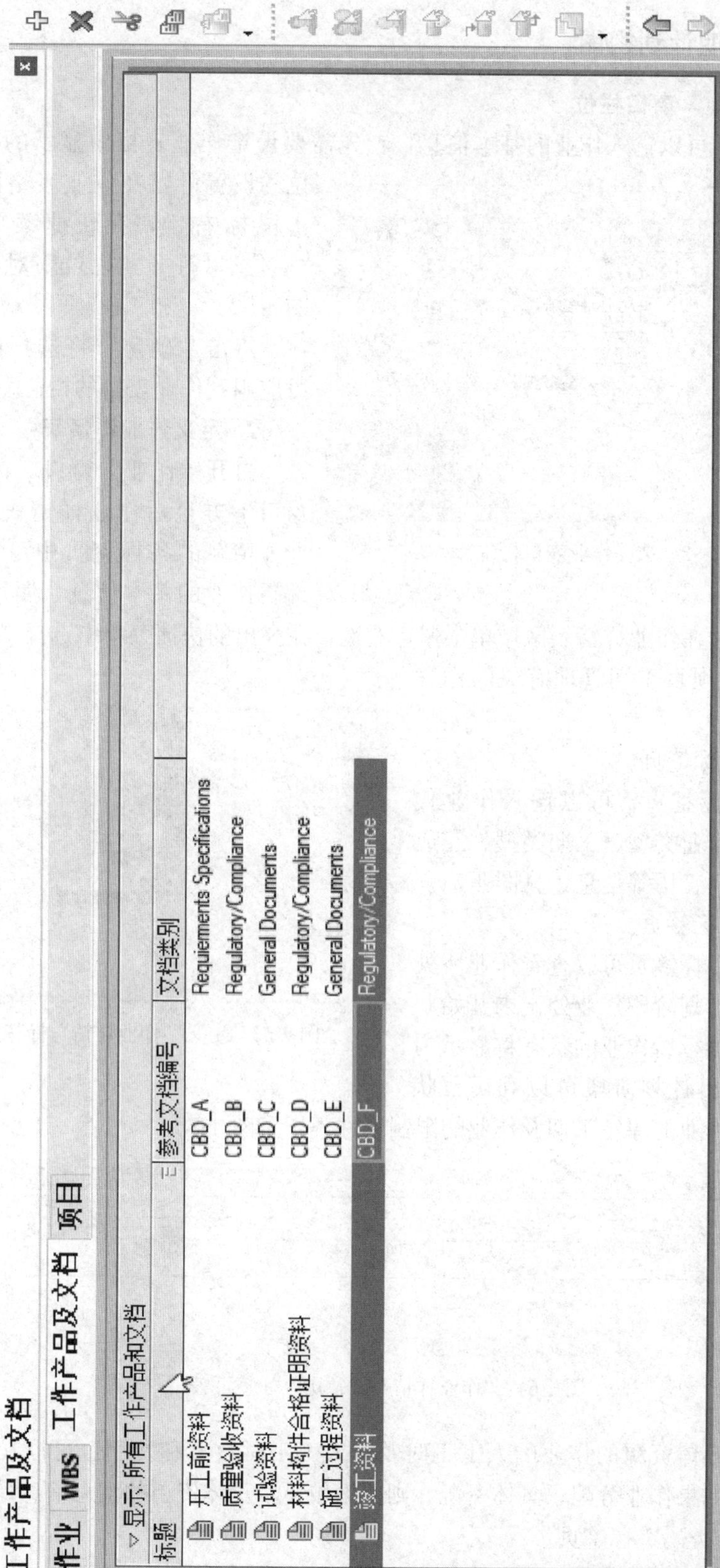

图 4-51　"工作产品及文档"窗口

115

4.6.3 定义工期计划视图

1. 定义"作业"窗口栏位

在作业表格中可以输入作业的基本信息，首先需要设定作业表格中显示的栏位，栏位的设置可以在作业表格区域中单击鼠标右键，在快捷菜单中选择"栏位"，打开"栏位"对话框，见图4-52。

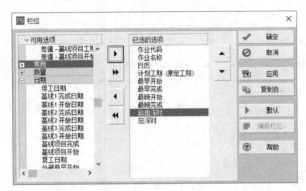

图 4-52　选择作业表格栏位

点击"确定"将选择的栏位字段应用到作业表格的栏位显示中。

2. 定义作业详情表

打开"作业"窗口，在"作业"窗口下方显示作业详情表，在"作业详情"的各标签页中可以定义和编辑作业的基本信息（属性）。作业详情表的定义通过在作业详情表区域单击鼠标右键，在弹出的快捷菜单中选择"自定义作业详情表"，定义项目工期管理有关的标签页，见图4-53。

（1）"常用"标签页。

在"常用"标签页，可以输入作业代码、作业名称、作业类型、工期类型、完成百分比类型和作业日历等信息，见图4-54。

（2）"状态"标签页。

利用"状态"标签页可以查看作业所处的状态，在项目计划阶段作业处于未开始状态，当作业开始执行后作业的状态将显示为"已开始"。在项目计划阶段可以利用"状态"标签页输入作业的原定工期及作业的限制条件等，见图4-55。

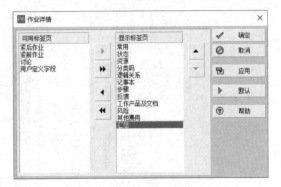

图 4-53　定义"作业详情"标签页

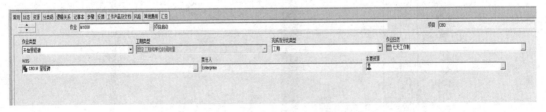

图 4-54　"作业详情"—"常用"标签页

对于未规定具体资源的作业的人工工时及非人工工时数量和费用也可以在"人工数量"区域输入，如果作业分配了具体资源，则此区域显示具体资源的汇总信息。

（3）"作业分类码"标签页。

在"作业分类码"标签页，可以为作业分配作业分类码的码值，见图4-56。

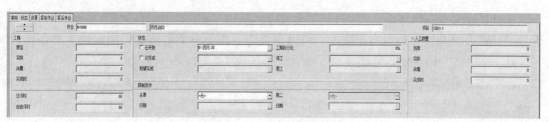

图 4-55 "状态"标签页

作业分类码的定义通过选择"企业/作业分类码",打开"作业分类码"对话框进行定义,见图 4-57。

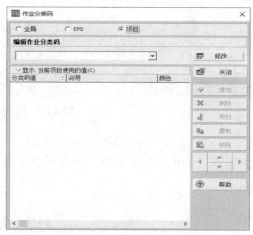

图 4-56 "作业详情"—"分配作业分类码"标签页

图 4-57 "作业分类码"标签页

例如,可以创建"计划层次"分类码,具体步骤为:①选择作业分类码的类型,为项目设定专属分类码,选择"项目",点击"修改",弹出"作业分类码定义—项目"对话框,见图 4-58。点击"关闭",返回"作业分类码"对话框;②选择"计划层次"分类码,点击"增加",设置分类码的码值及层次结构,见图 4-59。

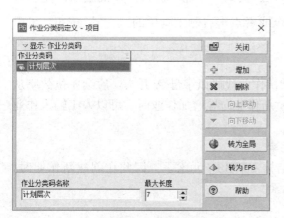

图 4-58 定义作业分类码名称

图 4-59 定义作业分类码码值

（4）"记事本"标签页。

与 WBS 类似，作业也有记事本，可以设置与该作业有关的信息，例如施工准备阶段"三通一平"的合同约定，见图 4-60。

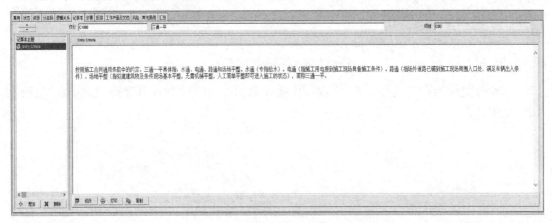

图 4-60 "记事本"标签页（作业）

（5）"工作产品及文档"标签页。

在"工作产品及文档"标签页中，用户可以给作业分配一些与作业有关的图纸、标准等。

4.7 增加作业

为项目的工作分解结构（WBS）增加必要的作业，主要有三种方法：利用向导增加作业、在"作业"窗口增加作业和在网络图中增加作业。

4.7.1 利用向导增加作业

在"编辑/用户设置"窗口的"助手"标签页中选定"使用新作业向导"选项，可以按以下步骤打开新作业向导，为项目的工作分解结构（WBS）增加必要的作业。点击工具栏" "按钮或选择"项目/作业"菜单，切换到"作业"窗口。在视图顶部左侧表的范围，单击鼠标右键" 增加（A）"命令或者点击右侧工具栏的" "按钮，可以通过弹出的新作业向导增加作业。

1. 输入作业代码和作业名称

作业代码是识别作业的身份代码，P6 默认作业代码以字母 A 开头，后续 4 位数字从 1000 开始。作业代码通常每隔 10 递进。通过新作业向导增加作业时，可以人工输入作业代码和作业名称，见图 4-61。

2. 选择对应的工作分解结构（WBS）元素

项目中的作业必须在某一个工作分解结构（WBS）元素下。因此在创建新作业时，必须指定其所在的工作分解结构（WBS）元素。

3. 选择作业类型

P6 设置了六类作业类型，即开始里程碑、完成里程碑、WBS 汇总、资源相关、任务相关、配合作业。配合作业和 WBS 作业的工期与其他作业有关。WBS 作业汇总 WBS 节点下的作业工期。配合作业，经常作为支持性作业，例如项目管理工作。配合作业需要和其他作业设置一定的逻辑关系。任务相关作业和资源相关作业与资源的分配有关。开始里程碑作业和完成里程碑作业为项目执行过程中的一些事件，不消耗资源。例如，这里作业类型选择为开始里程碑，标志项目的启动日期，见图 4-62。

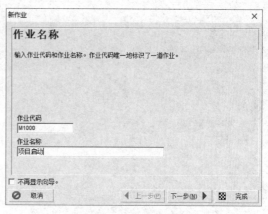

图 4-61　输入作业代码和作业名称

接下来进入分配资源、选择工期类型等步骤，这些步骤的设置与资源相关，工期计划的制定与这些设置没有关系，所以选择默认设置即可。

4. 估计作业量和工期

在创建新作业时，可以为新作业填写估计的工期，见图 4-63。

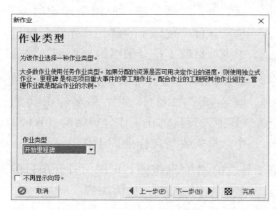

图 4-62　定义作业类型

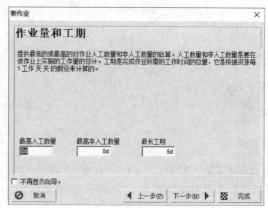

图 4-63　估计作业量和工期

这里的最长工期等于原定工期（Planning Duration）。

5. 分配紧前和紧后作业

在创建新作业时，可以同时为新作业分配紧前和紧后作业。P6 通常会在"作业"窗口批量设置作业之间的逻辑关系，见图 4-64。

6. 配置更多的作业详情

在通过作业向导创建新作业时，可以为新作业配置更多的作业详情，包括项目其他费用、作业分类码、工作产品与文档，见图 4-65。

7. 完成新作业添加

点击"完成"，利用作业向导创建作业任务完成，见图 4-66。

利用向导创建新作业步骤烦琐，在工期计划制定过程中，作业工期数据的加载可以直接在"作业"窗口添加作业。这里勾选"不再显示向导"，后续的作业添加将在"作业"

图 4-64　分配紧前和紧后作业

图 4-65　配置更多的作业详情

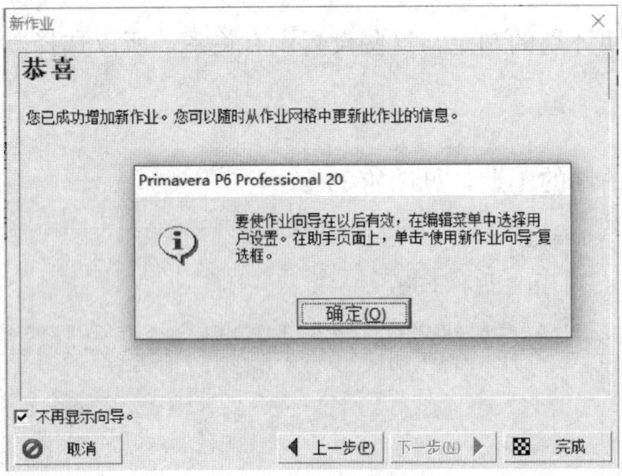

窗口直接增加。

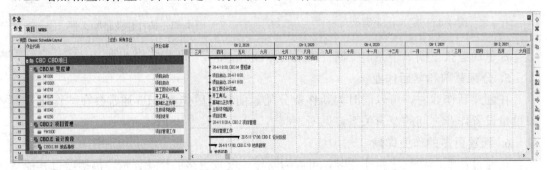

4.7.2　在"作业"窗口增加作业

除了利用向导添加作业外，还可以通过"编辑/用户设置"窗口的"助手"标签页，取消勾选"使用新作业向导"选项，可以按以下步骤在"作业"窗口中为项目的工作分解结构（WBS）增加必要的作业。点击工具栏" ▤ "按钮或选择"项目/作业"菜单，切换到"作业"窗口。在工作分解结构（WBS）中选择需要增加作业的工作，通过单击

图 4-66　作业创建完成

鼠标右键" ✛ 增加（A）"命令或者点击右侧工具栏的" ✛ "按钮，可以为打开项目的WBS增加相应的作业，并在原定工期栏位中录入作业的原定工期，见图 4-67。

图 4-67　在"作业"窗口增加作业

4.7.3　在网络图中增加作业

通过点击"作业"窗口工具栏中的"网络图"工具按钮，将视图区切换到网络图，在网络图中可以编辑作业的详情数据，包括增加作业、分配作业的逻辑关系等，见图 4-68。

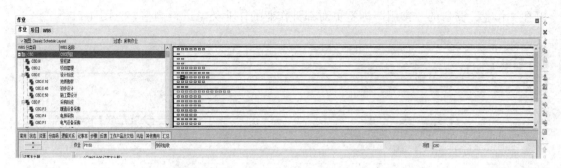

图 4-68 在网络图中定义作业基本信息

4.7.4 作业日历及其他信息调整

作业日历在默认情况下是项目的默认日历。如果对部分作业改变日历，需要在作业详情表"常用"标签页中为选择的作业重新分配日历，见图 4-69。

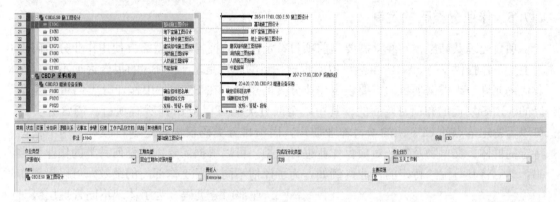

图 4-69 作业日历的调整

也可以在作业表格里批量修改作业日历，例如，施工图设计所含的作业均使用五天工作制，可以先给第一道作业"基础施工图设计"分配五天工作制日历，然后选择"基础施工图设计"下方所有需要分配五天工作制日历的作业，单击鼠标右键，在弹出的快捷菜单中选择"向下填充"，见图 4-70。即可实现对其他作业快速替换五天工作制日历。

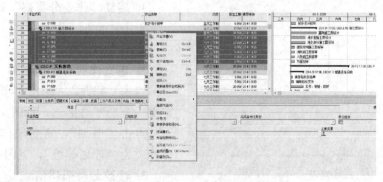

图 4-70 作业日历的快速填充

作业类型也会继承"项目详情表/默认"标签页设置的默认作业类型，如需调整，可以在"作业"窗口的"常用"标签页对部分作业的作业类型进行调整，见图 4-71。

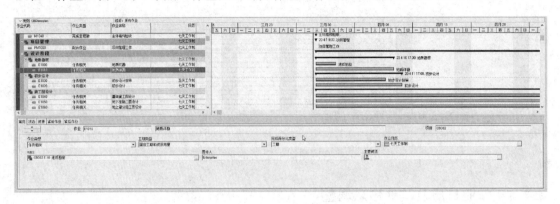

图 4-71　项目详情表"常用"标签页

作业类型、工期类型等数据也可以在"作业"窗口中相应栏位中进行调整。

4.7.5　作业分类码的定制

项目经理及高层领导经常需要当前项目特定作业的报告，这就需要使用作业分类码来为上述工作提供支持。WBS 虽然可以实现这一目的，但是基于 WBS 的报告远远不够。作业代码允许组织根据项目的需要设定作业分类的逻辑。在 P6 软件中作业分类码可以是全局的、EPS 层面的和项目层面的。其中，全局分类码可以应用到所有项目。EPS 分类码可以为特定节点的 EPS 内的项目作业使用，而项目分类码仅为特定项目服务，用于根据特定的群体、交付物及特征对项目作业进行分类。可以根据需要创建任何种类的作业分类码，然后将其分配给特定的作业。例如，为了评估不同项目工作部门的绩效，可以设置作业部门分类码。为了体现不同管理层级对项目绩效管理的需求，可以设置项目计划等级分类码。作业分类码还可以按照作业归属的项目阶段、工厂及地理位置等特征划分。这里以项目计划等级分类码的创建为例，介绍分类码的创建及分配过程。

图 4-72　"作业分类码"对话框

1. 启动"作业分类码"对话框

点击"企业—作业分类码"，启动"作业分类码"对话框，见图 4-72。

2. 定义作业分类码名称

点击"修改"，进入"作业分类码定义—全局"对话框，见图 4-73。

点击"增加"，将新增作业分类码名称修改为"计划等级"，见图 4-74。

3. 修改分类码码值

关闭当前对话框，回到"作业分类码"对话框，点击"增加"，增加作业分类码码值及说明，见图 4-75。

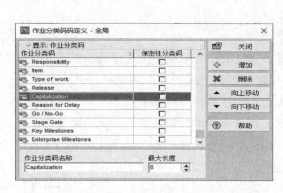

图 4-73　"作业分类码码定义—全局"对话框

图 4-74　作业分类码名称修改为"计划等级"

对于定制的作业分类码"计划等级",可以在"作业"窗口的栏位里显示,还可以为不同的作业分配分类码码值。

4.7.6　无资源约束下视图的定制与查看

1. 无资源约束下视图的定制

为了方便查看项目的数据,根据需要可以定制视图。无资源约束下工期计划的视图数据一般包括作业代码、作业名称、日历、原定工期、最早开始日期、最早完成日期、最迟开始日期、最迟完成日期、总浮时及自由浮时等内容。可以按照WBS、关键作业、限制条件、总浮时等进行分组显示不同类别的数据。

图 4-75　增加作业分类码码值

例如对"CBD"项目数据的分组和排序方式设为WBS,同时显示"分组总计",结果见图 4-76。

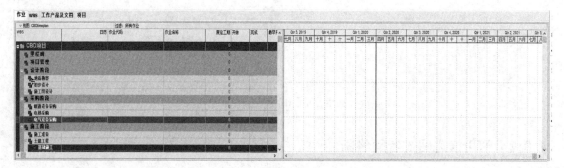

图 4-76　"作业"视图的定制

123

除了设置分组和排序方式外，还可以对时间标尺进行设置，也可以通过过滤器进行部分作业显示。

2. 无资源约束下 WBS 横道图数据的查看

在"作业"窗口中，视图如果以 WBS 作为分组带，则分组带上显示 WBS 节点下作业的汇总数据，包括日历、原定工期、最早开始等数据。对于日历的显示方式，如果是 WBS 节点下所有作业共享相同的日历，则显示共享日历。如果作业使用了不同的日历，则分组带不显示日历。分组带的工期按照节点下作业的最早开始日期和最早完成日期作为工期的起止点，结合 WBS 日历进行统计。如果不显示日历，则日历使用项目的默认日历。

进入"WBS"窗口可以显示 WBS 横道图，如果设置了预期开始日期和预期完成日期，在没有增加作业的情况下可以限制这个日期。如果加载了作业，WBS 横道图与"作业"窗口 WBS 横道图的显示方式一致。

4.8　设置作业的逻辑关系

设置作业的逻辑关系通常有两种途径。

4.8.1　利用作业详情表

设置作业的逻辑关系可以通过"作业详情"表的"紧前作业"窗口或"紧后作业"窗口为选择的作业分配逻辑关系，可以分配作业的紧前作业并编辑它们之间的逻辑关系类型和延时，见图 4-77。

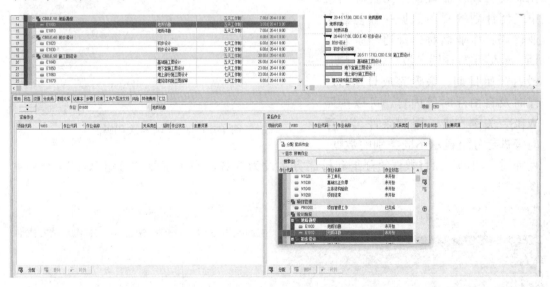

图 4-77　利用作业详情表设置作业逻辑关系

4.8.2　利用横道图或者网络图

可以将鼠标置于紧前作业的适当位置（例如，设置 SS 关系需要将鼠标放置在紧前作业的左侧，如果设置 FS 关系，则需要将鼠标放置在紧前作业的右侧），当出现关系连接符号时，按住鼠标左键并拖拽鼠标到紧后作业的指定位置。

4.9　无资源约束下作业数据的修改

4.9.1　修改作业信息

在"作业"窗口中可以选中一道作业或多道作业（按住 Ctrl 键可以不连续地选择作业，按住 Shift 键可以连续地选择作业）进行复制、删除等操作。对于需要批量修改作业代码的作业，可以通过在"作业"窗口中选择需要修改的作业，单击鼠标右键，在弹出的快捷菜单（图 4-78）中选择"重新编号作业代码"，打开相应的对话框，对作业代码重新编码。这里可以将施工作业中"A"开头的作业替换为"C"，见图 4-78。

图 4-78　批量修改作业代码

P6 软件还提供了撤除作业的操作，在删除作业时，维持紧前和紧后作业的部分逻辑关系。撤除作业会将已撤除的作业移除，并将已撤除作业的紧前作业和紧后作业合并。撤除作业操作针对的是同时具有紧前作业和紧后作业的作业。在作业被撤除后，逻辑关系如下所述：使用所撤除作业的紧前作业与所撤除作业之间逻辑关系的前半部分，作为所撤除作业的紧前作业与所有紧后作业（与所撤除的作业具有逻辑关系）之间逻辑关系的前半部分。对于每个紧后作业而言，所撤除作业的紧前作业与每个紧后作业（与所撤除的作业具有逻辑关系）之间逻辑关系的后半部分与其链接到所撤除的作业时相同，见图 4-79。

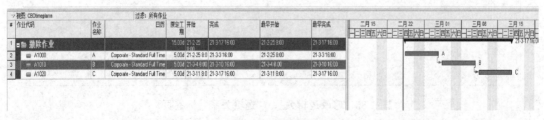

图 4-79　撤除作业

作业 B 有紧前和紧后作业，对 B 作业进行撤除，选中 B 作业单击鼠标右键，在弹出的快捷菜单中选择"撤除"，提示是否执行该操作，见图 4-80。选择"是"，则 B 作业被

图 4-80　提示页面

撤除。B 与 A 作业的 FS 关系的 F，以及与紧后作业 C 的 FS 关系的 S，组合后是 FS，作为 A 和 C 之间的逻辑关系，见图 4-81。

在默认情况下，应用于与所撤除作业的逻辑关系的任何延时都会删除，且创建的新逻辑关系延时为 0。如果希望在撤除作业时保留应用于紧前作业和紧后作业逻辑关系的延时，可以在"用户设置"的"计算"标签页中选择"保留滞后"。如果选择保留延时，来自紧前作业逻辑关系的延时会增加到来自紧后作业逻辑关系的延时并应用于新的逻辑关系。

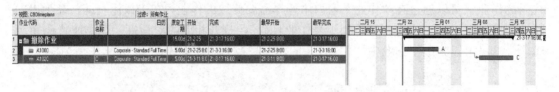

图 4-81　撤除作业结果

4.9.2　修改作业逻辑关系

修改作业的逻辑关系，可以在"作业"窗口中横道图（网络图）区域进行，也可以在"项目详情"的"逻辑关系"标签页进行。

1. 利用横道图（网络图）

对逻辑关系的修改可以在"作业"窗口的横道图区域，用鼠标选择并点击逻辑关系线，在弹出的对话框中修改，见图 4-82。

2. 利用作业详情表"逻辑关系"标签页

在"逻辑关系"标签页，对选择的作业

图 4-82　修改逻辑关系（横道图）

进行逻辑关系及其延时的修改，包括分配新的逻辑关系、删除逻辑关系等，见图 4-83。

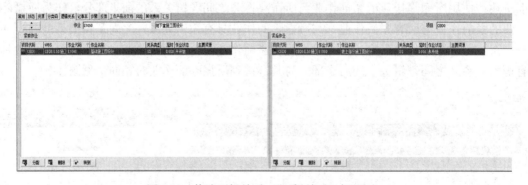

图 4-83　修改逻辑关系（"逻辑关系"标签页）

3. 利用"导入""导出"功能

P6 提供了一个供用户之间进行数据交换及修改的工具，支持多项目同时导入/导出【Import/Export】。在多用户背景下，根据项目管理的需要，通过导入和导出项目数据实现项目数据的维护和修改。

（1）项目导入。

1）选择导入数据格式。

选择菜单"文件/导入"，打开"导入"对话框，在"导入格式"标签页中选择项目的导入格式，见图 4-84。

其中：

① "Primavera PM—（XER）"：主要用于 P6 用户之间进行数据传递。

② "Microsoft Project"：与 Microsoft Project 用户间转换数据。

③ "剖析表—（XLSX）"：与 Microsoft Excel 之间转换作业层次数据。

2）选择导入类型。

点击"下一步"按钮，在打开的"导入类型"标签页中选择"项目"，见图 4-85。

图 4-84　选择导入文件格式　　　　　　　图 4-85　选择导入类型

3）选择导入文件的名称与存储路径。

点击"下一步"按钮，在打开的"文件名"对话框中选择导入文件的名称与存储路径，见图 4-86。

4）定制导入选项。

点击"下一步"按钮，在打开的"导入项目选项"对话框中定制导入选项。可选项包括：

① "项目代码"：列出所有包含在 XER 文件中的项目。

② "匹配"：如果数据库中在相同

图 4-86　选择导入文件的名称

层次中已存在具有相同名称的项目，则在"匹配"栏位中出现一个勾。

③ "导入操作"：在导入项目的过程中，可以根据需要选择合适的选项进行数据导入。

④ "更新现有项目"：为导入默认选项，选择用导入项目的数据更新数据库中的同名项目，见图 4-87。

⑤ "创建新项目"：选择此选项时，已存在的项目数据保持不变，会创建一个新的项

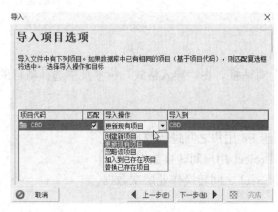

图 4-87　导入项目的选项

目，如果该项目已存在，则会自动在项目代码后面加"－1"来区分。

⑥"替换已存在项目"：选中则会删除已存在的项目，并用导入的 XER 文件中的项目替换。

⑦"忽略该项目"：选中则项目不导入到 P6 中。

⑧"导入到"：选择"导入到"，将导入的项目与已存在的项目合并，可以在"导入到"栏位指定导入路径。

5）更新导入选项。

导入项目的选项定制完成后，点击"下一步"按钮，启动"更新项目选项"对话框，见图 4-88。

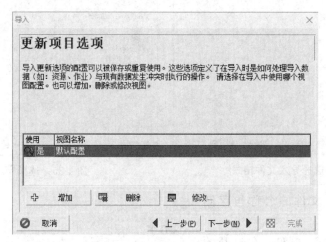

图 4-88　"更新项目选项"对话框

在"更新项目选项"对话框中点击"修改"，进入"修改导入配置"对话框，见图 4-89。

"修改导入配置"对话框中各字段的含义为：

①"数据类型"：分为全局、项目和作业。全局数据包括资源、资源分类码等；项目层面的数据包括日历、WBS、临界值、问题、风险等；作业层面的数据包括作业、作业资源分配及作业逻辑关系等。

②"编辑"：这里有四个选项，分别为"保留已存在的"（保留已存在的项目中的数据，并且不用更新的数据覆盖，如果是在已存在的项目中没有的数据则会增加进来）、"更新已存在的"（用更新的数据覆盖已存在的项目中的数据；如果是在已存在的项目中没有的数据则会增加进来）、"插入新的"（保留已存在的项目中的数据并插入新的数据）和"不要导入"（保留已存在的项目中的数据并且不导入更新的数据）。

6）结束导入工作。

"修改导入配置"完成后，点击"下一步"按钮，执行导入命令，在打开的"完成"

图 4-89　"修改导入配置"对话框

对话框中点击"完成"按钮，结束导入工作，见图 4-90。

（2）项目导出。

1）选择导出的格式。

打开想要导出的项目（单个或多个），选择菜单"文件/导出"，打开"导出"对话框，在"导出格式"对话框中根据需要选择项目导出的格式，见图 4-91。

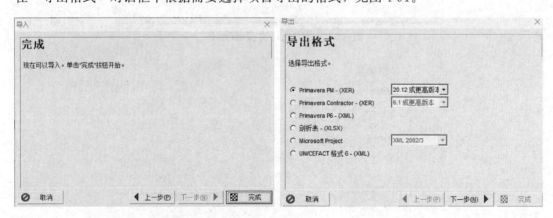

图 4-90　完成导入工作　　　　　　　　　图 4-91　"导出格式"对话框

可以选择的格式包括 XER 格式、XML 格式、剖析表、Microsoft Project 格式及 UN/CEFACT 格式。一般导出 XER 格式文件，以便在其他用户的电脑中实现对项目数据的更新和维护，有时也可以导出"剖析表"（Excel）格式，见图 4-92。

图 4-92 "Excel 导出"对话框

可以导出 Excel 的主题区域包括其他费用、资源、资源分配、作业、作业逻辑关系。每个区域下有不同的字段，可以在"Excel 导出"对话框中点击"增加"，见图 4-93。

可以将作业名称、作业代码、作业工期等基础数据导入 Excel 中进行批量修改后再导入 P6 中更新现有项目，实现对项目数据的更新操作。

2）选择导出类型。

点击"下一步"按钮，在打开的"导出类型"对话框中选择导出类型为"项目"，见图 4-94。

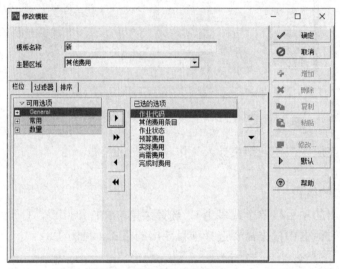

图 4-93 导出项目类型选项（一）

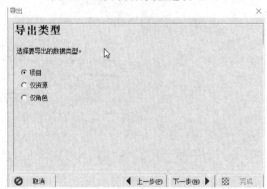

图 4-94 导出项目类型选项（二）

3）选择要导出的项目。

点击"下一步"按钮，进入"要导出的项目"对话框，在已打开的项目中选择本次要导出的项目，项目只有在打开状态下才能被导出，见图 4-95。

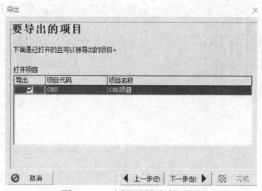

图 4-95 选择要导出的项目

4）导出文件的名称与存储位置。

点击"下一步"按钮，在打开的"文件名"对话框中输入导出文件的名称与存储路径，见图 4-96。

5）结束导出工作。

点击"完成"按钮，导出成功后点击"确定"，结束导出工作，见图 4-97。

图 4-96 设定保存路径

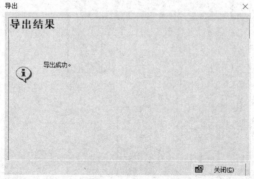

图 4-97 结束导出工作

4. 利用"逻辑跟踪"视图

在"作业"窗口，通过"显示/显示于底部/跟踪逻辑"，将"逻辑跟踪"视图显示于"作业"窗口的底部，选择相应作业查看其紧前作业和紧后作业分配得合理性，可以重新分配新的逻辑关系，见图 4-98。

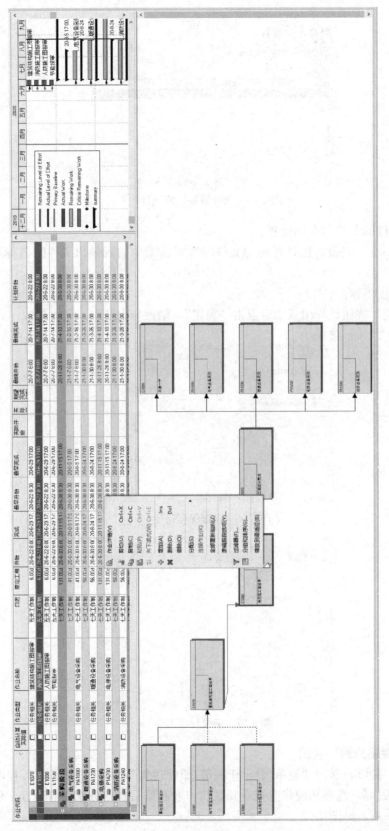

图 4-98 利用"跟踪逻辑"视图分配作业之间的逻辑关系

4.10 进度计算过程

本节主要介绍 P6 的进度计算、工期计划的优化过程。首先介绍时间参数的计算过程。一般项目管理的图书对作业时间参数［最早开始日期、最早完成日期、最迟开始日期、最迟完成日期、总时差（总浮时）、自由时差（自由浮时）］的计算较少考虑日历的影响。而实际项目管理工期计划的制定会受到日历的影响。所以本部分内容考虑日历对工期参数计算的影响。

4.10.1 工期计划阶段主要时间参数

在工期计划阶段，项目层面的主要时间参数包括项目计划开始【Project Planned Start Date】、预期开始【Anticipated Start Date】、预期完成【Anticipated Finish Date】、预计（预测）开始日期【Forecast Start Date】、预计（预测）完成日期【Forecast Finish Date】。项目计划开始日期是项目进度计算的最早开始日期，数据日期不能早于该日期。在计划阶段可以为项目、EPS 节点或 WBS 节点设定预期开始日期和预期完成日期，此日期是人工输入的，且不受进度计算的影响，无法为作业输入预期日期。在没有加载作业的情况下，为 WBS 节点输入预期开始日期和预期完成日期，在横道图中当前横道将显示由预期日期形成的横道。如果使用预计（预测）开始日期，则在进度计算时会提示是否将计划开始日期和数据日期设为预测开始日期。

在工期计划制定过程中，作业时间参数主要包括最早开始日期【Early Start，ES】、最早完成日期【Early Finish，EF】、最迟开始日期【Late Start，LS】、最迟完成日期【Late Finish，LF】、总时差或总浮时【Total Float，TF】、自由时差或自由浮时【Free Float，FF】、尚需最早开始【Remaining Early Start，RES】、尚需最早完成【Remaining Early Finish，REF】、尚需最迟开始【Remaining Late Start，RES】、尚需最迟完成【Remaining Late Finish，RLF】、计划开始【Planned Start】、计划完成【Planned Finish】、开始【Start】、完成【Finish】、实际开始【Actual Start】、实际完成【Actual Finish】等，作业时间参数的意义见表 4-4。

作业时间参数计算表　　　　　　　　　　　　　　　　　　　表 4-4

作业时间参数	含义
开始	作业当前的开始日期，在作业实际开始前等于尚需开始日期，而在作业实际开始后等于实际开始日期。在开始日期后的"A"表示实际开始日期，而"＊"表示该作业具有开始日期限制条件。该日期就是作业详情表中"状态"标签页的开始日期，对应于横道类型的当前横道
完成	作业当前的完成日期，在作业实际开始前等于计划完成日期，在作业实际开始后等于尚需完成日期，在作业完成时则等于实际完成日期。在完成日期后的"A"表示实际完成日期，而"＊"表示该作业具有完成日期限制条件。该日期就是作业详情表中"状态"标签页的完成日期，对应于横道类型的当前横道
实际开始	作业的实际开始日期
实际完成	作业的实际完成日期
最早开始	作业尚需工作最早可能开始的日期，该日期根据作业的逻辑关系、限制条件及资源的可用量计算后获得

作业时间参数	含义
最早完成	作业尚需工作最早可能完成的日期,该日期根据作业的逻辑关系、限制条件及资源的可用量计算后获得
最晚开始	在不影响整个项目完成的情况下,尚需工作最晚必须开始的日期,该日期根据作业的逻辑关系、限制条件及资源的可用量计算后获得
最晚完成	在不影响整个项目完成的情况下,尚需/剩余工作最晚必须完成的日期,该日期根据作业的逻辑关系、限制条件及资源的可用量计算后获得
计划开始	对于尚未开始的作业,作业计划开始日期默认等于作业的最早开始日期,计划开始日期可以在最早开始日期和最迟开始日期之间做出调整,此日期会分配给基线,作为基线的开始日期
计划完成	对于尚未开始的作业,作业计划完成日期默认等于作业的最早完成日期,计划完成日期可以在最早完成日期和最迟完成日期之间做出调整,此日期会分配给基线,作为基线的完成日期
尚需最早开始	作业尚需工作计划开始日期,该日期根据作业的逻辑关系、限制条件及资源的可用量计算后获得。在作业实际开始前等于计划开始日期
尚需最早完成	作业尚需工作计划完成日期,该日期根据作业的逻辑关系、限制条件及资源的可用量计算后获得,可以进行更改。在作业实际开始前等于计划完成日期
期望完成	作业期望完成日期,在进行项目进度计算时,可以选择使用或忽略期望完成日期
限制日期	作业使用限制条件的日期,根据限制条件类型的不同,可能是开始日期或完成日期。如果作业没有加载限制条件,则该栏位为空值

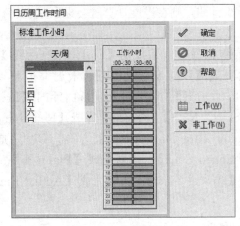

图 4-99 定义日历周工作时间

4.10.2 没有限制条件的进度计算过程

作业最早开始日期和最早完成日期通常使用前推法进行计算。需要考虑日历的约束,通常日历的开始工作时间是从 8：00 开始,每天的结束时间是下午的某个时间,例如 17：00,见图 4-99。

对应的作业开始时间是早上日历的开始时间,完成时间是下午日历的完成时间,所以对于 FS、SF 等逻辑关系要考虑日历非工作时间的影响。现以示例解释日历对作业时间参数的影响,见表 4-5。

日历对时间参数的影响（示例项目）　　　　　　　　　　　　表 4-5

作业代码	作业名称	日历名称	原定工期(d)	紧后作业	关系类型	延时(d)
A	A5 五天工作制日历	五天工作制	5	B	FS	0
A	A6 五天工作制日历	五天工作制	5	C	FF	0
A	A7 五天工作制日历	五天工作制	6	C10	SF	0
A	A8 五天工作制日历	五天工作制	6	C20	SS	0
A	A9 五天工作制日历	五天工作制	7	C30	FS	0
A	A10 五天工作制日历	五天工作制	7	C40	FF	0
A	A11 五天工作制日历	五天工作制	8	C50	SF	0
A	A12 五天工作制日历	五天工作制	8	C60	SS	0
B	B5 五天工作制日历	五天工作制	5			
C	C5 五天工作制日历	五天工作制	5			

续表

作业代码	作业名称	日历名称	原定工期(d)	紧后作业	关系类型	延时(d)
C10	D6 五天工作制日历	五天工作制	6			
C20	E5 五天工作制日历	五天工作制	5			
C30	F5 七天工作制日历	七天工作制	5			
C40	G5 七天工作制日历	七天工作制	5			
C50	H5 七天工作制日历	七天工作制	6			
C60	I5 七天工作制日历	七天工作制	5			
C70	J5 五天工作制日历	五天工作制	5			
C80	K5 七天工作制日历	七天工作制	5			

本项目默认日历为五天工作制日历。结合以上示例介绍 P6 时间参数的计算过程。首先介绍数据日期的概念，数据日期是进度计算的起始日期，数据日期可以在"进度"计算对话框（点击"🔄"打开"进度"计算对话框，见图 4-100）中点击"▪▪▪"，在默认情况下是当前用户电脑的日历日期，例如，选定数据日期为 2020 年 2 月 20 日 8：00，则进度计算的起始日期为该日期，但是考虑到没有紧前作业的作业"A5 五天工作制日历"和作业"J5 五天工作制日历"，日历最早开始日期为 2020 年 2 月 22 日，所以这两道作业的最早开始日期为 2020 年 2 月 22 日，见图 4-100。

图 4-100　"进度"计算对话框

而作业"K5 七天工作制日历"的日历开始日期为 2020 年 2 月 20 日，因为 2020 年 2 月 20 日为日历的有效工作日期，所以作业的有效开始日期为 2020 年 2 月 20 日。接下来介绍日历对有逻辑关系的作业的时间参数计算的影响。

1. 最早日期计算

A 作业的紧后作业包括"C5 五天工作制日历""D6 五天工作制日历""B5 五天工作制日历""E5 五天工作制日历""F5 七天工作制日历""G5 七天工作制日历""H5 七天工作制日历""I5 七天工作制日历"。因为和"B5 五天工作制日历"作业之间是 FS 关系，两个作业的日历均为"五天工作制"，所以周六和周日不工作，"B5 五天工作制日历"作业的最早开始日期为周一（2020 年 3 月 1 日 8：00），而"F5 七天工作制日历"为七天工作制日历，所以等"A5 五天工作制日历"在 2020 年 2 月 26 日 17：00 结束后，经过日历非工作时间到 2020 年 2 月 27 日 8：00 即可开始。

对于 SS 关系和 FF 关系，如果两道作业的日历保持一致，而延时为 0，则紧后作业的最早开始日期（SS 关系）和最早完成日期（FF 关系）就可以保持同步。对于 SF 关系比较特殊，例如"H5 七天工作制日历"作业的最早开始日期和 A 作业保持一致，也就是 2020 年 2 月 22 日 8：00。但是由于项目的最早开始日期为 2020 年 2 月 22 日 8：00，则"D6 五天工作制日历"最早开始日期为 2020 年 2 月 22 日 8：00。其他作业的开始日期计算结果见图 4-101。

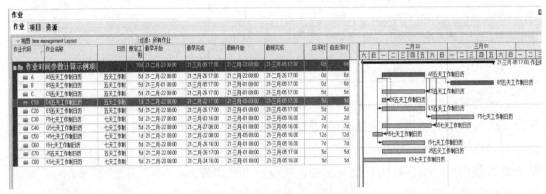

图 4-101　进度计算的时间参数

关系线为实线的表示驱控关系，关系线为虚线的表示非驱控关系。

2. 最迟时间计算

作业最早开始日期和最早完成日期通常使用后推法进行计算。通常情况下，没有紧后作业的最晚结束日期为项目的结束日期，而其最晚开始日期是其最晚完成日期减去作业工期再加上 1。而其他作业必须在其所有紧后作业开始前完成。因此，有紧后作业的指定作业的最晚结束日期是其所有紧后作业的最晚开始日期的最小值减去 1，而其最晚开始日期是其最晚完成日期减去作业工期再加上 1。P6 遵循此递推规律，从后往前依次倒退计算所有作业的最晚开始日期和最晚完成日期，见图 4-101。

3. 自由浮时

自由浮时是选定作业在不延迟该作业的紧后作业的前提下，可以延迟的时间量。因此，自由浮时是选定作业的最早完成日期与其所有紧后作业的最早开始日期的差值的最小值减去 1，见图 4-101。

4. 总浮时

总浮时是选定作业在不延迟项目完成日期的前提下，可以延迟的时间量。因此，选定作业的总浮时是其最晚完成日期和最早完成日期的差值，见图 4-101。

对于具有多重逻辑关系的作业时间参数的计算，有时会考虑一些特殊情况。如图 4-102 所示，A 作业和 B 作业之间有双重逻辑关系：SS 关系和 FF 关系。在上述情况下，由于（12+5）＞（6+10），A 和 B 之间的 SS 延时在进度计算中相当于被忽略。

图 4-102　多重逻辑关系的计算

4.10.3　增加限制条件的主要时间参数计算

在项目的具体实施过程中，选定作业的开始日期或结束日期，除了会受到与其他作业的逻辑关系的影响，还可能受到外部条件的限制。这些限制条件通常包括以下 9 种情况：开始不早于、完成不早于、开始不晚于、完成不晚于、开始日期、完成日期、强制开始、强制完成和尽可能晚。

1. 不早于时间限制

开始不早于（Start On or After）限制条件可以设置作业开始的最早日期，使作业最早开始日期不小于该条件设定的日期。通过将最早开始日期延至限制日期（作业的最早开始日期在限制日期或以后），可以影响其后续作业的最早日期。当前，作业"C30"的最早开始日期为"2 月 27 日"，增加限制条件"2 月 28 日后"，进度计算后，其计算结果见图 4-103、图 4-104。

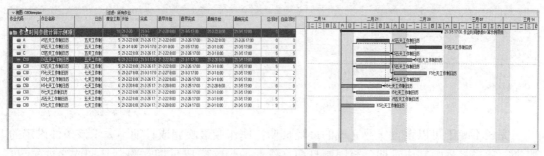

图 4-103　没有加载限制条件的计划

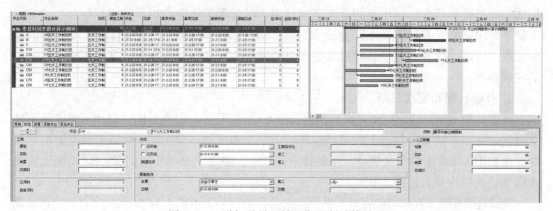

图 4-104　增加最早开始日期限制计算结果

作业"C30"的限制条件被推迟到"2 月 28 日"。

完成不早于（Finish On or After）可以设置作业完成的最早日期，使作业最早完成日期不小于该条件设定的日期。通过将最早完成日期延至限制日期（作业的最早完成日期在限制日期或以后），可以影响其后续作业的最早日期。

2. 不晚于时间限制

不晚于限制条件包括开始不晚于（Start On or Before）和完成不晚于（Finish On or Before）。开始不晚于可以设置作业开始的最晚日期，使作业最晚开始日期不大于该条件设定的日期。通过将最晚开始日期延至限制日期（作业的最晚开始日期在限制日期或之前），可以影响其后续作业的最晚日期。如果给作业"C30"设置"开始不晚于 2 月 26 日"，那么作业"C30"的最晚开始日期将从原来的"3 月 1 日"提前至"2 月 26 日"，见图 4-105。

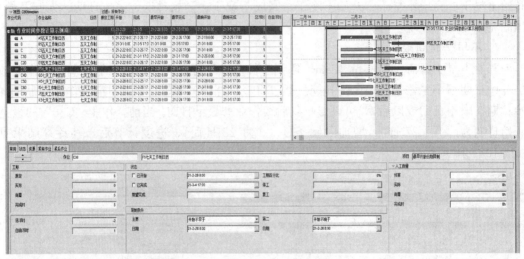

图 4-105　开始不晚于的最迟横道图

完成不晚于可以设置作业完成的最晚日期，使作业最晚完成日期不大于该条件设定的日期。通过将最晚完成日期延至限制日期（作业的最晚完成日期在限制日期或之前），可以影响其后续作业的最晚日期。如果完成不晚于的限定日期不早于作业的完成最早日期，那么完成不晚于只会影响作业的最晚完成日期，不会影响作业的最早完成日期。当"完成不晚于"限定的完成日期早于作业最早完成日期，"完成不晚于"不能打破作业之间的逻辑关系。所以，作业的完成日期仍然是作业的最早完成日期，而不是"完成不晚于"限定的完成日期。

3. 开始日期和完成日期

开始日期（Start On）和完成日期（Finish On）限制，相当于同时增加不早于和不晚于限制条件。开始日期相当于同时增加开始不早于和开始不晚于同一个限定日期的两个条件。例如图 4-106 中的非关键路径上的作业"C60"增加"开始于 2 月 22 日"，那么该作业将变成关键作业，见图 4-106。

完成日期相当于同时增加完成不早于和完成不晚于同一个限定日期的两个条件。完成日期的约束和开始日期的约束结果类似。开始于和完成于限制条件以不破坏逻辑关系为前提。例如，给作业"C30"增加"完成于 2 月 25 日"限制条件，进度计算结果见图 4-107。

4. 强制时间限制

对于强制时间限制（Mandatory Start or Mandatory Finish）不考虑作业逻辑关系的约束，直接强制最早和最晚日期与限制日期相同，可能会破坏作业逻辑关系，见图 4-108。

5. 尽可能晚

尽可能晚（As Late As Possible）在不延迟其后续作业的前提下，尽可能晚地开始与完成。此时，作业的最早日期被限定为其最晚日期进而该作业的自由浮时为 0。因此，该

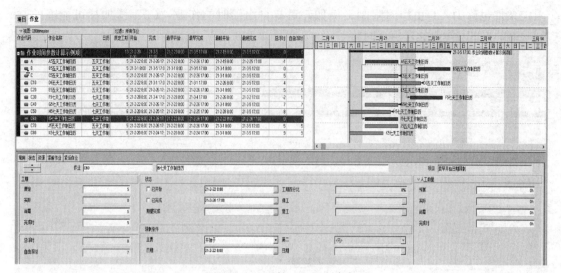

图 4-106　"开始于"限制条件

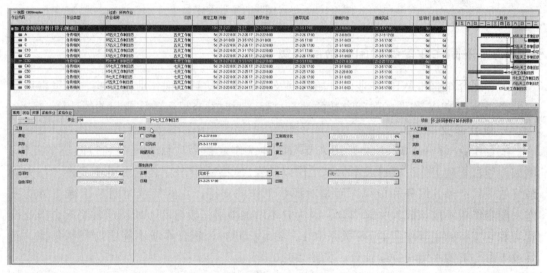

图 4-107　"完成于"限制条件

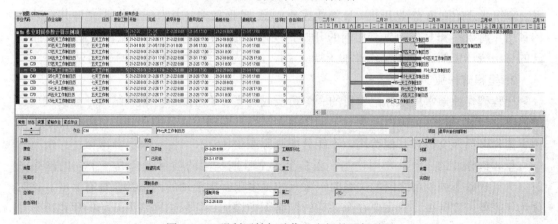

图 4-108　强制开始打破作业之间的逻辑关系

限定条件也称为零自由浮时限制。例如，对有自由浮时的作业"C5"增加尽可能晚的时间限制，"C5"作业的自由浮时将等于 0，见图 4-109。

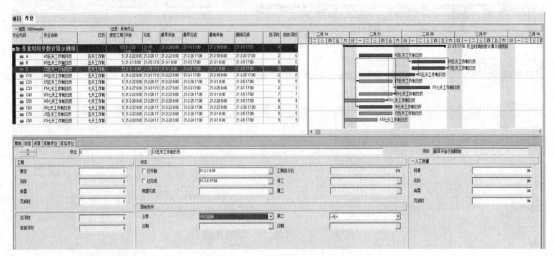

图 4-109　尽可能晚的显示条件

4.10.4　不同作业类型时间参数的计算结果

由于配合作业和 WBS 作业的开始日期及完成日期受到其他作业的影响，这里重点介绍配合作业和 WBS 作业的时间参数的计算过程，同时补充里程碑作业相关的计算。

1. 配合作业

配合作业（Level of effort）用来支持其他工作或整个项目管理类和行政类的工作。例如，项目管理工作、项目成本估算工作以及客户联络等工作。配合作业本身不参与完成最终的项目产品、服务和成果，而是对那些工作的支持，它的持续时间基于被支持的工作。配合作业不应该成为关键作业，因为它不增加项目持续时间。所以通常将配合作业设置为和它支持的主导作业的 SS 关系和 FF 关系。同时，配合作业不能增加限制条件，而且也不参与资源平衡与进度计算，见图 4-110。

如图 4-110 所示，A 作业作为 B 作业的配合作业，和 B 作业之间建立了 SS 和 FF 关系。B 作业开始则 A 作业开始，B 作业完成则 A 作业完成。因为配合作业允许其有独立的日历，所以在和 B 作业具有相同的开始日期和完成日期的情况下，配合作业 A 按照自己的日历统计工期。所以 A 作业的工期为 8d，虽然它所支持的作业 B 的工期只有 5d。

2. 里程碑作业

里程碑作业通常用来标记项目的一个阶段或重要形象进度的开始或结束，或反映项目的最终交付结果。里程碑作业为 0 工期作业，开始日期和完成日期相同。可以分配限制条件、工作产品及文档和其他费用，不能分配资源或角色。

里程碑作业的一个重要用途是，当多个开工日期不同的项目组合成一个大的网络图时，为了理解不同项目之间的关系时，采用包括多项开工活动的网络图就很有必要。这时候为了方便进度计算，只需要在合并后的网络图中增加一项标志网络图开始的里程碑作业即可。

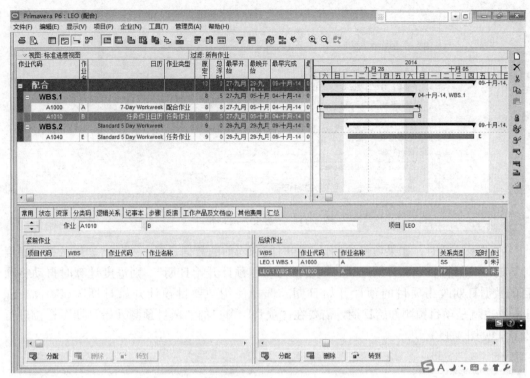

图 4-110　配合作业

3. WBS 作业

WBS 作业汇总同一个 WBS 节点下的所有作业，没有任何紧前作业和紧后作业，主要用于在 WBS 级别汇报项目的执行情况。WBS 作业可以有自己的日历，见图 4-111。

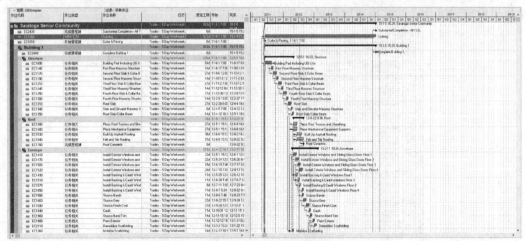

图 4-111　WBS 作业

4.10.5　工期计划制定过程中进度计算的选项

在工具栏中点击命令按钮"📅"或者点击"工具/进度计算"命令，打开"进度"对话框，见图 4-112。

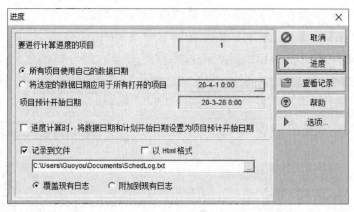

图 4-112 "进度"对话框

在进度计算时，如果项目的预计开始时间和当前的数据日期不一致，如果选择"进度计算时，将数据日期和计划开始日期设置为项目预计开始日期"，则进度计算时自动将项目的数据日期改为项目的预计开始日期。选择使用"项目预计开始日期"（Forcasting date）也就是项目预测开始日期，需要在"项目"窗口的"项目预测开始日期"栏位进行设置，见图 4-113。

图 4-113 给项目设定预测日期

如果取消选择，在默认情况下项目进度计算的数据日期为项目的计划开始日期，在执行进度计算前点击"选项"按钮，打开"选项"对话框，进行相应的设置。

在"进度"对话框，点击"选项"按钮，打开"进度计算选项"对话框。在该对话框中可以设定进度计算的常用选项和高级选项，见图 4-114。

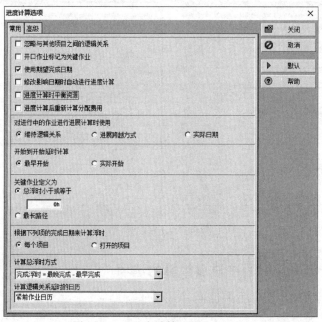

图 4-114 "进度计算选项"标签页

本节将对该对话框中的"常用"和"高级"标签页中与资源配置有关的相关设置进行解释。该对话框中的"常用"和"高级"标签页中有关资源配置的两个选项"进度计算时平衡资源"和"进度计算后重新计算分配费用"将在第 7 章介绍。

1. 是否考虑与其他项目之间的逻辑关系

在"常用"标签页中如果选择"忽略与其他项目之间的逻辑关系",则在执行进度计算时将忽略与其他项目(关闭状态)之间的逻辑关系。

2. 开口作业是否标记为关键作业

开口作业是指没有紧前作业或没有紧后作业的作业,在图 4-115 中,网络图中的 A、B、D 均为开口作业。在进度计算时,A→C→D 为关键路径。对于 B 作业,如果在进度计算时将开口作业设为关键作业,则 B 作业为关键作业,最早开始时间和最晚开始时间相等,见图 4-115。

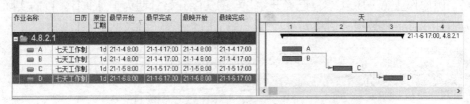

图 4-115　开口作业标记为关键作业进度计算结果

如果取消选择,则 B 作业的最早开始时间不变,但最迟开始时间将会推迟,见图 4-116。

图 4-116　开口作业未标记为关键作业进度计算结果

3. 是否使用期望完成日期

期望完成作业的原定工期和剩余工期,如果作业没开始,则期望完成日期大于计划完成时期,原定工期延长至期望完成日期,致使原定工期延长,如果相反,则压缩原定工期;如果已经开始则延长或压缩剩余工期。

作业的期望完成日期一般由 P6 Team Member 用户填报。若选择该选项,在进度计算时就会将该作业的最早完成日期设置等于期望完成日期,并重新计算作业的尚需工期。图 4-117 为横道图,作业 C 和作业 D 期望完成日期为 2021 年 1 月 9 日。如果在进度计算时不选择使用期望完成时间进行进度计算,则计算结果见图 4-117。

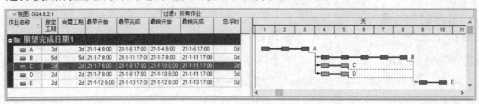

图 4-117　不使用期望完成日期计算结果

结果显示进度计划未受期望完成时间的影响，见图 4-118。

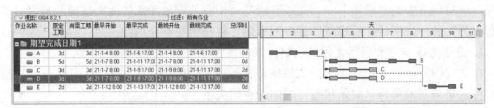

图 4-118　使用期望完成日期计算结果（一）

如果使用期望完成日期进行进度计算，作业的尚需工期发生变化，作业的尚需工期从最早开始时间计算至期望完成日期。

如果作业已经开始，作业的尚需工期从作业的尚需最早开始时间计算至作业的期望完成时间，例如作业 A、B、C、D 已经开始，C 的实际开始日期为 1 月 9 日，D 的实际开始日期为 1 月 8 日，将数据日期移到 1 月 9 日进行进度计算，结果见图 4-119。

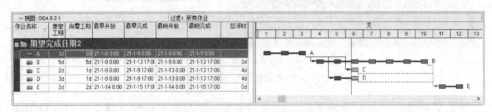

图 4-119　使用期望完成日期计算结果（二）

4. 修改影响日期时是否自动进行进度计算

此选项如果被选中，对进度计划的修改只要影响到作业的进度安排时，就会自动进行进度计算。例如改变作业的工期、逻辑关系、日历和限制条件等，软件都会自动进行进度计算。

5. 关键作业的定义

P6 提供了两种计算关键路径的方法：最长路径或者按照总浮时进行确定。默认的关键作业的总浮时等于 0。关键作业的总浮时通常应该大于 0，以满足项目管理的需求。

如果没有设定项目最迟完成日期，则项目最后一道作业的最迟完成日期和最早完成日期相等，总浮时等于 0。如果设定了项目的最迟完成时间，在进行进度计算时最后一道的最早完成日期和最迟完成日期可能不相等。为了识别关键作业，可以将关键作业的总浮时设定为不等于 0，以方便关键作业的识别。也可以执行"最长路径"选项进行进度计算，以识别关键作业。

最长路径由驱动项目完工日期的一系列驱动作业组成。即使关键作业设定为 0，所有作业的总浮时都大于 0，通过最长路径法（Longest path）依然可以识别最长路径。

6. 总浮时的选择

在 P6 中进行进度计算时，作业总浮时（或称为总时差）的计算可以采用三种算法，分别是：①开始浮时，即总浮时＝开始浮时＝作业最晚开始时间－作业最早开始时间；②完成浮时，即总浮时＝完成浮时＝作业最晚完成时间－作业最早完成时间；③总浮时取开始浮时和完成浮时中较小的值，见图 4-120。

开始浮时和完成浮时计算结果的不同，是由于进度计算时由于一些作业的开始日期和完成日期受到紧前、紧后作业逻辑关系的制约，同时又受到不同日历及作业类型的影响，造成计算结果的不同。现结合项目中 WBS 作业和配合作业解释开始浮时和完成浮时计算结果的差异。

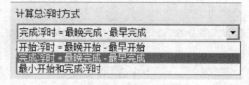

图 4-120　计算总浮时方式

7. 基于 WBS 作业开始浮时和完成浮时的计算结果

如图 4-121 所示，除了 F 作业外其他作业全部为任务相关作业，F 作业使用了五天工作制日历，而其他作业使用了四天工作制日历，作业之间的逻辑关系为 FS 关系，逻辑关系没有延时，见图 4-121。

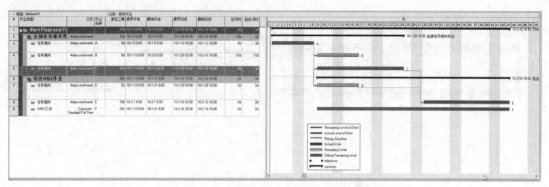

图 4-121　开始浮时和完成浮时计算示例项目

（1）WBS 作业选择开始浮时。

使用开始浮时选项进行进度计算，结果如图 4-122 所示。F 作业的总浮时为 6d。

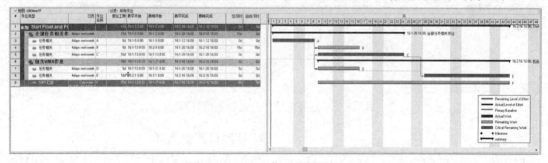

图 4-122　WBS 作业选择开始浮时

（2）WBS 作业选择完成浮时。

使用完成浮时选项进行进度计算，结果如图 4-123 所示。F 作业的总浮时为 0。

8. 基于配合作业开始浮时和完成浮时的计算结果

（1）配合作业选择开始浮时。

在进度计算选项中选择开始浮时进行进度计算，结果如图 4-124 所示。F 作业的总浮时为 6d。

（2）配合作业选择完成浮时。

在进度计算选项中选择完成浮时进行进度计算，结果如图 4-125 所示。F 作业的总浮时为 0。

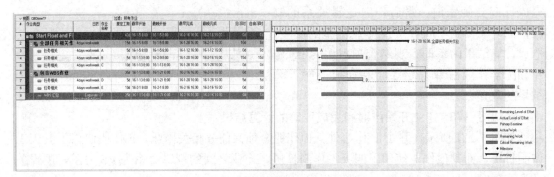

图 4-123　WBS 作业选择完成浮时

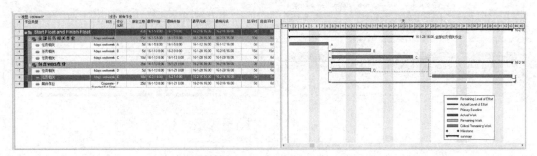

图 4-124　配合作业选择开始浮时

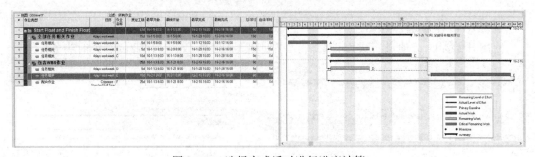

图 4-125　选择完成浮时进行进度计算

图 4-126　延时日历的选择

9. 延时日历的选择

P6 的延时日历有四个选择，分别是紧前作业日历、紧后作业日历、24 小时日历、项目默认日历，见图 4-126。

不同的延时日历选择对进度计算结果的影响存在差异性。结合示例解释不同延时日历的选择对进度计算结果的影响，见图 4-127。

图 4-127　延时日历示例项目

如图 4-127 所示，项目的默认日历为五天工作制日历，A 和 B 作业为 FS 关系，延时等于 7d。A 作业使用七天工作制日历，B 作业使用五天工作制日历。A 作业最早完成日期为 4 月 17 日（周六）。A 作业完成后执行延时，如果选择紧前作业日历执行延时，周日为 A 作业的工作时间，如果执行 B 作业的日历，周日 B 作业不工作，因此，不同的选项会影响进度计算的结果。

（1）使用紧前作业日历。

如图 4-128 所示，使用紧前作业日历，延时 7d，则 B 作业的最早开始日期为 4 月 26 日，见图 4-128。因为，按照 A 作业的日历执行延时 7d 到 4 月 24 日，虽然 4 月 25 日开始可以执行 B 作业，但是由于 B 作业的日历是五天工作制，所以推迟到 4 月 26 日开始执行 B 作业。

图 4-128　使用紧前作业日历

（2）使用紧后作业日历。

如果使用紧后作业日历进行延时，则 B 作业的最早开始日期推迟到 4 月 28 日开始，见图 4-129。

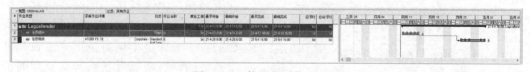

图 4-129　使用紧后作业日历

可以看出来，虽然延时不消耗资源，但是延时本身拥有日历，所以对进度计算的结果产生影响。延时本身相当于一个"虚"工作。

（3）使用 24 小时日历。

如果使用 24 小时日历，则延时 7d 的延时等于 56h 的延时，从 4 月 17 日 16：00 开始延时到 4 月 19 日 0：00 结束。由于此时 B 作业为非工作时间，所以 B 作业的最早开始日期为 4 月 20 日 8：00，见图 4-130。

图 4-130　B 作业最早开始日期（一）

使用 24 小时日历执行延时，对有些作业是可行的，例如混凝土浇筑工作，浇筑后需要延时 7 个昼夜，这里就可以使用录入的 168h（21d，7×24/8d）执行，见图 4-131。

（4）使用项目默认日历。

项目的默认日历为五天工作制日历，使用默认日历执行延时，则 B 作业最早开始日期为 4 月 28 日，见图 4-132。

图 4-131　延时 7 个昼夜录入 168h 页面

图 4-132　B 作业最早开始日期（二）

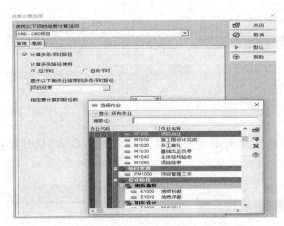

图 4-133　"进度计算选项"对话框"高级"标签页

10. "高级"标签页

在"进度计算选项"对话框中"高级"标签页中可以设置是否在进度计算时按照总浮时或自由浮时计算多条浮时路径，见图 4-133。

选择多条浮时路径计算，可以在根据总浮时或最长路径计算出关键路径的基础上，计算出多条影响关键路径的次关键路径，而这些次关键路径也会影响到项目的进度。对这些次关键路径进行控制对于确保整个项目按期完工也是非常重要的。当根据最长路径或总浮时的大小确定关键路径后，无法进一步确定影响项目进度的次关键路径，例如，选择基于最大浮时限值确定关键路径，软件在计算时根据限值将所有突破总浮时限值的作业都确定为关键作业，即使作业不影响项目最终完成日期；同样，当选择关键作业基于最长路径时，软件在计算时将计算最长路径作为关键路径，而不考虑影响关键路径的次关键路径。

在进度计算的"高级"标签页中，可以设定关键浮时路径的数量及计算依据，也可以设定浮时路径结束的作业，通过选择不同的作业可以计算出影响项目整个进度安排或某一阶段进度安排以及具体里程碑点的多条浮时路径。

当进行进度计算时，P6 首先确定最关键路径为第一条关键路径，然后确定其他影响最关键路径的次关键路径，将其标记为第二条、第三条或其他数量的关键路径。进度计算后可以在作业表格的栏位中显示浮时路径和浮时路径的序号。将作业按照浮时路径进行排序就可以显示出每条浮时路径，见图 4-134。计算多条浮时路径并不影响对关键作业的定义，在进度计算前是必须选择关键作业的定义方式，当进行进度计算时将根据进度计算前的设定确定关键作业。

借助浮时路径可以为后续的工期优化提供依据和思路，例如对"CBD"项目，选择"计算多条浮时路径"，执行进度计算后，结果见图 4-134。

在路径上，可以查看总浮时最小的一些作业，例如基础工程的总浮时为−84d。同时也可以查看总浮时较大的一些作业，例如设备采购活动。这些信息为后续的工期优化提供

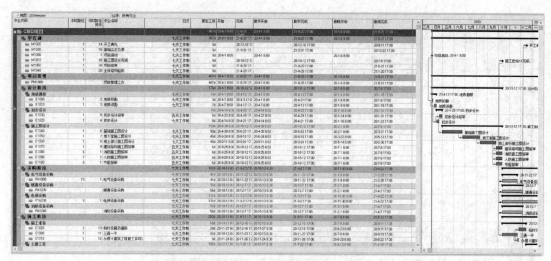

图 4-134　计算多条浮时路径

参考依据。

4.11　工期计划的优化

工期优化也称为时间优化，就是当初始网络计划的计算工期大于要求工期时，通过压缩关键线路上工作的持续时间或调整工作关系，以满足工期要求的过程。工期优化的主要方案包括压缩关键路径上的作业工期和修改逻辑关系。"CBD"项目的初始工期计划见图 4-135。

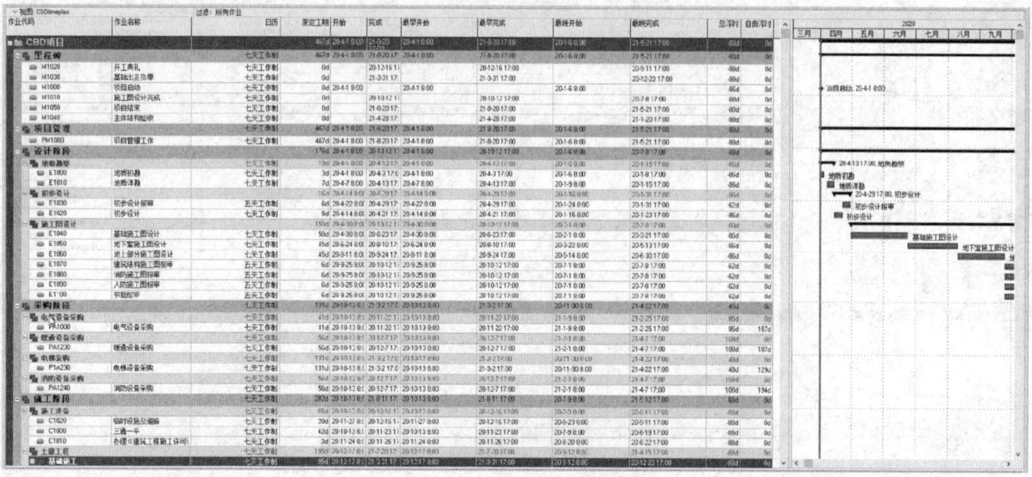

图 4-135　初始工期计划

4.11.1　压缩工期

将基础施工作业的工期从 95d 压缩到 87d，负的总浮时从−88d 变成−80d，有所缓解，见图 4-136。

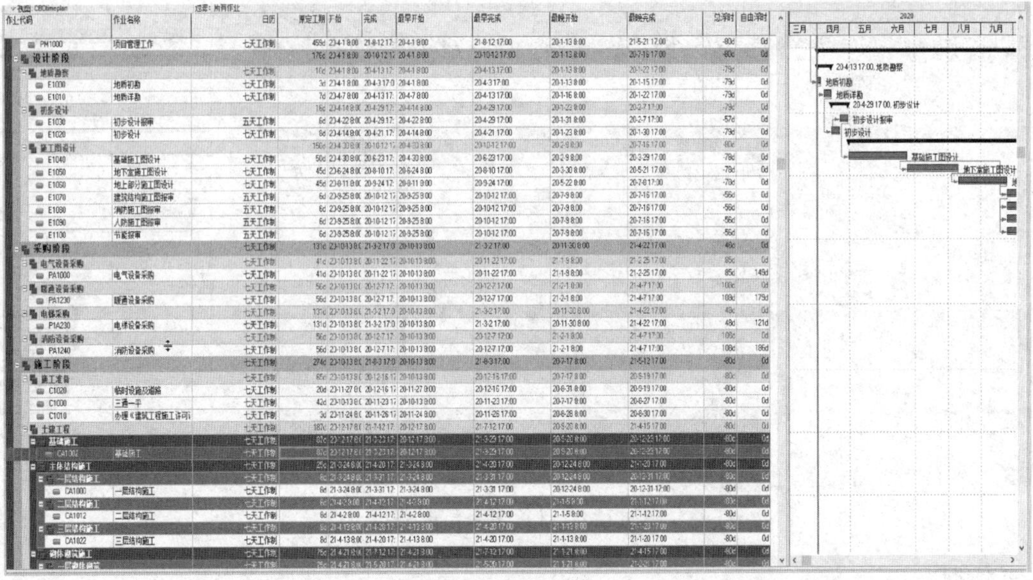

图 4-136　压缩工期

4.11.2　修改逻辑关系

修改设计作业的逻辑关系，将基础施工图设计、地下室施工图设计和地上部分施工图设计的逻辑关系设置为 SS 关系，见图 4-137。

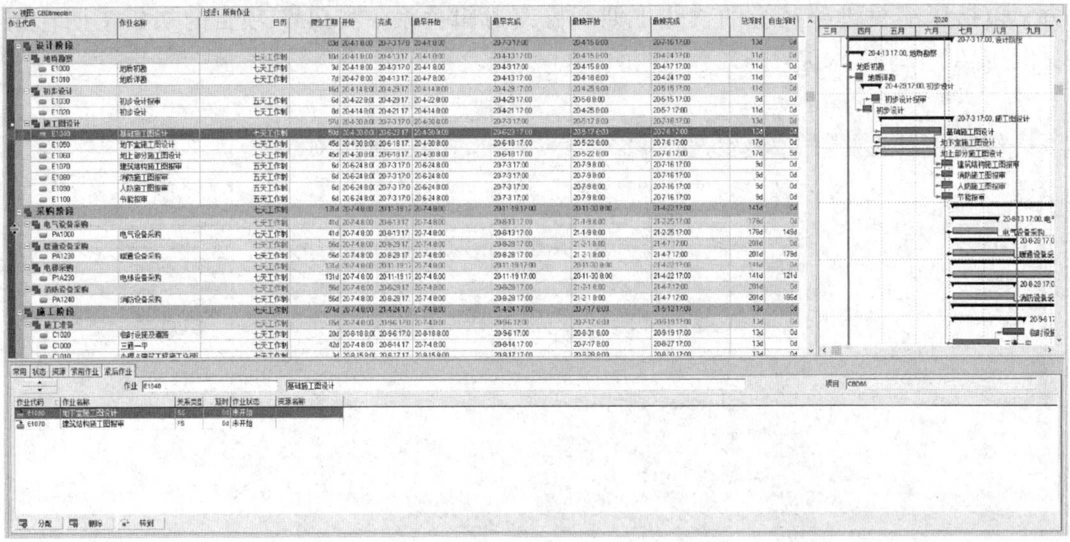

图 4-137　修改逻辑关系

当前的项目总浮时为 14d，一年期的项目将关键路径上的作业保留 14d 的总浮时是合理的。

4.11.3　增加限制条件

项目计划的优化过程是一个逐步迭代的过程，例如对逻辑关系的重构、对延时的修改及对限制条件的加载，需要综合考量、逐步迭代并最终确定项目的工期基线。在"CBD"项目中，施工图设计完成后即可开展设备招标工作，考虑到这些作业的总浮时很多，过早安排这些招标采购活动会影响早期的项目成本支出，因此可以增加作业逻辑关系的延时，适当地推迟这些设备的招标活动，见图 4-138。

图 4-138　增加延时

同时，可以通过为电梯安装作业增加限制条件，推迟该作业的最早开始时间，从而降低本阶段的资源负荷和冲突，见图 4-139。

图 4-139　增加限制条件

在计划编制过程中，可能需要批量修改上述信息。例如，对限制条件的批量删除，可以在"作业"窗口中将"第一限制条件""第二限制条件"显示出来，通过"自动填充"功能进行批量修改。对于延时的批量修改，可以将项目作业数据的逻辑关系导出到 Excel，通过对"lag_hr_cnt"进行筛选，将拥有延时的作业过滤出来，对该列进行批量数据修改，修改完成后，通过文件"导入"操作更新原来项目作业的逻辑关系数据。

4.12　项目基线维护与分配

4.12.1　项目基线

项目基线是项目计划的完整副本，可以将它与当前进度计算作比较以评估进度，可以在栏位数据和视图中显示基线数据。可以将项目的副本作为该项目的基线，也可以选择 EPS 同一节点下的其他项目作为本项目的基线。理论上可以为每个项目保存无数个基线，具体数量可以在"管理设置"中确定。无论为项目保存了多少个基线，在任何指定时间最多只能选择三个基线用于比较。项目层次基线用于项目/作业使用剖析表和直方图及挣值计算。可以在"管理员—管理类别"中设置为每个基线分配的反映其用途的基线类型，例如初始计划基线、模拟分析项目基线或项目中期基线。要修改基线项目，首先必须取消它与关联前项目的链接，将其恢复为单独的项目，然后对其进行处理。为了反映项目的范围变更，可以自动将当前项目的新数据增加到基线中，并使用"更新基线"功能修改当前项目中已更改的现有基线数据。

4.12.2 项目基线的维护

创建项目基线的操作步骤为：

① 打开要为其创建基线的项目。

② 选择"项目—维护基线"。

③ 点击"增加"，见图 4-140。

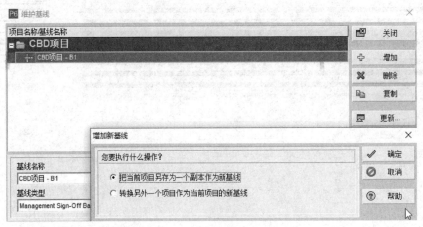

图 4-140 "项目—维护基线"窗口

④ 选择将当前项目的副本保存为新基线，或将另一个项目转换为当前项目的基线，然后点击"确定"。如果选择转换另一个项目，请在"选择项目"对话框中选择项目，然后点击"选择"按钮。如果选择将另一个项目转换为基线，则该项目不能被打开或已分配基线。转换项目的名称将用作基线名称。

4.12.3 项目基线的分配

P6 可以分配给当前项目四个基线，即项目目标基线和三个用户目标基线。其中，项目基线往往是利益相关方批准的进度计划，用于进度及成本计算和偏差分析。项目管理团队可以创建用于编制计划、跟踪项目进展的用户基线。

打开要为其分配基线的项目，然后为其分配基线，分配基线的步骤见图 4-141。

① 选择"项目""分配基线"。当打开多个项目时，需要选择为其分配基线的项目。

② 在"项目"字段中，选择要为其分配第一基线【主要基线，Primary Baseline】的

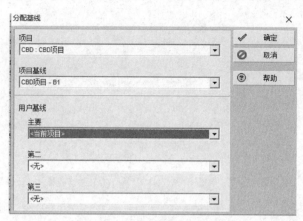

图 4-141 “分配基线”对话框

项目。如果没有为第一基线选择值，则会使用当前项目作为第一基线。

③ 在“第二”【Secondary Baseline，第二基线】和“第三”【Tertiary Baseline，第三基线】字段中，选择当前项目的现有基线予以分配。

4.12.4 项目基线的时间参数选择

项目基线作为当前项目或其他项目的一个副本，保存了项目的作业计划开始（完成）日期、开始（完成）日期等数据。其中计划开始日期在保存基线项目前可以人工维护。项目计划编制者可以根据不同类型的作业，设定不同的计划开始日期。同时，可以根据作业的最早开始日期和最迟开始日期预测项目的计划成本。多数项目采用作业的最早开始日期进行进度安排。也可以根据作业类型的不同，选择最早时间和最迟时间之间的时间进行进度安排，这里需要对具体作业的计划开始和计划完成进行人工调整。基线计划的时间参数见图 4-142。

将上述数据复制到 Excel 表格，形成可编辑的 Excel 数据。

视图: CBDtimeplan　过滤: 所有作业

作业代码	作业名称	日历	原定工期	开始	完成	最早开始	最早完成	最晚开始	最晚完成	总浮时	自由浮时
E1000	地质初勘	七天工作制	3d	20-4-1 8:00	20-4-3 17:0	20-4-1 8:00	20-4-3 17:00	20-4-15 8:00	20-4-17 17:00	11d	0d
E1010	地质详勘	七天工作制	7d	20-4-7 8:00	20-4-13 17:	20-4-7 8:00	20-4-13 17:00	20-4-18 8:00	20-4-24 17:00	11d	0d
E1040	基础施工图设计	七天工作制	50d	20-4-30 8:0(	20-6-23 17:	20-4-30 8:00	20-6-23 17:00	20-5-17 8:00	20-7-8 17:00	12d	0d
E1050	地下室施工图设计	七天工作制	45d	20-4-30 8:0(	20-6-18 17:	20-4-30 8:00	20-6-18 17:00	20-5-22 8:00	20-7-8 17:00	17d	0d
E1060	地上部分施工图设计	七天工作制	45d	20-4-30 8:0(	20-6-18 17:	20-4-30 8:00	20-6-18 17:00	20-5-22 8:00	20-7-8 17:00	17d	5d
E1070	建筑结构施工图报审	五天工作制	6d	20-6-24 8:0(	20-7-3 17:0	20-6-24 8:00	20-7-3 17:00	20-7-9 8:00	20-7-16 17:00	9d	0d
E1080	消防施工图报审	五天工作制	6d	20-6-24 8:0(	20-7-3 17:0	20-6-24 8:00	20-7-3 17:00	20-7-9 8:00	20-7-16 17:00	9d	0d
E1090	人防施工图报审	五天工作制	6d	20-6-24 8:0(	20-7-3 17:0	20-6-24 8:00	20-7-3 17:00	20-7-9 8:00	20-7-16 17:00	9d	0d
E1100	节能报审	五天工作制	6d	20-6-24 8:0(	20-7-3 17:0	20-6-24 8:00	20-7-3 17:00	20-7-9 8:00	20-7-16 17:00	9d	0d
E1030	初步设计报审	五天工作制	6d	20-4-22 8:0(	20-4-29 17:	20-4-22 8:00	20-4-29 17:00	20-5-8 8:00	20-5-15 17:00	9d	0d
E1020	初步设计	七天工作制	8d	20-4-14 8:0(	20-4-21 17:	20-4-14 8:00	20-4-21 17:00	20-4-25 8:00	20-5-7 17:00	11d	0d
C1020	临时设施及道路	七天工作制	20d	20-8-18 8:0(	20-9-6 17:0	20-8-18 8:00	20-9-6 17:00	20-8-31 8:00	20-9-19 17:00	13d	0d
C1000	三通一平	七天工作制	42d	20-7-4 8:00	20-8-14 17:	20-7-4 8:00	20-8-14 17:00	20-7-17 8:00	20-8-27 17:00	13d	0d
C1010	办理《建筑工程施工许可	七天工作制	3d	20-8-15 8:0(	20-8-17 17:	20-8-15 8:00	20-8-17 17:00	20-8-28 8:00	20-8-30 17:00	13d	0d
M1020	开工典礼	七天工作制	0d		20-9-6 17:0		20-9-6 17:00		20-9-19 17:00	13d	0d
M1030	基础出正负零	七天工作制	0d		20-12-10 1i		20-12-10 17:00		20-12-23 17:00	13d	0d
H1000	竣工验收	五天工作制	7d	21-4-26 8:0(	21-5-7 17:0	21-4-26 8:00	21-5-7 17:00	21-5-13 8:00	21-5-21 17:00	10d	0d
M1000	项目启动	七天工作制	0d	20-4-1 8:00		20-4-1 8:00		20-4-15 8:00		11d	0d
M1010	施工图设计完成	七天工作制	0d		20-7-3 17:0		20-7-3 17:00		20-7-16 17:00	13d	0d
PM1000	项目管理工作	七天工作制	365d	20-4-1 8:00	21-5-7 17:0	20-4-1 8:00	21-5-7 17:00	20-4-15 8:00	21-5-21 17:00	14d	0d
M1050	项目结束	七天工作制	0d		21-5-7 17:0		21-5-7 17:00		21-5-21 17:00	14d	0d
M1040	主体结构验收	七天工作制	0d		21-1-7 17:0		21-1-7 17:00		21-1-20 17:00	13d	0d
CA1000	一层结构施工	七天工作制	8d	20-12-11 8:(	20-12-18 1i	20-12-11 8:00	20-12-18 17:00	20-12-24 8:00	20-12-31 17:00	13d	0d
CA1002	基础施工	七天工作制	87d	20-9-7 8:00	20-12-10 1i	20-9-7 8:00	20-12-10 17:00	20-9-20 8:00	20-12-23 17:00	13d	0d
A1000	一层砌体砌筑	七天工作制	25d	21-1-8 8:00	21-2-1 17:0	21-1-8 8:00	21-2-1 17:00	21-1-21 8:00	21-2-21 17:00	13d	0d
A1010	屋面工程	七天工作制	13d	21-1-8 8:00	21-1-20 17:	21-1-8 8:00	21-1-20 17:00	21-2-6 8:00	21-2-25 17:00	29d	0d
A1020	电气设备安装	七天工作制	68d	21-1-21 8:0(	21-4-8 17:0	21-1-21 8:00	21-4-8 17:00	21-2-26 8:00	21-5-12 17:00	29d	17d
A1030	暖通设备安装	七天工作制	30d	21-3-14 8:0(	21-4-15 17:	21-3-14 8:00	21-4-15 17:00	21-4-8 8:00	21-5-12 17:00	22d	10d
A1040	电梯安装	七天工作制	15d	21-3-31 8:0(	21-4-17 17:	21-3-31 8:00	21-4-17 17:00	21-4-23 8:00	21-5-12 17:00	20d	8d
A1060	一层装饰装修	七天工作制	8d	21-4-17 8:0(	21-4-24 17:	21-4-17 8:00	21-4-24 17:00	21-4-30 8:00	21-5-12 17:00	13d	1d
CA1012	二层结构施工	七天工作制	8d	20-12-20 8:(	20-12-27 1i	20-12-20 8:00	20-12-27 17:00	21-1-5 8:00	21-1-12 17:00	13d	0d
CA1022	三层结构施工	七天工作制	8d	20-12-28 8:(	21-1-7 17:0	20-12-28 8:00	21-1-7 17:00	21-1-13 8:00	21-1-20 17:00	13d	0d
A1070	二层砌体砌筑	七天工作制	25d	21-2-2 8:00	21-3-5 17:0	21-2-2 8:00	21-3-5 17:00	21-2-22 8:00	21-3-18 17:00	13d	0d
A1080	三层砌体砌筑	七天工作制	25d	21-3-6 8:00	21-3-30 17:	21-3-6 8:00	21-3-30 17:00	21-3-19 8:00	21-4-15 17:00	13d	0d
A1090	消防设备安装	七天工作制	30d	21-3-21 8:0(	21-4-22 17:	21-3-21 8:00	21-4-22 17:00	21-4-8 8:00	21-5-12 17:00	15d	3d
A1100	二层装饰装修	七天工作制	8d	21-4-10 8:0(	21-4-17 17:	21-4-10 8:00	21-4-17 17:00	21-4-23 8:00	21-4-30 17:00	13d	0d
A1110	三层装饰装修	七天工作制	8d	21-3-31 8:0(	21-4-10 17:	21-3-31 8:00	21-4-10 17:00	21-4-16 8:00	21-4-23 17:00	13d	0d
PA1000	电气设备采购	七天工作制	41d	20-11-5 8:0(	20-12-15 1i	20-11-5 8:00	20-12-15 17:00	21-1-9 8:00	21-2-25 17:00	62d	33d
PA1230	暖通设备采购	七天工作制	56d	20-12-19 8:(	21-2-22 17:	20-12-19 8:00	21-2-22 17:00	21-2-1 8:00	21-4-7 17:00	41d	19d
PA1220	电梯设备采购	七天工作制	131d	20-10-20 8:(	21-3-3 17:0	20-10-20 8:00	21-3-3 17:00	20-11-30 8:00	21-4-22 17:00	41d	21d
PA1240	消防设备采购	七天工作制	56d	20-12-19 8:(	21-2-22 17:	20-12-19 8:00	21-2-22 17:00	21-2-1 8:00	21-4-7 17:00	41d	26d

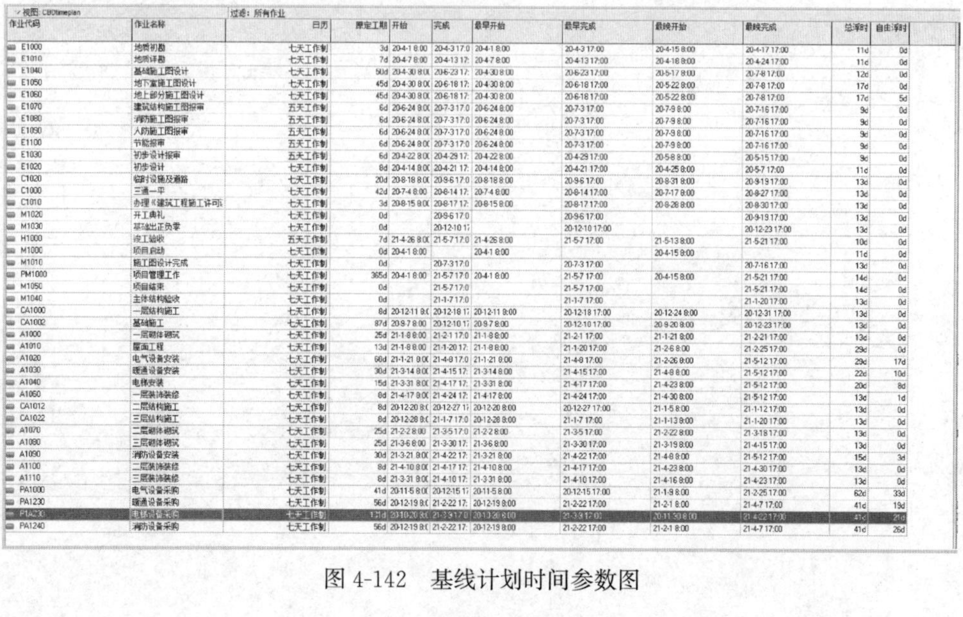

图 4-142 基线计划时间参数图

第5章

无资源约束的项目控制

5.1 无资源约束的项目控制流程

无资源约束的项目控制流程见图 5-1。

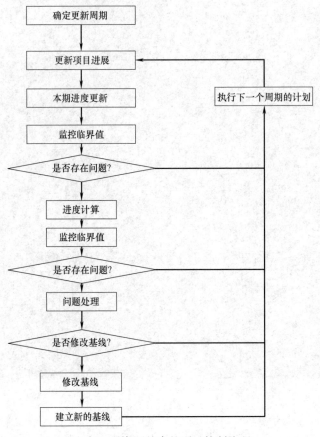

图 5-1 无资源约束的项目控制流程

5.2 更新项目进展

5.2.1 确定更新周期

数据更新的周期决定了对计划更新、纠偏和调整的频率。如果更新周期太短，则需要经常花费较多的时间进行数据更新；但如果更新周期太长，又难以将项目进展的实际情况及时反映到项目进度计划，不利于及时发现问题和解决问题。因而在确定项目计划的更新周期时，应根据项目参与各方及合同相关文件确定。

在确定数据更新的周期后，为了便于进行数据更新，可以建立一个动态的过滤器（等于更新周期），将需要更新的作业过滤出来。这样计划人员仅需要关注在该更新周期内应该开始或完成的作业。例如在"CBD"项目中将项目开始日期（4 月 1 日）到第一个更新周期的数据日期（4 月 30 日）过滤出来，或者在"作业"窗口的工具栏中点击进展聚光

灯【Progress Spotlight】按钮 "🖐"，将 4 月 1 日～4 月 30 日的作业高亮显示出来进行
数据更新。P6 的过滤器功能可以根据建立的条件临时限制显示在屏幕上的项目或作业。
过滤的参数包括作业状态、限制条件、关键作业等。可以使用软件提供的过滤器或创建自
己的过滤器。随时对视图应用一个或多个过滤器。对于过滤器的设置，选择过滤器按钮
"▽"，打开"过滤器"窗口，见图 5-2。

图 5-2　"过滤器"对话框

点击"新建"，可以设置动态过滤条件，将本月的工作过滤出来，见图 5-3。

图 5-3　新建过滤器

创建完过滤器后，返回"过滤器"对话框，勾选相关选项，见图 5-4。

如图 5-4 所示，如果勾选"所有作业"，则所有的过滤器失效，显示所有作业。如果
勾选"所有选中的过滤器"，则显示满足所有选择的过滤器。如果勾选"任一选中的过滤
器"，则符合任意选中的过滤器的作业都会过滤出来。对于过滤的作业可以高亮显示，则
需要勾选"高亮显示当前视图中满足条件的作业"。

点击"应用"将 4 月份的作业过滤出来，见图 5-5。

过滤结果显示 4 月份计划执行的作业包括"项目启动""项目管理工作""地质初勘"

图 5-4　过滤器选项

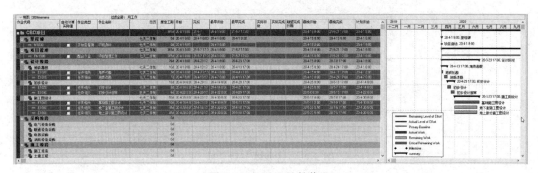

图 5-5　显示 4 月份作业

"地质详勘""初步设计""初步设计报审""基础施工图设计""地下室施工图设计""地上部分施工图设计"等工作。过滤完本月工作，就可以对本月的计划工作进行更新。

5.2.2　定制工期管理视图

过滤并显示更新周期的作业后，需要进一步定制工期管理视图。在"作业"窗口将工期管理有关的作业名称、作业代码、作业类型、原定工期、开始、完成、最早开始、最早完成、期望完成日期、最晚开始、最晚完成、计划开始、计划完成、总浮时、自由浮时等栏位显示出来。同时可以将时间标尺设为月。横道图显示作业名称、作业开始日期及横道图例。

底部视图显示详情。作业详情显示所有的标签页。分组与排序方式为按照 WBS 进行分组与排序，见图 5-6。

勾选"名称/说明""显示分组总计"选项，视图的定制结果以"CBDtimemana"命名并保存，见图 5-7。

5.2.3　自动更新项目数据

如果选中的作业完全按照计划执行，可以在栏位中勾选"自动计算实际值"，则在进行本期进度更新时会自动更新作业的实际开始、实际完成日期和工期完成百分比。具体设

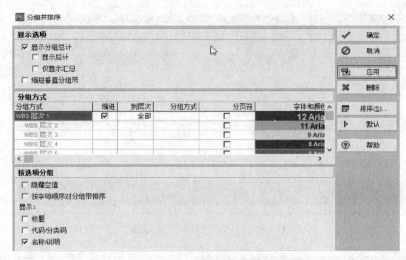

图 5-6　设置分组与排序的条件及选项

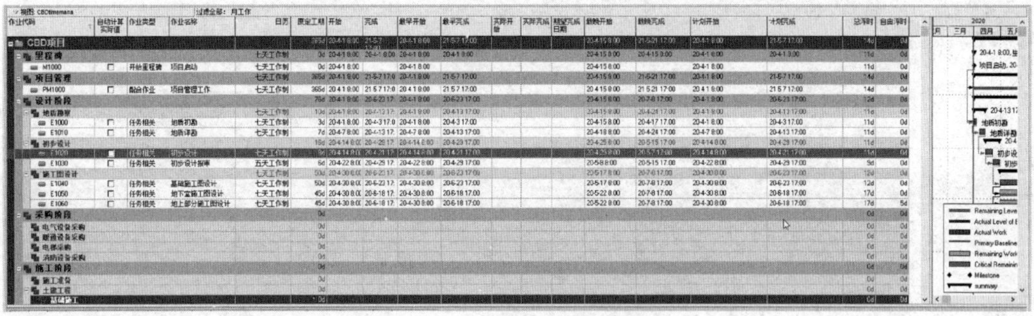

图 5-7　工期管理视图定制结果

置为：打开要设置自动计算的项目，进入"作业"窗口后，选择"显示/栏位"命令，打开"栏位"对话框后，将"可用的选项"中的"自动计算实际值"栏选择到"已选的选项"中。

　　假设"CBD"项目 4 月份的所有工作按照计划执行，则需要在"作业"窗口对"项目启动""项目管理工作""地质初勘""地质详勘""初步设计""初步设计报审""基础施工图设计""地下室施工图设计""地上部分施工图设计"等工作勾选"自动计算实际值"，见图 5-8。

　　选择自动计算实际值执行本期进度更新时会自动计算工期百分比，但是无法自动计算实际百分比，作业实际百分比需要人工录入。对于"CBD"项目的工期管理可以选择所有作业的作业完成百分比类型为工期百分比。

5.2.4　人工更新项目数据

　　如果没有为作业设定"自动计算实际值"，则需要人工更新项目数据。需要在项目详情表中"状态"标签页进行。选择要更新的作业，在作业详情表的"状态"标签页中进行作业实际数据的更新，见图 5-9。

　　需要输入的内容包括：①对于未开始的作业，如果作业的尚需工期发生变化，可以重

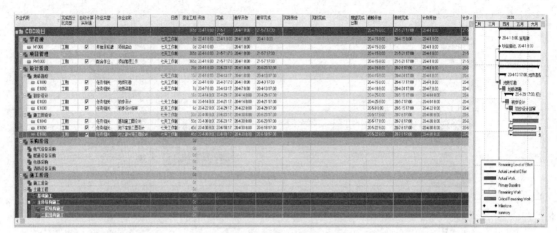

图 5-8 勾选"自动计算实际值"

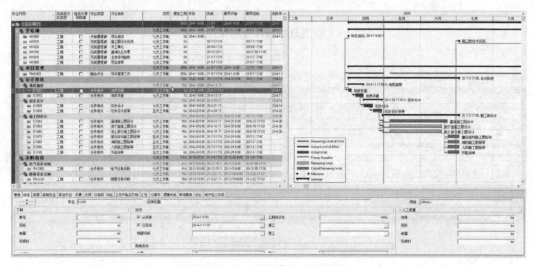

图 5-9 人工更新作业实际数据

新输入尚需工期，软件会根据输入的尚需工期更新完成时值，如果在项目详情表中"计算"标签页勾选"对于未实际开始的作业，连接预算与完成时值"选项，原定工期将根据新的尚需工期进行修订；②对于已开始但未完成的作业，需要在"状态"区域将作业状态标记为"已开始"，同时重新估计作业的尚需工期，或者录入期望完成日期；③对于已完成的作业，需要在"状态"区域将作业的开始和完成状态全部标记，这时作业的工期完成百分比自动显示为100%。④输入作业的停工与复工日期，这些日期在横道图上会以凹杆（非工作时间）形式显示，同时停工与复工之间的工期将会从作业的实际工期中扣除。

5.3 本期进度更新与进度计算

5.3.1 本期进度更新

1. 本期进度更新与进度计算的区别

本期进度更新是对当期的项目进展数据进行更新，见图 5-10。

如图 5-10 所示，作业的实际数据需要更新，对于实际开始但没有完成的作业需要估算尚需工期（RD），对于应该开始但未开始的作业，无须更新作业实际数据。执行本期进度更新后见图 5-11。

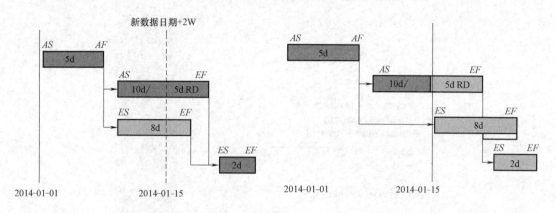

图 5-10　本期进度更新示例　　　　　　　图 5-11　本期进度更新结果

如图 5-11 所示，本期进度更新只影响本期相关作业，对于后续作业的进度安排没有影响。例如对于应该开始的作业还没有开始，则直接将该作业推迟到数据日期之后，但是对于新的数据日期后的尚需工作不执行进度计算。需要执行进度计算时，对数据日期后的所有尚需作业进行进度计算，见图 5-12。进度计算后尚需作业根据逻辑关系进行更新。

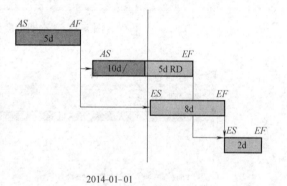

图 5-12　进度计算结果

2. 执行本期进度更新

如果本期的所有作业均设置了"自动计算实际值"，则可直接执行本期进度更新。执行本期进度更新功能，首先打开准备进行本期进度更新的项目（单个或多个），选择"工具/本期进度更新"命令，打开"本期进度更新"对话框，见图 5-13。

在同时打开多个项目的情况下执行本期进度更新时，需要设定是否使用同一个数据日期（数据日期是 P6 用来作为进度计算开始点的日期，是本期执行数据报表的截止日期和下期进度计算的开始日期），输入新的数据日期后，点击"应用"执行"本期进度更新"命令。

如果选择"每个项目使用自己的新数据日期"进行本期进度更新，结果见图 5-14。

需要录入新数据日期，执行本期进度更新。如果"CBD"项目在 2020 年 4 月份按照计划执行，则录入新数据日期"20-5-18：00"后，点击"应用"，结果见图 5-15。

执行本期进度更新后，由于本期所有作业选择了"自动计算实际值"，所以在作业"详情/状态"标签页自动标记作业状态及自动计算工期百分比和尚需工期。

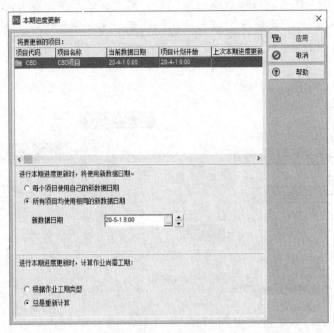

图 5-13 "本期进度更新"对话框

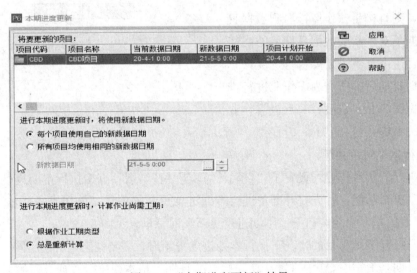

图 5-14 "本期进度更新"结果

5.3.2 本期进度更新后的进度计算

1. 本期进度更新后的进度计算

本期进度更新后即可进行进度计算,通过"工具/进度计算"打开"进度"对话框,见图 5-16。

点击"进度"执行进度计算,结果见图 5-17。

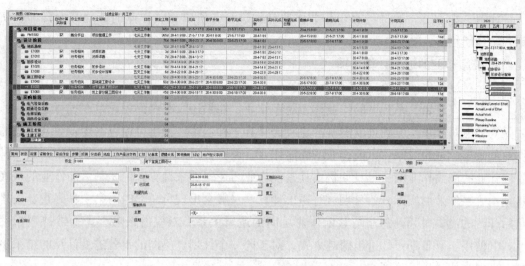

图 5-15　"CBD"项目 4 月份本期进度更新结果

图 5-16　"进度"对话框

图 5-17　进度计算结果

如图 5-17 所示，由于 4 月份作业按照计划进行，所以相关作业的计划开始日期、实际开始日期相等。

2. 脱序作业的进度计算选项

（1）对进行中的作业进行进度计算。

对于没有逻辑关系开展的作业称为脱序作业，如果还没有全部完成，在进行进度计算时就要考虑对尚需作业的进度安排。这时选择有三种：第一种维持原有的逻辑关系，尚需作业的最早、最晚时间由紧前作业的尚需作业、逻辑关系及作业的尚需工期确定；第二种脱序作业的尚需作业的最早日期仍由其紧前作业与逻辑关系计算，但是其紧前作业的最晚日期由脱序作业的实际开始日期进行逆推计算，一般会出现负总浮时；第三种是重新安排紧后作业的尚需时间，忽略与紧前作业之间的逻辑关系。对应的选项为：①维持逻辑关系；②使用实际日期；③进度跨越方式。对于同一个计划，不同的设置进度计算的结果不同，例如初始计划，见图 5-18。

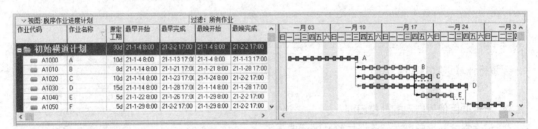

图 5-18　初始横道计划

备注：除了 CE 之间为 $FS=-5$ 外，其他 $FS=0$。

① 对于开始脱序的作业，在进度计算时维持逻辑关系，见图 5-19。

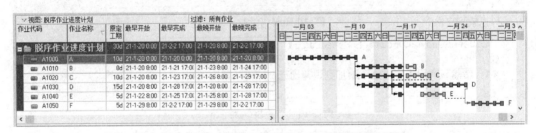

图 5-19　选择"维持逻辑关系"选项进度计算结果

作业 B 与作业 E 的逻辑关系为 $FS=0$，进度计算后作业 B 的最早完成日期为 1 月 21 日，因为进度计算时选择"维持逻辑关系"，所以作业 E 的尚需最早开始日期（根据逻辑关系 $FS=0$）为 1 月 22 日。

作业 C 与作业 E 的逻辑关系为 $FS=-5$，进度计算后作业 C 的最早完成日期为 1 月 23 日，在进度计算时由于选择"维持逻辑关系"，所以作业 E 的尚需最早开始日期为 1 月 19 日。

作业 E 的尚需最早开始日期取最大值：1 月 22 日。

维持逻辑关系的进度计算选项，对非正常开始的作业认定为偶发事件，后续还会按照原定的逻辑开展工作。

② 对于开始脱序的作业在进度计算时使用实际日期，见图 5-20。

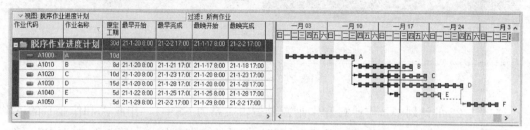

图 5-20　选择"实际日期"选项进度计算结果

使用"实际日期"进行进度计算时，作业的尚需最早日期仍由与紧前作业的逻辑关系决定，因此作业 E 的最早开始日期与最早完成日期与运用"维持逻辑关系"计算出的结果是一致的。但作业的最晚日期则由脱序作业 E 的实际日期逆推。作业 E 的实际开始日期为 1 月 19 日，作业 B 与它的逻辑关系为 $FS=0$，所以作业 B 的最晚完成日期为 1 月 18日。作业 B 的最晚完成日期减去最早完成日期等于 −3，即作业 B 的总浮时为 −3d。

作业 C 与作业 E 的逻辑关系为 $FS=-5$，由于作业 E 的实际开始日期为 1 月 19 日，根据逻辑关系 $FS=-5$，可以知道作业 C 的最晚完成日期为 1 月 23 日，所以作业 C 的总浮时等于最晚完成日期减去最早完成日期，等于 0。

③ 对于开始脱序的作业在进度计算时使用进度跨越方式，见图 5-21。

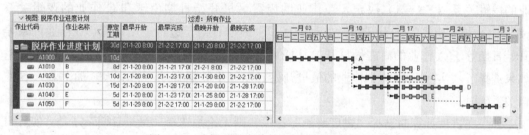

图 5-21　选择"进度跨越"选项进度计算结果

进度计算时，若选择"进度跨越"方式，则不考虑紧前作业及逻辑关系的影响。作业的尚需最早开始日期从数据日期开始计算，所以作业 E 的尚需最早开始日期为 1 月 20 日。

这一进度计算的选项，相当于打破了逻辑关系的束缚，允许非正常开始的作业以及它的紧前作业在不考虑原始逻辑关系约束的情况下继续工作。

（2）对于开始到开始关系的作业进行进度计算的选项。

在计算有开始到开始关系延时的作业的时间参数时，如果紧前作业为脱序作业，紧后作业的开始日期的计算有两个选项：①最早开始。选择该选项，后续作业的最早开始日期等于其紧前作业的尚需最早开始日期加上剩余的逻辑关系延时；②实际开始。选择该选项，紧后作业的最早开始日期等于数据日期加上剩余的逻辑关系延时。剩余逻辑关系延时等于延时减去延时消耗（数据日期减去紧前作业的实际开始日期）。现结合示例演示两个选项的关系，初始计划见图 5-22。

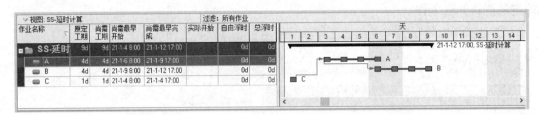

图 5-22　初始计划

在图 5-22 的计划中，作业 C 和作业 A 的逻辑关系为 $FS=1$，作业 A 和作业 B 的逻辑关系为 $SS=3$。作业 A 和作业 C 均没有按照计划开始日期开始，在第 5 天进行进度更新，作业 A 推迟 1d 开始，作业 C 没有开始，在进度计算时，如果选择"维持逻辑关系"选项，选择"最早日期"和"实际日期"的计算结果如图 5-23 所示。

图 5-23　选择"维持逻辑关系"和"最早日期"选项进度计算结果

在维持逻辑关系的情况下，A 作业的尚需最早开始日期由数据日期和 C 作业与 A 作业的逻辑关系（$FS=1$）决定，A 作业的尚需最早开始日期由于和 C 作业的逻辑关系（$FS=1$）被推迟到第 7 天开始，如果选择了"最早日期"进行进度计算，B 作业的最早开始日期等于 A 作业的尚需最早开始日期加上剩余逻辑关系延时（$SS=2$），见图 5-23；如果选择了"实际日期"，B 作业的最早开始日期等于数据日期（第 5 天）加上 2d SS 逻辑关系延时。

如果在进度计算时选择"进度跨越"选项，则无论是选择"最早日期"还是"实际日期"，进度计算结果相同，见图 5-24。

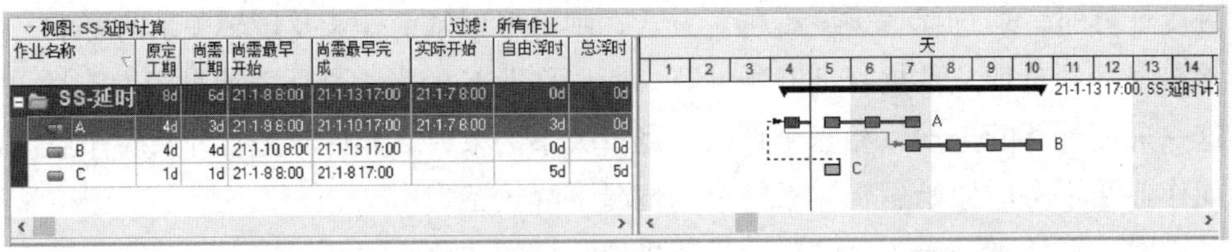

图 5-24　选择"进度跨越"和"最早日期"选项进度计算结果

从图 5-24 可以看出，由于在进度计算选项中选择了"进度跨越"选项，对于脱序作业 A 在进度计算时各种逻辑关系不予考虑，所以 A 作业的尚需最早开始日期和数据日期相同，结果造成选择"实际日期"和"最早日期"进行进度计算时，B 作业的尚需最早开始日期结果相同。如果等于开始脱序的作业选择"实际日期"选项，则关于 SS 延时的"最早日期"和"实际日期"选项失效。

5.4　监控临界值

5.4.1　利用临界值监控项目

通过设置临界值的上/下限值，可以在项目的作业层或 WBS 层进行临界值监控，如果一个给定参数超出临界值，将会自动生成一个问题。临界值的定义需要在"项目临界值"窗口进行，见图 5-25。

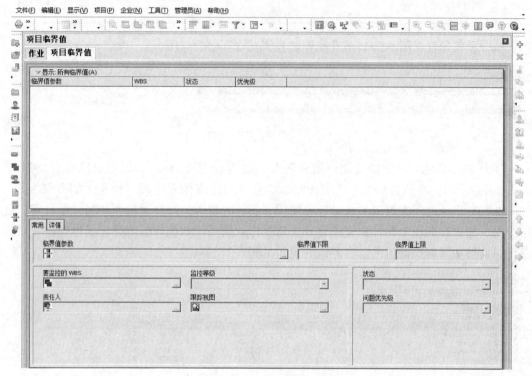

图 5-25　"项目临界值"窗口

利用"项目临界值"窗口的"常用"标签页和"详情"标签页定义与修改临界值参数、监控范围、监控等级、监控状态、责任人、跟踪视图、问题优先级及监控的起止时间等信息，见图 5-25。

工期管理中常用的用于监控项目的临界值包括开始日期偏差、完成日期偏差、总浮时、自由浮时、工期计划完成百分比五个临界值，这五个临界值的含义见表 5-1。

工期管理有关的临界值参数　　　　　　　　　　　　　　表 5-1

参数	监控内容
开始日期偏差	开始日期差值(天)，即计划开始日期−当前日期。假如作业未开始则开始日期偏差始终等于 0。如果某道作业的监控值为负值，则表示该作业的开始日期已晚于计划开始日期

续表

参数	监控内容
完成日期偏差	完成日期差值(天)，即计划完成日期－完成日期。假如作业未开始则完成日期偏差始终等于 0。如果作业已经完成则作业的完成日期为实际完成日期。如果某道作业的监控值为负值，则表示该作业完成日期已晚于计划完成（目标项目）
总浮时	总浮时极限值为规定数量的天数。如果某道作业的总浮时超出浮时限值范围将触发问题
自由浮时	用来监控当前项目中作业的自由浮时
工期计划完成百分比	实际工期占原定工期的百分比，来自当前项目（实际工期/原定工期）。如果该值大于 100，则表示实际工期大于原定工期

结合示例项目（图 5-26）来看临界值在工期管理中的应用。

图 5-26 "临界值监控"示例项目

如图 5-26 所示，项目的计划开始日期为 2021 年 2 月 23 日，必须完成日期为 2021 年 3 月 6 日，项目的默认日历为七天工作制。该项目由三道作业组成，作业工期分别为 5d、10d 和 4d。作业之间无逻辑关系，但是使用了不同的日历。假设通过作业的开始日期、自由浮时、完成日期及工期计划完成百分比监控作业按照计划执行的情况，通过监控项目的总浮时监控项目的执行情况。临界值的设置见图 5-27。

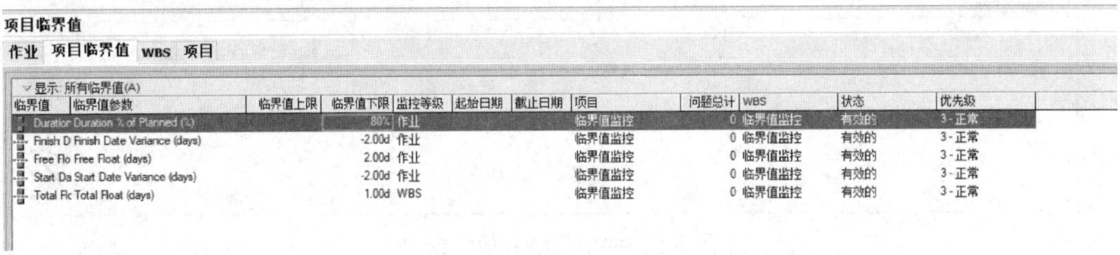

（图 5-27 定义项目临界值的界面截图）

图 5-27 定义项目临界值

项目临界值的定义在"项目临界值"窗口进行。启动"项目临界值"窗口有两种方式，一种是通过"项目/临界值"打开"项目临界值"窗口，另一种是通过点击快捷命令"▦"启动"项目临界值"窗口。在"项目临界值"窗口可以自定义显示栏位，通过窗口右侧的命令"✚"创建临界值。

当项目开始执行后，就可以监控项目的执行偏差。假如项目执行到 3 月 1 日 17：00，进度计算（数据日期 3 月 2 日）后，项目的整体执行情况如图 5-28 所示。

B 作业按计划开始尚需工期为 4d，完成时工期 11d，工期计划完成百分比等于 70%（7/10），预期比计划推迟 1d，总浮时变成 1d，自由浮时为 0。A 作业原定工期 5d，实际工期 4d，尚需工期 2d，工期计划完成百分比等于 80%（4/5），预期比计划推迟 2d 完成，总浮时为 2d，自由浮时为 2d。C 作业原定工期 4d，比计划推迟 2d 开始，实际工期 3d，

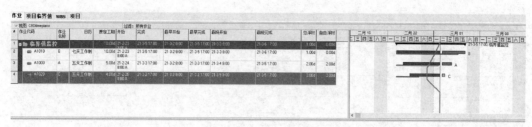

图 5-28　"临界值监控"示例项目执行情况

工期计划完成百分比等于 75%（3/4），总浮时为 3d，自由浮时为 3d。项目的总浮时为 1d。

通过"工具/监控临界值"启动"监控临界值"对话框，对这一阶段的项目执行情况进行监控，见图 5-29。

图 5-29　"监控临界值"对话框

这里需要定义监控临界值的起止时间，如果使用上次监控的方案进行监控，无须设定起止时间。点击"监控"，则有 9 个问题产生，见图 5-30。

监控临界值后，执行命令"![icon]"，进入"问题"窗口，见图 5-31。

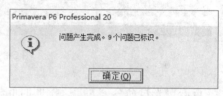

图 5-30　临界值监控结果

图 5-31　"问题"窗口查看问题

如图 5-31 所示，三道作业的工期计划完成百分比最大为 80%，均触发了临界值的下限 80%。A、C 两道作业的完成日期比计划推迟 2d，触发了完成日期偏差－2 的下限。同时，B 和 A 的自由浮时也触发了下限 2d。C 作业的开始日期比计划推迟 2d，触发下限 2d。项目的总浮时为 1d，触发下限 1d。可以选择具体的问题查看问题详情，见图 5-32。

5.4.2　监控结果的追踪与基线修正

1. 项目进展监控

对"CBD"项目进行监控，目前项目运行到 5 月 31 日，运行"月工作"过滤器，将

169

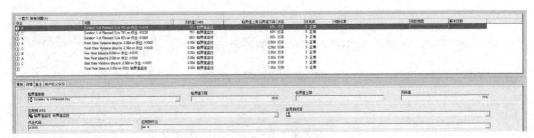

图 5-32　问题详情

5 月份的作业过滤出来，见图 5-33。

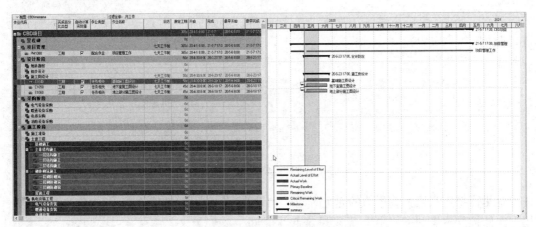

图 5-33　过滤 5 月份作业

　　点击聚光灯命令"　"，按照时间标尺"月"高亮显示 5 月份作业。如图 5-33 所示，5 月份需要执行的三道作业包括"基础施工图设计""地下室施工图设计"和"地上部分施工图设计"，其中"基础施工图设计"和"地下室施工图设计"按照计划执行，可以维持"自动计算实际值"不变。

　　在执行过程中，由于参与"地上部分施工图设计"的两位设计师生病请假 5d，致使这部分工作预期完工要推迟 5d，期望完成日期变成 6 月 23 日。对于该作业需要取消"自动计算实际值"，并人工录入期望完成日期，见图 5-34。

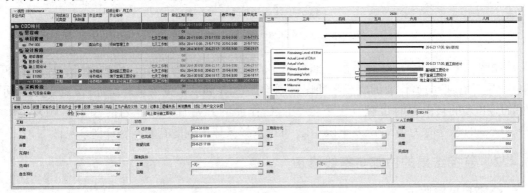

图 5-34　人工录入作业实际数据

对"CBD"项目 5 月份的数据执行"本期进度更新",见图 5-35。

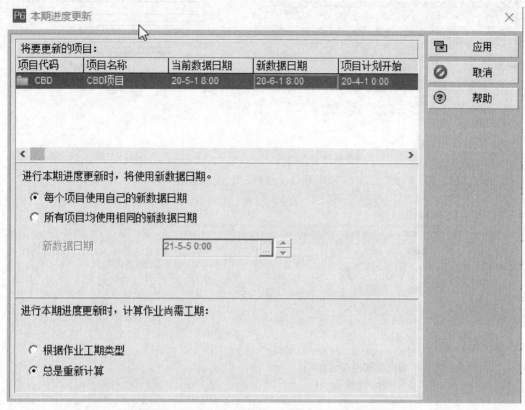

图 5-35　"CBD"项目 5 月份数据执行"本期进度更新"

点击"应用",结果见图 5-36。

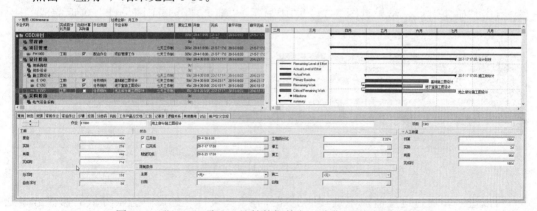

图 5-36　"CBD"项目 5 月份数据执行"本期进度更新"结果

本期进度更新自动计算尚需工期。人工录入的期望完成日期的作业,需要执行进度计算功能,根据期望完成日期计算尚需工期,结果见图 5-37。

这里需要在"进度"对话框的"选项"标签页中选择"使用期望完成日期"。

如果进展线按照开始时间绘制,为了反映作业延迟对完成日期的影响,需要在横道图区域单击鼠标右键,打开"横道图选项"对话框,将进展线调整为按照完成日期绘制,见图 5-38。

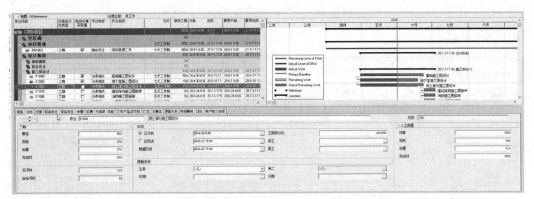

图 5-37 "CBD"项目执行到 5 月 31 日进度计算结果

图 5-38 "横道图选项"—进展线

点击"确定"后，结果见图 5-39。图中显示，"地上部分施工图设计"延迟完成。

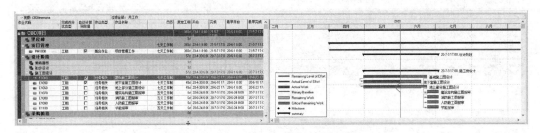

图 5-39 基于完成日期的进展线

可以进一步通过进度监控识别"地上部分施工图设计"的影响。临界值的监控方案见图 5-40。

图 5-40 定义临界值

对项目进行监控，"监控临界值"窗口见图 5-41。

进度监控结果如图 5-42 所示。

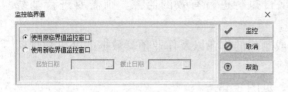

图 5-41　"监控临界值"对话框

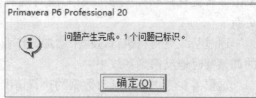

图 5-42　进度监控结果

在"项目问题"窗口的"备注"标签页，可以增加"问题记事"追踪该问题的详情，见图 5-43。可以在"备注"页增加"问题记事"，以便后续跟踪该问题的处理结果。

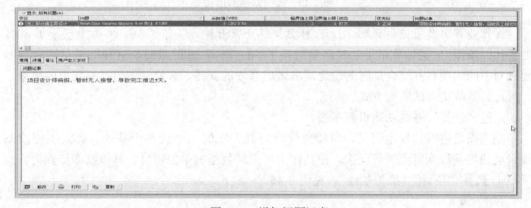

图 5-43　增加问题记事

在"问题"窗口，选择对应的问题单击鼠标右键，选择"问题历史"对话框增加记事，记录问题的处理进展，见图 5-44。

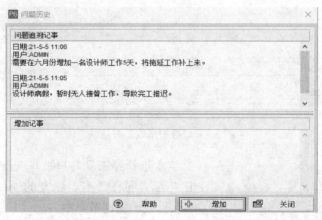

图 5-44　问题追溯

2. 更新基线

（1）基线更新概述。

项目执行之前通过保存基线将特定时刻的项目数据保存后分配给项目，作为衡量项目实际进度的参考点。随着项目的执行，如果项目的范围和性质发生变化，就会出现变更。如果项目经理认为该变更是合理的，则无须对基线进行调整。如果项目的计划任务或成本发生显著变化，初始基线已经无法对现有项目执行进行有效的监控，则需要进行基线更新。

通过基线更新将执行过程中增加的作业或删除的作业以及作业预算数据的变更和日期的调整及时地反馈到基线中。

这里需要考虑一些延时数据的执行情况，见图 5-45。

图 5-45　延时数据的消耗

A 作业和 B 作业之间延时 7d，A 作业虽然正常开始，工作了 5d，实际上仅干了 30% 的工作。按照 P6 的计算结果延时已经消耗了 5d，尚需 2d 的延时，这种结果是否合理需要针对不同的项目并结合延时的设定逻辑做出合理的安排，必要时做出基线变更的决策。

（2）基线更新的实现方式。

通过"恢复"基线功能更新基线：

随着项目进行和发生变更，可能要修改与其关联的一个或多个基线。要人工修改基线，必须将基线恢复到项目层次，使其作为可更新数据的单独项目。具体操作步骤为：

① 选择"项目""维护基线"，见图 5-46。

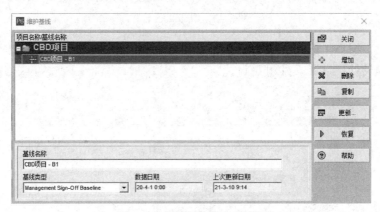

图 5-46　"维护基线"对话框

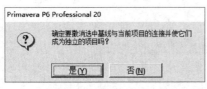

图 5-47　恢复基线选项

② 选择要恢复的基线并点击"恢复"，然后点击"是"，见图 5-47。恢复的项目与作为基线连接的项目处于相同节点中。

③ 修改恢复的基线项目并重新分配给当前项目，以便与当前项目做比较。

（3）将当前项目的副本作为新基线。

也可以将当前项目的副本作为新基线分配给当前项目以体现项目。假如"CBD"项目执行到 8 月底，"地上部分施工图设计"工作在 6 月份通过增加设计师工作已经按照计划完成，其他工作全部按照原定计划执行。可以将 8 月份之前的计划作业勾选"自动计算实际值"，见图 5-48。

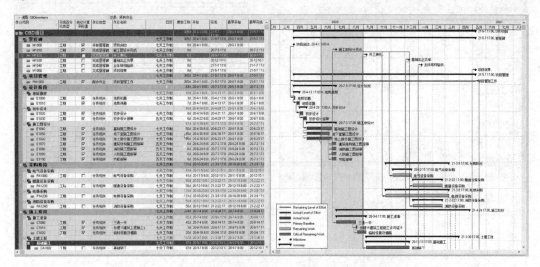

图 5-48　将 8 月份之前的计划作业设定为"自动计算实际值"

选择新的数据日期"20-9-18：00"执行本期进度更新，结果见图 5-49。

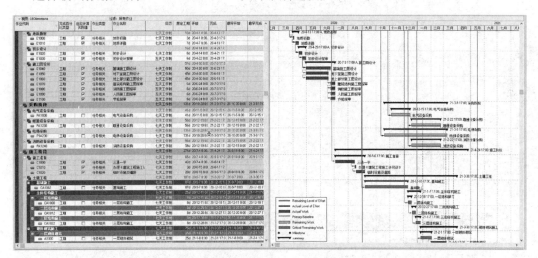

图 5-49　选择新的数据日期"20-9-18：00"执行本期进度更新结果

进度计算结果见图 5-50。

项目运行到 9 月份，9 月份计划作业包括"开工典礼""临时设施及道路"和"基础施工"，前两道作业按照计划推进，勾选"自动计算实际值"即可。"基础施工"作业需要人工更新实际数据。鉴于"CBD"项目在执行"基础施工"过程中发现了文物，需要开展申报和挖掘工作，需要停工 10d，估计"基础施工"工作将拖后 10d，进度计算结果见图 5-51。

执行"本期进度更新"，结果见图 5-52。

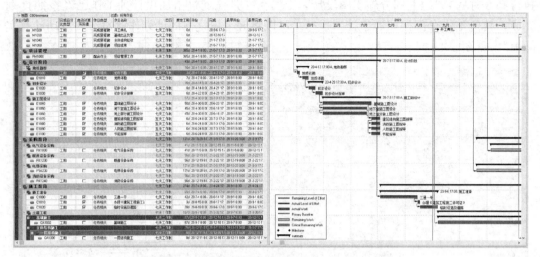

图 5-50　选择 9 月 1 日为数据日期的进度计算结果

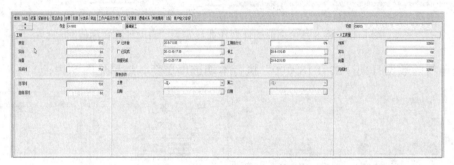

图 5-51　更新 9 月份项目实际数据

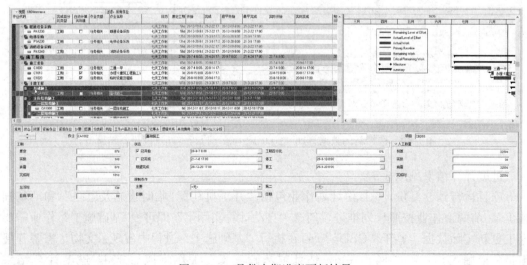

图 5-52　9 月份本期进度更新结果

进度计算结果见图 5-53。

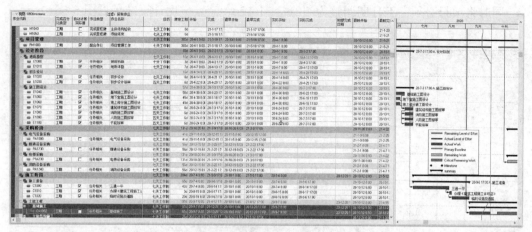

图 5-53　9 月份进度计算结果（数据日期 10 月 1 日）

9 月份造成的基础停工损失由业主支付。承包商提出工期索赔，业主同意承包商的延期申请，项目需要变更，将当前项目的副本作为基线分配给当前项目。通过"项目—维护基线"，将当前项目的副本作为新基线分配给当前项目，见图 5-54。

同时，在"管理设置"对话框中将赢得值计算的选项设置为"完成时值与当前日期"，见图 5-55。

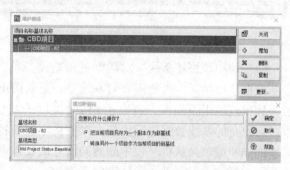

图 5-54　当前项目的副本作为新基线

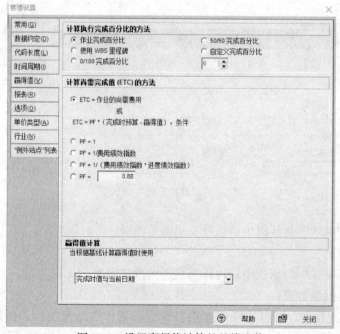

图 5-55　设置赢得值计算的基线取值

同时将项目必须完工日期调整为"21-5-31 17：00"。进度计算结果见图5-56。

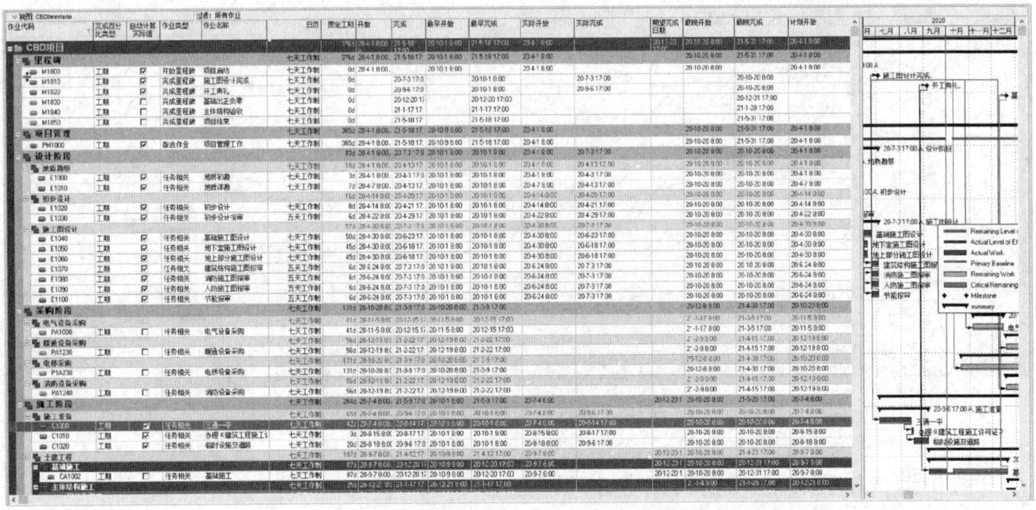

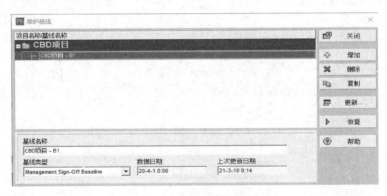

图5-56　设定新的项目必须完成日期的进度计算结果

（4）利用"更新基线"对话框更新基线。

根据监控结果，可能需要对基线进行更新而不是创建新的基线，因为创建新的基线可能导致比较结果不准确。可以借助 P6 提供的基线更新功能，根据与当前项目的对比结果，对原有的基线数据进行更新，以便将当前项目的变更及时地反馈到项目中，这里包括新增的作业或项目执行过程中删减的作业以及作业的执行数据等内容。在更新基线时，只更新所选择的数据类型。具体操作步骤为：

① 选择"项目""维护基线"，见图5-57。

图5-57　"维护基线"对话框

② 在"维护基线"对话框中，选择要更新的基线。

③ 点击"更新"。

④ 在"更新基线"对话框中，选择要更新的数据类型，见图5-58。

⑤ 更新项目层级数据：

对于项目层次数据，可以选择更新项目详情、工作产品及文档，风险、问题和临界值。如果选择更新项目详情，则不更新以下条目："默认""设置"和"资源"标签页中的

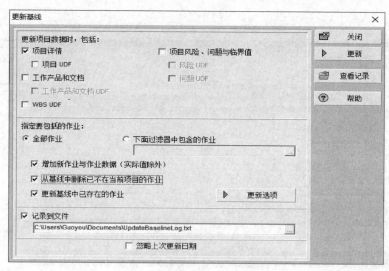

图 5-58　"更新基线"对话框

所有数据；"常用"标签页中的"风险等级"和"项目平衡优先级"字段；"计算"标签页
中"未指定资源与角色单价时，作业工时的默认单价"字段。

⑥　更新作业层级数据：

作业层面的数据更新包括新增作业、删减作业及作业的当前数据，可以选择"更新基
线选项"对话框中的选项，见图 5-59。

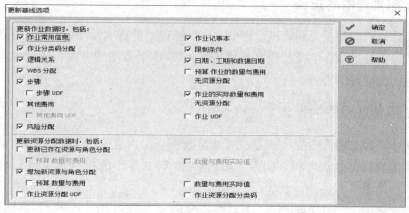

图 5-59　"更新基线选项"对话框

选择要更新的作业和资源/角色分配数据的类型。对于"更新基线选项"对话框中
"日期、工期和数据日期"选项，即使勾选也不更新以下日期字段："最早开始""最早完
成""最晚开始"和"最晚完成"，因为它们由程序计算得出。要确保更新这些字段，在运
行基线更新后，应该首先恢复基线项目，然后对项目进行进度计算和重新生成新的基线。
选择结束，点击"确定"。

⑦　在"更新基线"对话框中，通过输入或选择某个文件名，以便在更新进程中记录
更新过程。

⑧　点击"更新"，将更新应用的基线，见图 5-60。

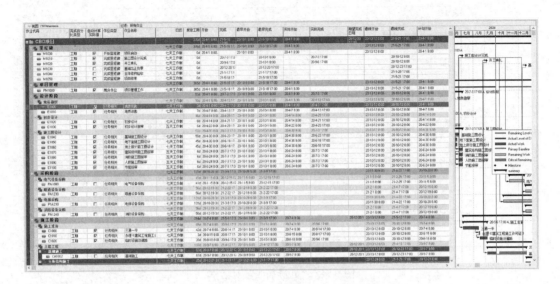

图 5-60　利用更新基线功能更新基线

5.5　无资源约束的项目报告

5.5.1　工期管理中的报告

在工期计划的编制与工期管理过程中，项目管理人员将项目计划的结果及执行情况进行报告，将报告发送给业主及其他利益相关方。P6 除了视图的方式，还可以利用该软件提供的报表功能进行报告。

5.5.2　工期管理视图的报告

在工期计划和工期管理中，P6 提供了很多视图，可以将这些视图结合 P6 的"打印设置"功能输出视图。例如，将"CBD"项目 2020 年 9 月份的执行情况进行打印，点击"打印预览"，见图 5-61。

进入"打印预览"对话框后，点击打印设置命令"　"，进入"页面设置"对话框，见图 5-62。

如图 5-62 所示，页面设置包括纸张的选择、方向设置、页边距以及页眉、页脚的设置等内容。

可以将页眉区域设置为两个部分，分别显示项目名称和视图名称。页脚区域设置为三个部分，分别显示图例、审批框及"CBD"项目 9 月份报告。通过调整缩放比例将相关作业显示出来。时间标尺的开始日期从 2020 年 4 月 1 日开始，结束日期为 2020 年 10 月 1 日。打印内容仅打印横道图。整个视图的定制结果如图 5-63 所示。可以直接打印或安装 pdf 打印机功能，转换成 pdf 文件提供给项目相关方。

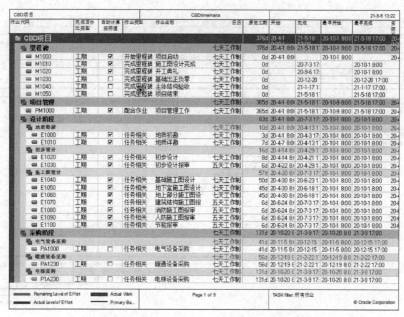

图 5-61 项目 2020 年 9 月份的执行情况图

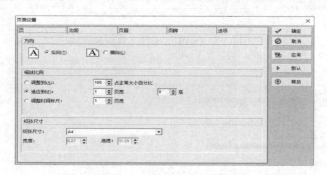

图 5-62 "页面设置"对话框

5.5.3 利用 P6 的报表功能输出报告

1. 利用报表向导制定报表文件

P6 提供了丰富的报表格式文件,这些格式文件保存在 P6 的"报表"窗口。这些格式文件的后缀为"ERP",ERP 文件可以导入与导出,见图 5-64。

这些格式文件的形成过程通过报表向导实现,也可以通过对现有报表进行修改形成新的报表文件。报表文件存储的是报表的数据源及其显示格式。报表向导的启动可以通过在"报表"窗口点击"╬"启动报表向导创建全新的报表。现在通过"工具—报表向导"启动报表向导,说明报表文件的制作过程。

(1)启动报表向导。

在当前窗口中,选择菜单"工具/报表向导",打开"报表向导"对话框,选择"新报表"选项或者选择菜单"工具/报表",打开"报表"窗口后点击"增加",启动"报表向导",见图 5-65。

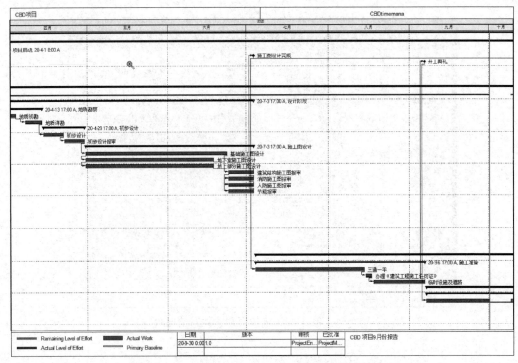

图 5-63 "CBD"项目 9 月份报告

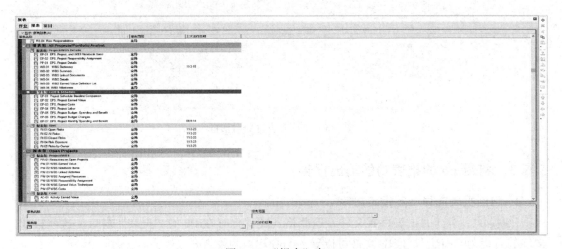

图 5-64 "报表"窗口

（2）选择报表的主题区域。

点击"下一步"按钮，打开"选择主题区域"对话框，如果勾选"随时间分布的数据"，则生成随时间分布的报表，见图 5-66。

在该数据对话框中选择报表的数据主题，例如作业、项目等，该选项决定要做哪一种数据类型的报表。可以选择"随时间分布的数据"创建报表，如果选择了此选项，则会过滤掉一些不随时间分布的主题区域，例如"EPS、项目和 WBS 记事本""OBS"等主题。

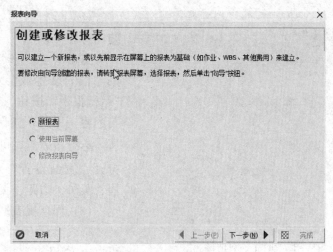

图 5-65　启动报表向导

（3）配置选中的主题区域。

点击"下一步"按钮，打开"配置选中的主题区域"对话框，开始配置选中的主题区域，通过该对话框提供的命令按钮可以为选择的报表主题定制显示栏位、数据的分组与排序方式及数据过滤器，见图 5-67。

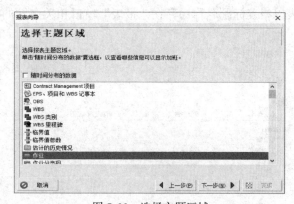

图 5-66　选择主题区域

（4）为新报表定义报表标题。

配置完选中的主题区域后，点击"下一步"按钮，在打开的"报表标题"对话框中为新报表定义报表标题。这里录入"项目作业时间参数"。

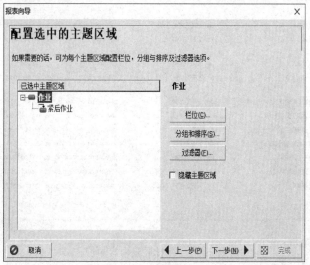

图 5-67　配置主题区域

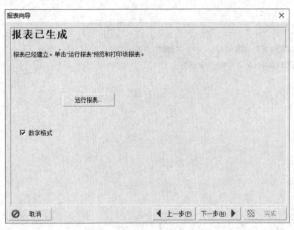

图 5-68 "报表向导"对话框

（5）运行报表，查看报表格式与内容。

点击"下一步"按钮，在打开的"报表已生成"对话框中，点击"运行报表"按钮，查看报表的格式与内容，见图 5-68、图 5-69。

运行报表后，可以点击" 🗋 "，打开"页面设置"对话框，进行页眉、页脚、边距、页面的设置。

（6）保存报表。

报表会保存到"报表"窗口中，可以在"报表"窗口中直接调用，见图 5-70。点击"保存报表"，则报表以报表标题名称保存在"报表"窗口相关主题的报表分类目录中。

CBD项目

项目作业时间参数

WBS 作业代码	作业名称	原定工期	日历	开始	完成	最早开始	最早完成	最晚开始	最晚完成
CBD项目									
里程碑									
M1000	项目启动	0d	七天工作制	20-4-18:00 A			20-10-18:00		20-10-12 8:00
M1010	施工图设计完成	0d	七天工作制		20-7-3 17:00		20-10-18:00		20-10-12 8:00
M1020	开工典礼	0d	七天工作制		20-9-6 17:00		20-10-18:00		20-10-12 8:00
M1030	基础出正负零	0d	七天工作制		20-12-20 17:00		20-12-20 17:00		20-12-23 17:00
M1040	主体结构验收	0d	七天工作制		21-1-17 17:00		21-1-17 17:00		21-1-20 17:00
M1050	项目结束	0d	七天工作制		21-5-18 17:00		21-5-18 17:00		21-5-21 17:00
项目管理									
PM1000	项目管理工作	365d	七天工作制	20-4-18:00 A	21-5-18 17:00	20-10-98:00	21-5-18 17:00	20-10-12 8:00	21-5-21 17:00
设计阶段									
地质勘察									
E1000	地质初勘	3d	七天工作制	20-4-18:00 A	20-4-3 17:00 A	20-10-18:00	20-10-18:00	20-10-12 8:00	20-10-12 8:00
E1010	地质详勘	7d	七天工作制	20-4-7 8:00	20-4-13 17:00A	20-10-18:00	20-10-18:00	20-10-12 8:00	20-10-12 8:00
初步设计									
E1020	初步设计	8d	七天工作制	20-4-14 8:00 A	20-4-21 17:00A	20-10-18:00	20-10-18:00	20-10-12 8:00	20-10-12 8:00
E1030	初步设计报审	6d	五天工作制	20-4-22 8:00 A	20-4-29 17:00A	20-10-18:00	20-10-18:00	20-10-12 8:00	20-10-12 8:00
施工图设计									
E1040	基础施工图设计	50d	七天工作制	20-4-30 8:00 A	20-6-23 17:00A			20-10-12 8:00	20-10-12 8:00
E1050	地下室施工图设计	45d	七天工作制	20-4-30 8:00 A	20-6-18 17:00A			20-10-12 8:00	20-10-12 8:00
E1060	地上部分施工图设计	45d	七天工作制	20-4-30 8:00 A	20-6-18 17:00A			20-10-12 8:00	20-10-12 8:00
E1070	建筑结构施工图报审	6d	五天工作制	20-6-24 8:00 A	20-7-3 17:00	20-10-18:00	20-10-18:00	20-10-12 8:00	20-10-12 8:00
E1080	消防施工图报审	6d	五天工作制	20-6-24 8:00 A	20-7-3 17:00	20-10-18:00	20-10-18:00	20-10-12 8:00	20-10-12 8:00
E1090	人防施工图报审	6d	五天工作制	20-6-24 8:00 A	20-7-3 17:00	20-10-18:00	20-10-18:00	20-10-12 8:00	20-10-12 8:00
E1100	节能报审	6d	五天工作制	20-6-24 8:00 A	20-7-3 17:00	20-10-18:00	20-10-18:00	20-10-12 8:00	20-10-12 8:00
采购阶段									
电气设备采购									

图 5-69 查看报表内容页面

2. 利用报表生成器创建报表

（1）"报表生成器"窗口简介。

P6 提供了强大的报表编辑功能，报表生成器是一种非常实用的报表编辑工具，可以定制符合客户需求的各种报表。通过报表生成器可以创建、编辑和组织报表的数据项，包括定制数据来源、行或单元格式。在"报表"窗口，选择相关的报表（例如选择"AD-01 Activity Status Report"），单击鼠标右键，在弹出的快捷菜单中选择"修改"，进入"报表生成器"窗口，如图 5-71 所示。

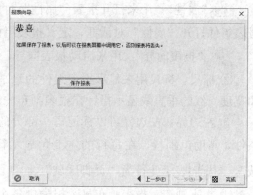

图 5-70　保存报表

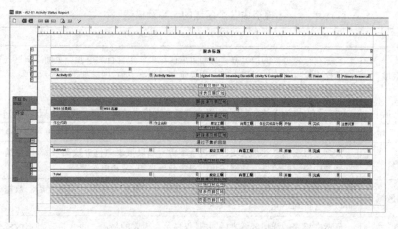

图 5-71　"报表生成器"窗口

"报表生成器"窗口主要包括工具栏【Toolbar】、标尺【Ruler】、左边界【Left Margin】、画布【Canvas】及标题栏五部分。

① 工具栏：工具栏提供了使用报表生成器主要功能的快捷方式，见图 5-72。

图 5-72　工具栏

▯　"创建新报表"：使用该按钮删除当前报表，创建一个新报表。

▤　"添加数据来源"：添加报表数据来源或信息类别。该按钮只有在选择报表区域是"详细内容区域"【Detail Area】时才可用。

▤　"增加行"：可以为显示的报表增加行。

▣　"增加文本"：可以为选择的行增加文本单元。

▣　"增加图片单元"：可以为选择的行增加图片单元。

▭　"增加线条单元"：可以为选中的行增加线条。线条仅包括水平线条。

▣　"打印预览"：可以预览显示的报表。

185

"属性"：用来打开报表"属性"对话框，定义选定报表组件的属性，也可以双击报表组件打开"属性"对话框，定义报表组件的属性。

"报表向导"：用来启动报表向导，使用报表向导修改当前报表的设置。

② 标尺：标尺用来显示报表组件的水平位置。蓝色阴影区域显示所选择单元的位置和宽度。红的垂直线显示指针在报表画布中的位置。

③ 左边界：左边界可以标记每一部分的数据项。左边界可以显示数据的名称和分组条件，帮助识别行，在每行的左上角显示行的类型，例如图标 H 表示此行为"页眉区域"，图标 F 表示此行为"页脚区域"。

④ 报表画布：报表画布显示报表中各个区域的位置，报表中各个区域的名称及描述见表 5-2。

报表中各个区域的名称及描述   表 5-2

区域	描述
页面页眉区域	显示在报表每页的最上方。页面页眉区域可能包含行和单元。页面页眉区与在"页面设置"对话框中设置的标准页眉不同。如果定制了标准页眉，则标准页眉显示在报表页面的最上方，紧接着是报表页眉
报表页眉区域	显示在报表的详情数据之前，并且仅显示在报表的第一页。报表页眉可以包含行和单元
数据源页眉区域	在报表中这部分内容显示在数据来源记录之前。数据来源页眉区域可以包含行和单元
详情区域	大多数报表信息都在这块区域进行编辑。如果报表中包含数据来源，则详情区可以显示数据来源中编辑的信息。详情区可以包含数据来源、行和单元等
数据源页脚区域	如果报表中包含数据来源，这部分内容显示在数据来源详情区域之后。数据来源页脚区域可以包含行和单元
报表页脚区域	显示在报表的详情区域之后，并且仅显示在报表的最后一页。报表页脚区域可以包含行和单元
页面页脚区域	报表的组成部分，显示在报表每一页的最下面。页面页脚区域可以包含行和单元。页面页脚区域与在"页面设置"对话框中设置的标准页脚不同。如果定制了标准页脚，标准页脚显示在报表页面的最下方，紧接着是报表页脚

每个区域又可以包括行、单元等。每个单元根据显示的数据类型分类，要确定一个单元的类型，可以查看显示在单元右上角的图标：C—表示单元类型为"自定义文本"；D—表示单元类型为"字段数据"；T—表示单元类型为"字段标题"；M—表示单元类型为"变量"。

显示红色的单元表明单元的属性没有定义或与涵盖的数据源存在冲突，可以双击显示红色的单元，打开"特性"对话框进行修改和设定。

（2）报表生成器的基本操作。

① 选择报表组件：在报表生成器中点击相应的单元，边框显示蓝色表示单元为选定状态，扩大选择区域的范围按下 Esc 键。例如，选择一个文本单元后，按下 Esc 键选中包含该文本单元的行，再次按下 Esc 键则选中包含该行的数据来源区域。

② 定义报表组件：双击选择的报表组件单元，打开"特性"对话框，设定报表的标题、数据来源、数据过滤和排序方式等内容，见图 5-73。

③ 删除报表组件：删除某些组件，单击鼠标右键，点击快捷菜单中的"删除"命令进行删除。

如果使用上述方法不能删除所选择的组件，可以先按下 Esc 键扩大所选择的区域范围，然后再运行"删除"命令。

④ 给报表增加数据来源：在报表生成器的数据区域双击鼠标左键或者单击鼠标右键，打开"特性"对话框，在"特性"对话框的"源"标签页为选定的单元或区域增加数据来源。

在"源"标签页可以定制报表视图，包括对数据设置过滤条件、设置数据的排列方式等。

⑤ 给报表增加行：在"报表生成器"窗口点击要增加行的报表区域，然后点击"▦"。在"特性"对话框中"行"标签页设置行高，见图 5-74。

要改变行的背景，可以点击"颜色"，选择一种新颜色。

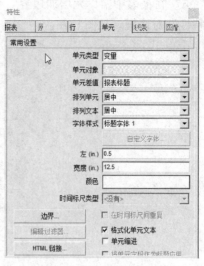

图 5-73　定义报表标题

可以通过"复制"和"粘贴"命令增加行，选择要复制的行，单击鼠标右键，选择"复制"。要在复制的行中包含单元，在行中点击"单元"，按下 Esc 键，然后按住 Ctrl＋C 复制。在要复制的行的报表区域单击鼠标右键，然后选择"粘贴"即可完成行的增加工作。

⑥ 给报表增加单元：报表生成器允许给报表增加四种类型的单元：变量、自定义文本、字段标题和字段数据，见图 5-75。

图 5-74　设置行属性

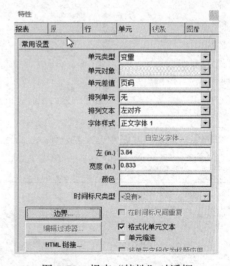

图 5-75　报表"特性"对话框

其中：字段标题单元为指定区域的名称；字段数据单元用来报告指定区域的信息；变量单元报告与整个报表有关的信息，例如报表名称；自定义文本单元是用户定制的自定义文本。

187

⑦ 在报表中给单元增加边界：可以在报表生成器中，双击要增加边界的单元，弹出"特性"对话框，见图 5-76。

图 5-76　在报表中给单元增加边界

（3）示例。

根据报表组中的报表"SR-02 Schedule Report Comparison to Target"形成新的报表，见图 5-77。

进度对比报告

WBS	WBS name	Activity ID	Activity Name	At Completion Duration	BL Duration	BS Start	Actual Start	Variance of Start
CBD44.M	里程碑							
里程碑		M1020	开工典礼	0d	0d			0d
里程碑		M1030	基础出正负零	0d	0d			0d
里程碑		M1000	项目启动	0d	0d	20-4-1 8:00	20-4-1 8:00	0d
里程碑		M1010	施工图设计完成	0d	0d			0d
里程碑		M1050	项目结束	0d	0d			0d
里程碑		M1040	主体结构验收	0d	0d			0d
CBD44.E.10	地质勘察							
地质勘察		E1000	地质初勘	3d	3d	20-4-1 8:00	20-4-1 8:00	0d
地质勘察		E1010	地质详勘	7d	7d	20-4-7 8:00	20-4-7 8:00	0d
CBD44.P.1	电气设备采购							
电气设备采购		PA1000	电气设备采购	41d	41d	20-11-5 8:00		0d
CBD44.C.20.2.1	一层结构施工							
一层结构施工		CA1000	一层结构施工	8d	8d	20-12-11 8:00		0d
CBD44.C.30.5	电气设备安装							
电气设备安装		A1020	电气设备安装	68d	68d	21-1-21 8:00		0d

图 5-77　报表示例

读者可以结合图 5-77 的结果，实现报表的定制。

第6章

资源约束下的项目计划

6.1 资源约束下的项目计划流程

资源加载下的项目计划流程见图 6-1。

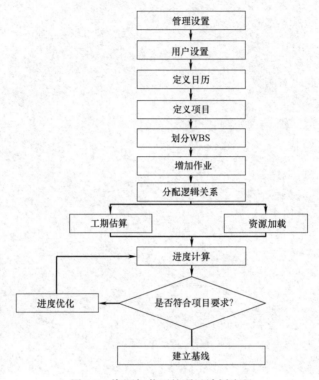

图 6-1 资源加载下的项目计划流程

6.2 配置与资源（费用）相关的默认设置

P6 在制定资源计划前需要对管理环境进行相应的设置，例如设置与资源相关货币单位的选择、资源价格的设置、资源计量单位的设置等内容。设置原理依然遵循从管理设置、用户设置、项目默认设置、WBS 默认设置及作业默认设置。

6.2.1 资源计量单位、单价的设置与选择

1. 资源计量单位的设置

资源有三种，其中以工时计量的资源包括非人工资源和人工资源，这两种资源的计量单位，在"用户设置"对话框中"单位格式"区域进行时间单位的设置，见图 6-2。

这里设置了时间单位为"小时"，同时设置了"显示时间单位"，则在"作业"窗口中，"作业详情表"—"资源"标签页显示人工和非人工资源的预算数量时显示为小时的单位缩写 h（在"管理设置"对话框的"时间周期"标签页设置），见图 6-3。

对于材料类资源的计量单位，需要选择"管理员/管理类别/计量单位"，在"计量单

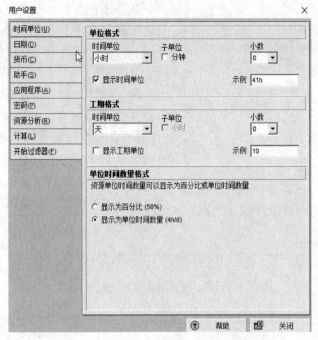

图 6-2　"用户设置"对话框（资源计量单位）

图 6-3　"作业详情表"—"资源"标签页

位"标签页进行设置，见图 6-4。

　　在该标签页中可以设置材料资源的
计量单位名称及其缩写。材料类资源的
计量单位的显示将按照缩写显示，见
图 6-5。

2. 资源单价类型的设置与选择

　　P6 提供了五种单价类型供用户在
分配资源单价时使用，除此之外用户还
可以编辑单价类型的显示标题。该项操
作通过选择"管理员/管理设置/单价类
型"进行设置，见图 6-6。

图 6-4　"管理类别—计量单位"标签页

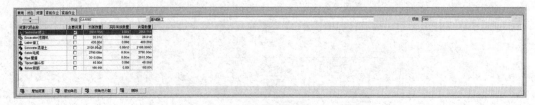

图 6-5　"作业详情表"—"资源"标签页

191

图 6-6 "管理设置—单价类型"标签页

在该标签页中，可以为企业项目中的同一资源定义多个单价，从而在编制项目计划时，在同一时间周期范围内可以使用不同的资源单价，见图 6-6。

在"单价类型"标签页中设置了不同类型单价的显示标题后，可以在"项目"窗口的"详情—资源"标签页为资源指定默认的单价类型，见图 6-7。也可以在"作业"窗口的"详情/资源"页面的"单价类型"栏位为不同的资源选择单价类型，见图 6-8。

图 6-7 设置默认的单价类型

资源代码名称	控作业日!	日历	单价类型	单价:
Crane 吊车	☑	七天工作制	Standard Rate	¥2,700.00/d
Technician.技工	☑	七天工作制	Standard Rate	¥300.00/d
GeneLabor.普工	☑	七天工作制	Standard Rate	¥300.00/d
Concret.混凝土	☑	七天工作制	Standard Rate	¥500.00/m3
Rebar.钢筋	☑	七天工作制	Standard Rate	¥4,200.00/t

图 6-8 选择单价类型

6.2.2 货币的设置与选择

1. 货币及汇率的设置

选择"管理员/货币【Currencies】"命令，打开"货币"对话框，进行货币的定义与汇率的设置，见图 6-9。

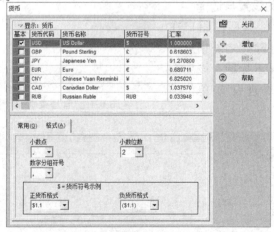

图 6-9 "货币"对话框

在"货币"对话框中显示的货币有两种类型，即基本货币与显示货币。

每个数据库只支持一种基本货币，并且总显示在第一行。其他货币值在"基本货币"的数据库中转换和保存。在默认情况下基本货币为美元，显示的货币符号为"＄"。

每个用户可以选择自己的"显示货币"，用于查看、报告和导入/导出费用等数据。一旦某一种货币被选择，用户需要使用该货币输入所有费用和价格数据。

可以在"货币"对话框中通过"增加"命令新增货币，见图 6-10。

可以定义货币代码、名称、货币符号、对应基础货币的汇率及显示格式。

2. 用户货币的选择

选择"编辑【Edit】/用户设置【User Preferences】"命令，打开"用户设置"对话框，在"货币"标签页中选择货币类型，见图 6-11。

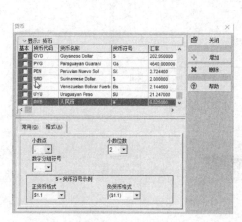

图 6-10　增加货币

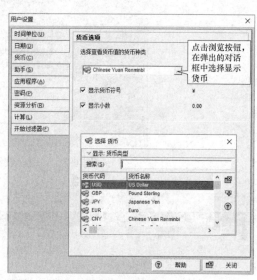

图 6-11　利用"货币"标签页

选择货币类型后，P6 中相关费用字段会根据汇率进行相关计算。该设置只影响当前用户，不影响其他用户的相关设置。

6.2.3　资源分配的用户设置

选择"编辑/用户设置"命令，打开"用户设置"对话框，在该对话框中设置希望在作业上增加、删除、替换多个资源分配时计算资源用量、工期和单位时间用量的方式，见图 6-12。

现结合示例介绍这三个领域选项的实际应用。如图 6-13 所示，三道作业分别分配了资源"专业工程师"，工期 5d，人工预算数量是 40h。

1. 增加或删除资源的默认设置

在"用户设置/计算/资源分配"区域选择是否"根据作业工期类型重新计算现有分配的数量、工期和单位时间数量"。现在为作业"资源分配"增加专业工程师的分配。如果选择"根据作业工期类型重新计算现有分配的数量、工期和单位时间数量"，由于该作业的工期类型为"固定工期和资源用量"，增加资源分配会降低资源的单位时间用量，

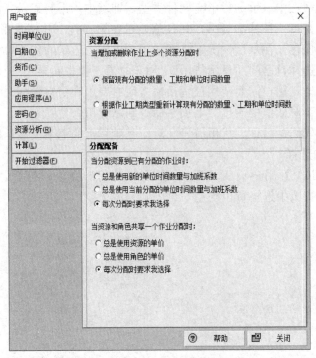

图 6-12 "用户设置"—"计算"标签页

图 6-13 "用户设置"—"计算"页面示例项目

见图 6-14。

图 6-14 选择"根据作业工期类型重新计算现有分配的数量、工期和单位时间数量"示例

2. 替换已有资源分配时的选项

图 6-15 资源替换时选择是否使用
单位时间用量与加班系数

该区域设定分配新的资源到已有分配的作业时询问是否按照当前已分配资源的单位时间数量与加班系数进行分配。例如,对于"分配配置"作业已经分配了"专业工程师"资源,现在需要替换为"项目总工"[在"分配资源"对话框,选择" ",进入"替换选中资源"对话框

（图 6-15），选中"项目总工"，点击分配命令进行替换]，会提醒是否按照"项目总工"的单位时间用量与加班系数进行替换，见图 6-15。

如果选择"是"则按照新资源的单位时间用量进行分配，否则会继承原来资源的单位时间数量与加班系数。这里因为两种资源除了价格有区别外，单位时间用量一致，所以单位时间用量未显示变化，见图 6-16。

图 6-16　资源替换的结果

3. 资源与角色共享一个作业分配时的选项

这部分设置是在同时分配资源与角色到作业时询问使用资源单价还是角色单价。例如，专业工程师的角色为"工程师"，工程师角色的单价是"300 元/d"，见图 6-17。

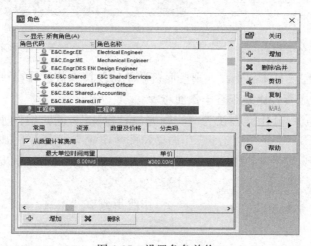

图 6-17　设置角色单价

为"角色和资源共享"作业增加"工程师"角色分配时，按照 300 元/d 的单价进行计算。现在将角色替换为资源"专业工程师"时，如果设定了"每次分配时要求我选择"，则会发出提醒，见图 6-18。

图 6-18　选择是否将分配的
单价用于新资源

6.2.4　资源计算项目层面的默认设置

在项目详情页中选择"计算"标签页，进行作业与资源计算规则的设置与修改，见图 6-19。包括对没有分配资源的作业的单价、作业完成百分比是否基于作业步骤计算、工期完成百分比以及资源数量与费用的关联等内容。

1. 设置没有资源作业的单价

提供没有分配具体资源但需要消耗人工工时数、非人工数量的作业的费用计算。例如作业 A 需要投入 56 个人工工时［在"作业"窗口的"状态"标签页输入 56h（显示 7d），

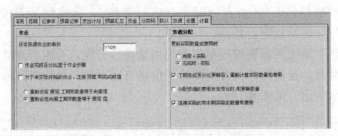

图 6-19 "项目详情—计算"标签页

见图 6-20]。

人工工时的单价需要在"计算"标签页设置，假如输入人工为 10 元/h，在"作业"窗口的"预算人工费用"栏位中显示费用值为 560 元，见图 6-21。

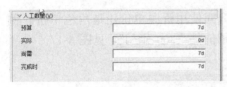

图 6-20 预算工时数

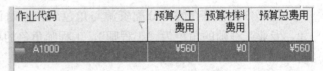

图 6-21 预算人工费计算结果

如果给作业分配了具体的资源，则按照资源单价及预算数量计算费用。

2. 设置作业完成百分比是否基于作业步骤

如果将作业完成百分比类型设为"实际完成百分比"，同时给作业分配了作业步骤，如果勾选"作业完成百分比基于作业步骤"，则作业完成百分比根据作业步骤进行计算，见图 6-22。

☐ 作业完成百分比基于作业步骤

图 6-22 设置作业完成百分比是否基于作业步骤计算

作业步骤在"作业"窗口的"详情/步骤"标签页进行定义，见图 6-23。

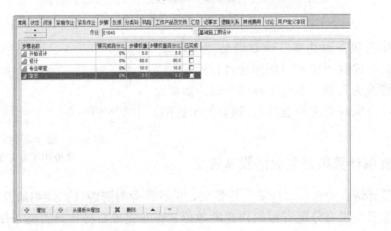

图 6-23 增加作业步骤示例

在衡量作业完成情况时，可以标记作业步骤是否已经完成计算作业的实际完成百分比。已经设定的步骤可以设为模板供其他作业使用。步骤模板的定义及分配步骤为：

（1）选择步骤：单击鼠标右键，选择创建模板，见图 6-24。

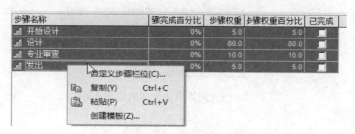

图 6-24　创建步骤模板

（2）定义模板名称：给选择的步骤组合定义模板名称，见图 6-25。

（3）分配步骤模板给作业。

现在给作业"地下室施工图设计"增加步骤，选择"从模板中增加"，进入"分配作业步骤模板"对话框，分配对应的模板给作业，见图 6-26。

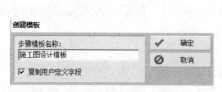

图 6-25　定义步骤模板名称

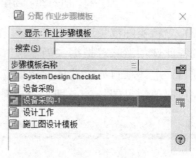

图 6-26　分配步骤模板给作业

3. 预算值与完成时值的关联

对于未开始的作业原定值、尚需值和完成时值一般是等同的，也就是对于未实际开始的作业，预算值和完成时值是关联的。需要将"对于未实际开始的作业，连接预算值与完成时值"选中。如果将预算值与完成时值取消关联，如果作业未开始，则尚需值和完成时值通常继续关联，预算值和完成时值取消关联。例如如图 6-27 所示，当前完成时数量等于 40d，预算数量等于 33d。

图 6-27　取消预算值与完成时值的关联

如果恢复预算值和完成时值的关联，同时选择"重新设定尚需工期和数量等于原定值"，出现以下提示，见图 6-28。点击"是"，则尚需数量调整为预算数量 33d。

4. 资源分配的计算规则

（1）更新实际数量和费用时选择"完成时－实际"。

选择此选项意味着根据"实际值"和"完成时值"计算"尚需值"，该选项主要用于总价包干的项目，见图 6-29。这里录入实际费用"350"，根据尚需值＝完成时值－实际值，尚需值的计算结果为 13150。

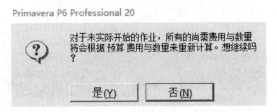

图 6-28 恢复预算值和完成时值的关联

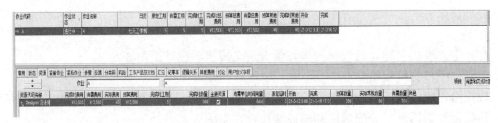

图 6-29 选择"完成时－实际"计算结果

（2）更新实际数量或费用时选择"尚需＋实际"。

选择此选项意味着根据"尚需值"和"实际值"计算完成时值，主要用于总费用不固定的项目。上述项目如果选择此选项，则需要估算完成时值，根据录入的实际值和尚需值计算完成时值，见图 6-30。即：完成时值＝尚需值＋实际值。

图 6-30 选择"尚需＋实际"计算结果

5. 工期完成百分比更新后重新计算实际数量和费用

如果选择该选项则根据工期完成百分比计算实际数量。在图 6-31 中尚需工期设为 2d，则工期完成百分比为 60%，如果选择"工期完成百分比更新后，重新计算实际数量和费用"，则实际工时＝工期完成百分比×预算工时（18d），见图 6-31。

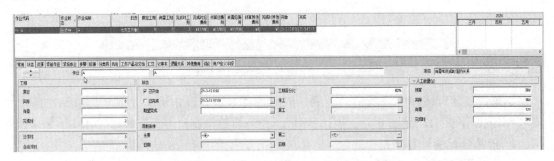

图 6-31 选中"工期完成百分比更新后，重新计算实际数量和费用"的计算结果

6. 资源费用是否与资源数量关联

选择此选项，则当资源的费用变化时，会根据费用＝单价×数量计算，见图 6-32。

当资源"R-30"的预算费用由 2000 元改为 1500 元时，数量改为 60。

图 6-32　选择"分配资源的费用发生变化时，则更新数量"计算结果

7. 连接实际的和本期实际的数量和费用

选择此选项，二者中只要有一个被更新时，则另外一个也会相应地被更新，见图 6-33。

图 6-33　选择"连接实际的和本期实际的数量和费用"计算结果

6.2.5　资源（费用）有关的设置

1. 利用"管理员/管理设置/选项"标签页

在这里指定按计划的时间间隔自动汇总项目数据，设置 P6 联机帮助 URL，见图 6-34。

2. 利用"编辑/用户设置/资源分析"标签页

在绘制资源直方图和剖析表的过程中，对数据源的一些默认设置，见图 6-35。

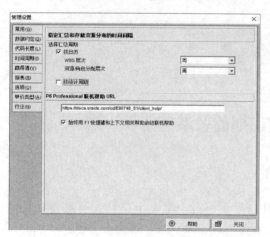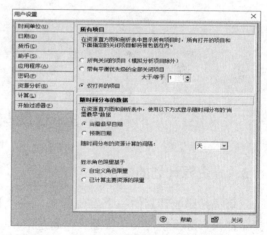

图 6-34　"管理设置"对话框"选项"标签页　　　图 6-35　"编辑/用户设置/资源分析"标签页

在"所有项目"部分，指定计算剖析表、配置及跟踪视图的尚需数量和费用时是否要从关闭的项目中收集信息以及收集的范围。要包含所有打开项目的即时数据和所有关闭项目（不包括带有模拟分析状态的项目）的存储汇总数据，需要选择"所有关闭的项目（模拟分析项目除外）"。如果要包含所有打开项目的即时数据和所有具有特定平衡优先级的关闭项目的存储汇总数据，则选择"带有平衡优先级大于/等于××的全部关闭项目"，然后指定平衡优先级。项目的平衡优先级在"项目"窗口的"常用"标签页设置，选择"仅打开项目"则仅使用打开的项目数据。

在"随时间分布的数据"部分，选择用于计算尚需数量的起始点以及资源直方图、剖析表显示和跟踪视图中的费用。选择针对资源直方图、剖析表及跟踪视图执行即时资源和费用计算的间隔。只有当时间标尺间隔设置为低于"随时间分布的资源计算的间隔"字段中设置的间隔时，才会影响直方图、剖析表和视图。

在"显示角色限量基于"部分，选择基于"自定义角色限量"中定义的自定义角色限量或计算的每个角色主要资源限量来显示角色限量。

3. 利用"管理员/管理设类/其他费用类别"标签页

在该标签页创建、修改或删除其他费用类别，主要用于对其他费用进行分类，见图 6-36。

图 6-36 "管理类别-其他费用类别"标签页

6.3 资源与工期的关系

6.3.1 资源计划的制定

资源是影响计划的一个重要因素，一个计划是否可行，取决于项目资源是否满足需要。如果资源发生冲突，资源负荷超过限量或资金不能足额到位，都会直接影响计划的可行性。因此在制定计划前要充分考虑资源的可获得性。在计划编制过程中还需要考虑资源的可获得性与工期的关系，以确定资源与工期的优先地位。当资源作为计划的主要约束条件时，需要首先确定关键资源和资源的单位时间用量及资源的使用限制。根据资源的可获得性确定工期。如果是任务导向的计划，则以满足工期目标为主，通过分配合理的资源确保工期目标的实现。资源计划的制定过程需要首先考虑资源与工期之间的优先顺序，见图 6-37。

例如对于公寓楼隔断的安装，按照合同要求分包商需要安装 $27000m^2$。隔断包括金属骨架和石膏板。合同要求 10 个工作日内安装完成，其中金属骨架安装效率为每个木工 $1350m^2/d$，石膏板安装效率为每个木工 $1125m^2/d$。金属骨架安装 2d 后可以安装石膏板。所以安装金属骨架需要工人为 2 人/d [$27000/(10×1350)=2$]。安装石膏板需要工人为

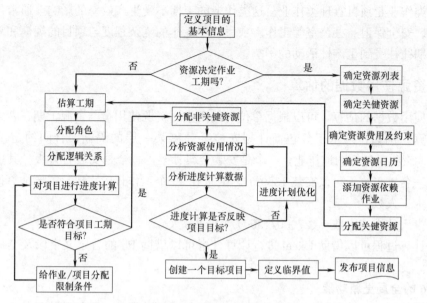

图 6-37　资源计划的制定过程

3 人/d〔27000/（8×1125）＝3〕。该项目就是典型的工期导向计划。

　　而一些任务则属于资源驱控型任务。例如，在现场空间足够的情况下，打桩工作的关键资源是打桩机，假如每台打桩机每天打桩的效率为 1200m，现在需要打桩 6000m。现场配备 1 台打桩机则需要 5d 完成，如果配备 2 台打桩机则需要 2.5d 完成。关键资源的生产效率也会影响到打桩工作的工期，如果使用效率为 1500m/d 的打桩机，一台打桩机需要 4d 完成，2 台打桩机需要 2d 完成。

　　除此之外，还需要确定资源与工期的关系，首先要确定资源工期与作业工期的关系，在计划编制阶段需要在"详情/资源"标签页，设置是否勾选"作业日期受资源驱控"，如果选择受控，则资源工期将驱控作业工期，否则资源工期不能够驱控作业工期。资源工期与单位时间用量【Units/units per time】及资源用量【Units】之间的三角关系，见图 6-38。

图 6-38　资源工期、资源用量与单位时间用量的关系

　　在上述三角关系互动中，P6 软件借助作业工期类型确定三者中需要录入哪一部分，需要计算哪些部分。也就是首先固定一端，录入或变化一端，P6 计算一端。到底固定哪一端，需要在项目计划阶段确定已知条件，例如工期已知还是资源用量已知，还是单位时间用量受到限制。

　　在资源与工期的关系中，资源的投入往往是多元的，既包括人工资源，也可能包括非人工资源。并不是所有参与作业的资源都能够决定作业的工期，不同的作业类型会影响资源在驱控作业工期中的作用。例如，以劳动力为主的作业，主要劳动力的效率是影响作业工期的关键变量。而以设备为主的作业，设备的效率会驱控作业的工期。除了以上两种现场生产性活动外，项目的实施过程还包括采购作业和管理作业。采购作业涉及材料的领取及安装作业的开展，涉及选型、订货、报价、交货等过程。采购的工期受到很多因素的影响。第四类作业是项目管理类作业。这类作业的工期不受生产效率的影响，通常包括日常事务处理、安全保卫、办公室等工作。项目管理工作的复杂程度与项目的规模和复杂程度有关，工期往往受到生产性活动的影响。

6.3.2 资源使用数据的估算

资源使用数据的估算，可以根据单位时间用量、资源使用量与资源工期三者之间的关系进行估算。例如，某木工分包商计划安装某公寓某一层的隔断，合同约定需要安装 $27000m^2$。该项目包括两道作业，一个是安装金属骨架，一个是安装石膏板。其中，安装金属骨架一名木工每天可以安装 $1350m^2$，要求在 10 个工作日内完成。需要估算该作业每天投入的木工人数。

每天投入的木工人数＝(27000/1350)/10＝2（人）。

这一计算过程可以借助 Excel 进行计算，也可以借助 P6 的自定义字段及全局更新功能实现。

1. P6 的全局更新功能

在项目的计划与执行过程中，可能面临着批量数据的修改。数据的批量修改可以利用 P6 提供的"自动填充"功能、查找与替换功能及全局更新功能。其中，利用 P6 的全局更新功能可以快速地批量修改作业类型、资源分配、日历、预算数量等数据。总体更新可以执行加、减、乘、除等算数运算，也可以利用 P6 自带的一些字符串函数（例如 LeftString，SubString 等字符串函数）对作业代码等数据进行批量修改。总体更新可以通过设置条件来对特定的作业、其他费用等数据进行修改。全局更新只能对打开的项目进行操作，在关闭全部项目的情况下，无法启动全局更新功能。

在打开项目的情况下，通过"工具/全局更新"，打开"全局更新"对话框，见图 6-39。

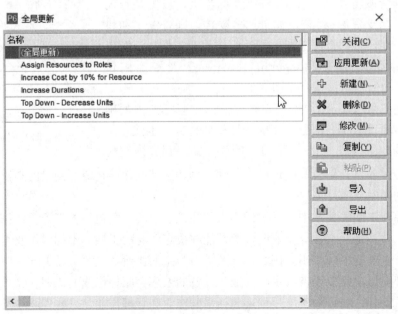

图 6-39 "全局更新"对话框

P6 软件自带了一些全局更新方案，在"全局更新"对话框中可以选择这些方案，点击"修改"进行查看和修改。例如，批量将作业的角色分配替换为资源的全局更新方案"Assign Resources to Roles"，见图 6-40。

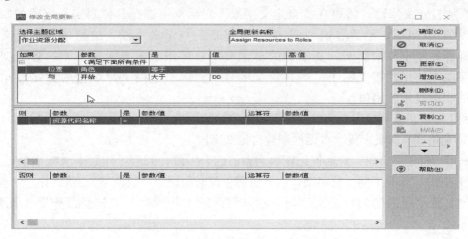

图 6-40　"修改全局更新"对话框

可以在"值"栏位给具体的角色赋值，通过对选择的角色用具体的资源代码值（参数值）进行替换。

除此之外还包括批量修改资源用量【Top Down—Decrease Units】、批量调整作业工期【Increase Durations】等资源全局更新方案。

通过点击"增加"自定义全局更新方案，见图 6-40。在这里需要输入全局更新的名称、全局更新的条件及全局更新的执行方案等。

2. P6 的自定义字段

如果需要追踪一些项目的数据，但是这些数据无法通过内置的栏位（字段）体现，就可以使用 P6 的自定义字段功能来自定义字段和值并增加到项目数据库。可以自定义字段的数据有很多种，既包括项目的数据，也包括 WBS 或作业的数据。通常，自定义字段的数据类型可以是成本、完成日期、开始日期、文本、数字、指示器等。例如，通过设定指示器类型的安全自定义字段，将该字段分配给不同的作业，指示作业的安全状态等级。

查看、修改、增加自定义字段通过"企业/用户定义字段"，打开"用户定义字段"对话框进行相关操作，见图 6-41。

图 6-41　"用户定义字段"对话框

P6 内置了很多自定义字段以供用户使用，这些字段既包括在"项目"窗口使用的项目自定义字段列表，也包括在"作业"窗口使用的自定义字段，还包括其他的自定义字段（包括作业步骤、作业资源分配、资源、WBS、其他费用、问题及工作产品及文档等）。这些字段可以在具体的窗口中将相关的自定义字段在栏位中显示出来并赋值。

增加自定义字段，需要在"自定义字段"对话框中选择具体自定义字段的所属领域，例如"项目"，然后点击"增加"，创建新的自定义字段。给新增的自定义字段定义标题并制定数据类型。文本型的自定义字段使用时需要赋值文本。日期型的自定义字段在使用时需要赋予一些自定义的日期。成本型的字段赋值后直接显示按照设置的货币显示费用值。

利用全局更新和自定义字段估算资源单位时间用量：

① 利用"自定义字段"对话框创建自定义字段。

利用"自定义字段"对话框创建数字型的四个字段：资源工作效率（数字型）、工作量（数字型）、作业工期（数字型）以及资源单位时间用量（数值型）。然后在"作业"窗口栏位中显示刚创建的自定义字段，输入资源的工作效率、工作量及作业工期数据，见图 6-42。

图 6-42 输入自定义字段数据

② 利用全局更新计算资源单位时间用量。

通过"工具/全局更新"，打开"修改全局更新"对话框，建立"资源每天使用量"全局更新，见图 6-43。

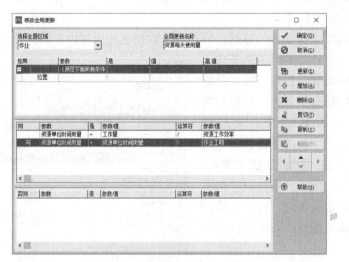

图 6-43 设置全局更新条件及方案

这里首先计算总工时，然后利用总工时除以作业工期得到资源单位时间用量数据。设置完成后，点击"确定"，返回"全局更新"窗口，点击"应用更新"，并确认更新结果，资源单位时间用量发生改变，见图 6-44。

图 6-44　显示资源单位时间用量结果

6.4　定义资源库

6.4.1　资源种类

资源是指完成项目工作所需的人工、材料和设备等的总称。在 P6 中，资源是企业级的数据。资源类型可以分为人工资源、非人工资源和材料资源三大类，当一个项目的分包没有详细的合同工程量计价清单时，可以参照和引入国际大型工程项目管理中常用的计算当量"点"的做法，将"点数"分给作业，在实际应用中还可以将工程量作为资源分配给相应的作业。可以设置资源的分类码对资源进行进一步的分类。例如可以定义分类码，按照部门、承包商、地理位置及所在工厂等标准对资源进行分类。

（1）人工资源：主要用于劳动力资源工时的统计，以时间为单位，例如工日和 h 等。人工资源又分为主要资源和非主要资源，主要资源通常是指作业协调的负责人。

（2）非人工资源：主要用于机械、设备的使用时间的统计，以时间为单位，例如台班和 h 等。

（3）材料资源：主要是指完成作业所消耗的材料资源，不以时间为单位，使用材料本身的计量单位，如 m^3 和 t 等。另外，材料资源不能分配加班系数，角色也不能显示为百分比的形式。

6.4.2　定义资源的基本信息

通过建立层次化的资源分解结构能够体现出资源在组织结构中的位置以及各资源之间的关系。在构建完项目群或项目的 RBS 后，要为每个具体的资源设置一些常用信息，包括单位时间用量、资源的单价及资源日历等信息。如果资源实行轮班制，还需要设置资源每班的单价、数量及单位时间的可用量。可以按照多种分类方法对资源进行分组，以便查看资源在不同项目及作业中的分配情况。可以设置资源在不同项目之间重复利用，且与时间和成本相关联。为了更好地加强资源管理，组织需要制定一个资源计划来整合成本与进度的信息，更加高效地计划和控制项目。

选择"企业/资源"命令，打开"资源"窗口。在"资源"窗口点击命令栏中的"增加"按钮开始创建新资源。如果在"用户设置"对话框"助手"标签页勾选"使用新资源向导"选项，点击"增加"按钮时会启动"新资源生成向导"，按照该向导的提示完成新资源的创建工作，这对初学者很有用。如果不想使用向导创建新资源，则在"用户设置"对话框的"助手"标签页取消勾选"使用新资源向导"选项。新资源创建完成后可以利用显示在窗口底部的"资源详情"各标签页对各资源的详情进行修改和定义。

（1）"详情"标签页：在资源详情表的"详情"标签页中，可以进一步定义资源的类型、资源的工作日历、支付货币和默认的单位时间数量，确定资源是否允许超时及加班系数，设置资源是否可以根据工期进展自动计算实际值以及是否允许根据资源数量确定资源费用等，见图 6-45。

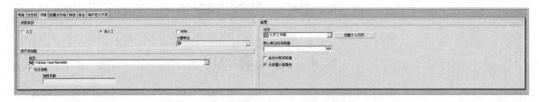

图 6-45　"资源详情—详情"标签页

（2）"数量和价格"标签页：在资源详情表的"数量和价格"标签页，可以确定资源每一时段的资源单价，见图 6-46。还可以确定资源每一班次的单价，见图 6-47。

图 6-46　确定资源每一时段的资源单价

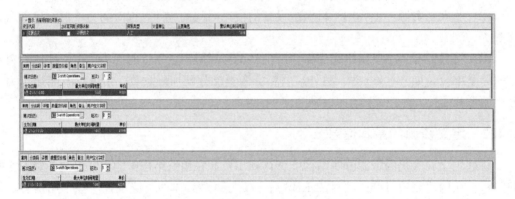

图 6-47　确定资源每一班次的资源单价

6.4.3　定义并分配资源日历

1. 创建资源日历

通过"企业/日历"，打开"日历"对话框，创建资源日历，见图 6-48。

要创建所有资源能够共享的共享资源日历，操作步骤为：

① 选择"资源"，然后点击"增加"。

② 选择要为新资源日历复制的日历，然后点击"选择"图标。

③ 输入新日历的名称。

④ 点击"修改"，然后编辑新日历。

使用类似的方法还可以创建个人资源日历。

2. 定义资源班次

可以使用全局方式定义横跨一段时间内的特定工作小时数的班次，也可以直接为特定资源应用 $1\sim n$ 个班次。资源班次的定义操作步骤为：

图 6-48　"日历"对话框

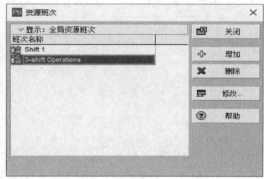

图 6-49　"资源班次"对话框

① 选择"企业""资源班次"，进入"资源班次"对话框，见图 6-49。

② 点击"增加"，然后输入新班次的名称。

③ 点击"修改"，定义新班次的工作小时数。

④ 点击"增加"，然后输入每个班次的开始时间。合计班次小时数相加必须等于 24h，并且每个班次段的工期必须至少为 1h。开始时间必须以整小时开始和结束，例如从 8：00 开始。

6.4.4　分配资源日历

在"资源"窗口的"详情"标签页为资源配置资源日历。在资源详情表中"数量及价格"标签页，选择是否使用班次日历。例如选择了"3-shift operation"班次日历，可以在班次中选择 $1\sim3$，分别为指定的班次设置生效日期、价格及单位时间用量等信息。班次日历的创建尽量与作业日历的开始时间对应，否则会出现一个资源在一个工作日使用不同班次的问题。例如 P6 中提供的"3-shift oper-ation"班次日历，每个班次的开始日期见图 6-50。

第 1 个班次是从 7：00 开始，如果作业日历从 8：00 开始，工作 8h。则资源会跨越两个班次工作，第 1 个班次工作 7h，第 2 个班次工作 1h。如果设置不同的班次单价，则计算费用时会按照不同班次的价格进行统计，例如第 1 个班次

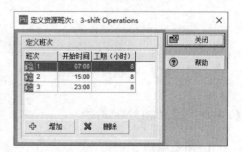

图 6-50　3-shift Operations

每小时 10 元，第 2 个班次每小时 15 元，则资源每日的价格可能是 85 元。

6.4.5 资源数据的导入与导出

这里仅介绍资源的导出【Export】，资源的导入【Import】可以参照项目的导入。

1. 选择导出格式

选择菜单"文件/导出"命令，打开"导出"对话框，在"导出格式"对话框中选择导出格式，见图 6-51。

2. 选择导出类型—资源

点击"下一步"按钮，在打开的"导出类型"标签页中选择"资源"，见图 6-52。

图 6-51 选择导出格式

图 6-52 选择导出类型

3. 输入导出文件的名称与存储路径

点击"下一步"按钮，在"文件名称"标签页中输入导出文件的名称与存储路径，见图 6-53。

4. 结束导出工作

点击"完成"按钮，导出成功后点击"确定"，结束导出工作，见图 6-54。

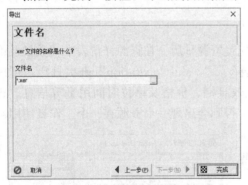

图 6-53 输入文件名称

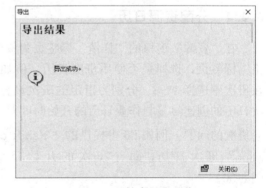

图 6-54 结束导出工作

6.4.6 定义和分配角色

1. 角色概述

角色就是对企业中某一类资源的总称，例如土建工程师、项目经理、项目计划工程师、钢筋工、混凝土工等。角色的作用是：①在项目启动阶段，当不能确定给作业分配具体的资源时，可以提出对某一角色的需求，并用角色暂时代替资源分配给作业，从而通过分析作业的角色使用情况初步了解资源的消耗；②在项目计划阶段，当资源需求被批准后，可以根据角色配备资源，即从可以担当该角色的资源中选择合适的资源替换已分配的角色；③根据角色分析企业内某一类资源的需求与使用的汇总情况。角色是全局数据，可以分配给具体的资源与作业，也可以给角色定义不同的单价。

2. 定义角色

选择菜单"企业/角色【Roles】"命令，打开"角色"对话框（图 6-55），点击命令栏

中的"增加"，利用对话框中各个标签页完成角色代码、名称、职责、单价的定义以及角色分配等工作，也可以创建层次化的角色结构。如果在"数量及价格"标签页勾选"从数量计算费用"选项，则根据角色的使用数量计算角色的费用。

注意新创建的角色如果选择"删除/合并"命令，则会删除选定的角色，如果"角色"已被分配给具体的作业，则在点击"删除/合并"按钮时会给出图 6-56 的提示。可以选择"选择替换角色"，将选定的"角色"用其他角色进行替换，否则执行"删除角色"命令。

图 6-55　"角色"对话框

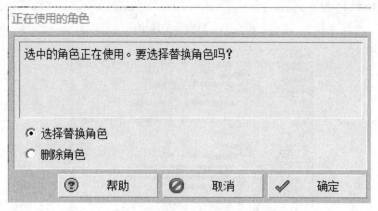

图 6-56　删除已分配角色提示

3. 分配角色

角色的分配可以在"角色"对话框的"资源"标签页进行，见图 6-57。

也可以在"作业"窗口的"资源"标签页为选中的资源分配角色，见图 6-58。

当为作业资源增加角色时，会提醒选择角色单价还是资源单价。是否提醒以及选择角色还是资源的单价用于核算，需要在"用户设置"中"计算"标签页进行设置，见图 6-59。

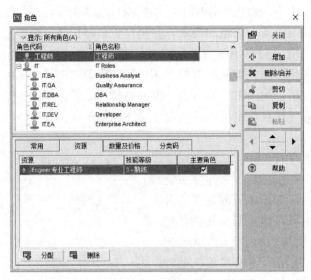

图 6-57　分配角色

图 6-58　给资源增加角色

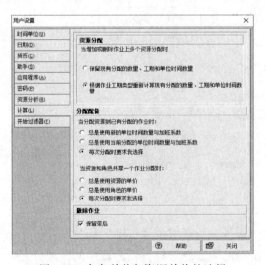

图 6-59　角色单价与资源单价的选择

4. 资源、角色与 OBS 的关系图

资源、角色与 OBS 的关系见图 6-60。

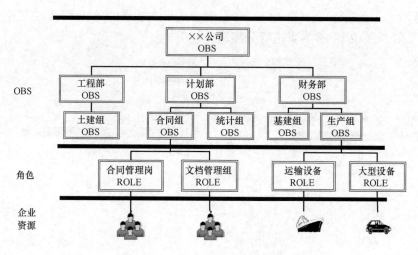

图 6-60　OBS、角色、资源的关系

6.4.7　定义和分配资源分类（分配）码

1. 资源分类（分配）码概述

资源分类码是资源的分类扩展属性，主要用于对资源库中所有资源进行多种维度的分类或过滤。例如，如果需要报告与分析各部门资源的分配情况，可以创建一个名为"所属部门"的资源分类码，其码值为工程处、采购处、质安处和计财处等，在定义资源详情时，给资源分配相应的码值，使用"所属部门"分类码就可以对资源进行分组、排序和汇总。

资源分类码是全局数据（企业级），适用于企业内所有资源，它最多支持 25 个层次。一种资源可以分配多个资源分类码。通过设置资源分类码并分配分类码值，可以实现按照资源分类码对数据进行分组和排序。

分配分类码是 P6 中一个新增的分类码，这一分类码主要用在"资源分配"窗口，为作业的资源分配设置资源优先级、资源隶属部门、资源在作业的配置状态等内容。

2. 资源分类（分配）码

（1）定义资源分类（分配）码及其码值。

选择菜单"企业/资源分类码"命令，打开"资源分类码"对话框，见图 6-61。

在"资源分类码"对话框中点击"修改"，打开"资源分类码定义"对话框，在该对话框中创建新的资源分类码，在"资源分类码定义"对话框中可以为新增分类码设置保密属性，返回"资源分类码"对话框为新增的资源分类码定义码值。

（2）定义资源分配分类码。

定义资源分配分类码通过"企业/分配分类码"，打开"分配分类码"对话框，见图 6-62。

定义分配分类码具体的定义过程与资源分类码的定义类似，此处不再赘述。

（3）分配资源（分配）分类码。

分配资源分配分类码或资源分类码可以在资源窗口进行分配，见图 6-63。可以在"分类码"标签页进行分配，也可以在"栏位"里进行分配。分配资源分配分类码需要在

"资源分配"窗口中进行，见图 6-64。和资源分类码的分配类似，可以在栏位里进行配置，也可以在"分类码"标签页进行分配。

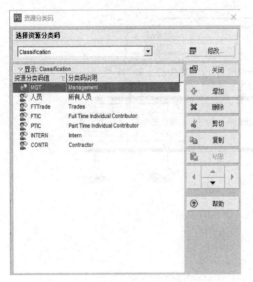

图 6-61　"资源分类码"对话框　　　　图 6-62　"分配分类码"对话框

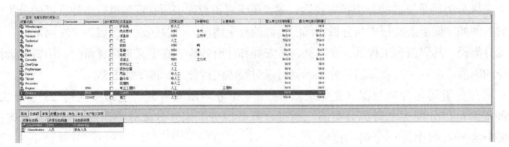

图 6-63　分配资源分类码

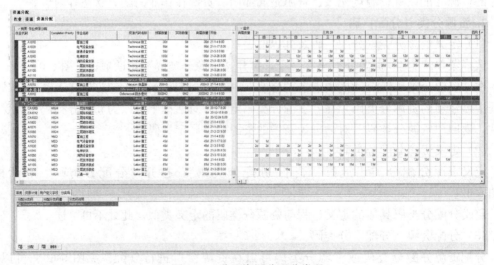

图 6-64　分配资源分配分类码

6.5　作业类型

6.5.1　P6 的作业类型

P6 的作业类型控制如何计算作业工期与日期，包括 WBS 汇总、开始里程碑、配合作业、任务相关、完成里程碑、资源相关六种。其中开始里程碑作业和完成里程碑作业属于 0 工期的作业。开始里程碑作业只有开始日期，完成里程碑作业只有完成日期，它们不消耗资源。任务相关和资源相关的作业主要反映了作业和资源的关系，任务相关作业也就是工期导向的作业。资源相关属于资源依赖型的作业。配合作业属于管理类或者支持类的作业，作业工期受到其他作业的影响。WBS 作业是集合类的作业，工期汇总了 WBS 节点下的作业的开始和完成时间。

6.5.2　任务相关作业

任务相关作业是最常用的一种作业类型。这种作业的进度安排是由作业的日历决定的，不受资源日历的影响。例如浇筑混凝土，其工期是由混凝土凝固时间决定的，增加浇筑设备、增加工作班组，都不会加快浇筑的速度，这种作业就是典型的任务相关作业。在实际选择作业类型时，如果资源的进度安排服从于作业的进度安排，这种作业属于任务相关作业，也称为任务导向型作业。例如一个作业工期为 4d 的任务型作业（作业日历为五天工作制日历），所需资源有三个，资源的工作时间分布如图 6-65 所示。

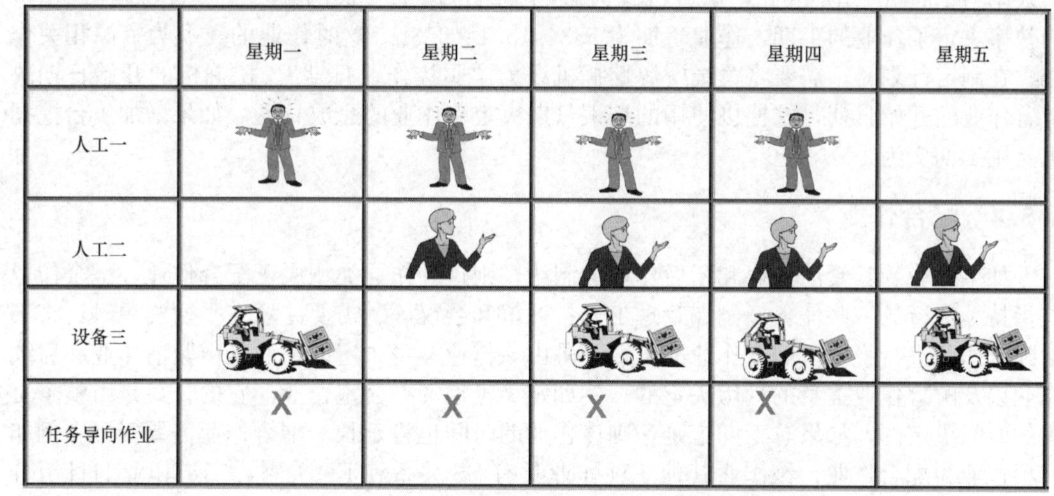

	星期一	星期二	星期三	星期四	星期五
人工一					
人工二					
设备三					
任务导向作业	X	X	X	X	

图 6-65　任务相关作业工期计算示意图

在这种情况下，作业的工期为 4d，在默认情况下资源的分配会按照作业的日历安排，也就是每个资源安排 4d 的投入，没有考虑资源的约束条件。

6.5.3　资源相关作业

资源相关作业的工期受到资源影响，资源的日历和投入强度影响着作业工期。资源相关作业的资源按照自己的日历进行进度安排，也称为资源驱控型作业。例如某项作业需要三种资源，要求每个资源提供 3d 的工作量，整个作业才算完成，各资源的工作时间分配见图 6-66。

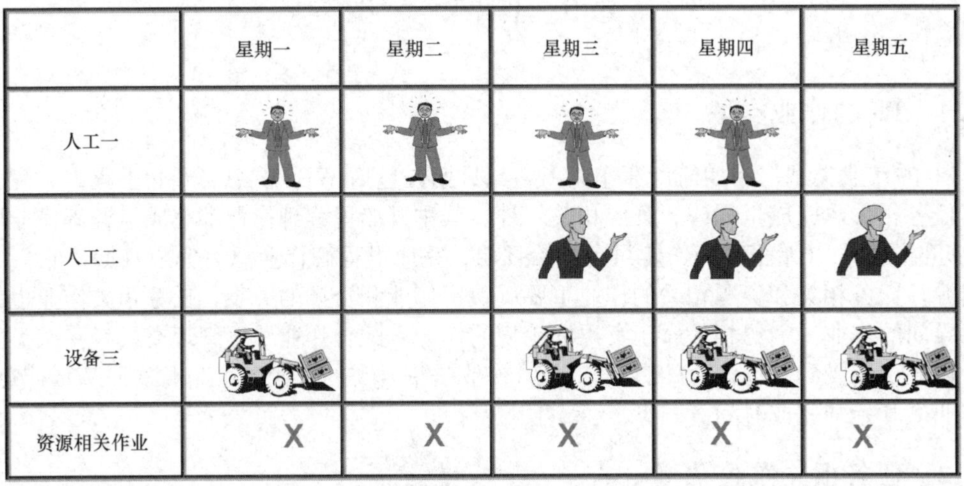

	星期一	星期二	星期三	星期四	星期五
人工一					
人工二					
设备三					
资源相关作业	X	X	X	X	X

图 6-66　资源相关作业工期计算示意图

根据图 6-66 的资源进度安排，整个作业的持续时间需要 5d 才能完成。而 5d 的作业工期，"人工一"仅投入了 4d，"人工二"投入了 3d。资源相关的作业往往需要识别关键作业，因为关键作业会驱控作业的日期。例如，为了安装 1800m 长的水管，弃土运距为 1km，土方工程量为 5334m^3，现有挖掘机 1 台、装载机 1 台、工长 1 人、卡车驾驶员 1 人，资源每日的工作时间为 8h，实行七天工作制日历。卡车的效率为 38.4m^3/h，挖掘机的效率为 15.1m^3/h，因此，挖掘机成为影响施工进度的关键因素（驱控资源），挖掘机的效率决定了作业的工期，作业工期为 5334/15.1＝353h。这时作业的类型为资源相关作业。在制定计划时，需要将关键资源挖掘机设为"驱控作业日期"。挖掘机的开始日期决定着作业的开始日期，挖掘机使用的结束日期决定着作业的完成日期。如果增加 1 台挖掘机，则工期变为 176.5h。

6.5.4　配合作业

如果作业受其紧前作业和紧后作业的制约，则这种作业类型属于配合作业，配合作业是指持续进行的一些任务，例如管理工作、评审和会议等。需要注意在平衡资源时，将不对配合作业进行平衡。配合作业的工期不是由该作业本身决定的，而是由紧前作业和后续作业以及配合作业本身的日历决定的。例如定义工地的办公室作业，它的长短是由整个工程的时间决定的，如果总工期拖延，则该作业的时间也将延长。配合作业需要资源。例如某项作业为配合作业，该作业其他三项作业具有 SS 关系和 FF 关系，三道作业的日历分别为 5 个工作日，配合作业的日历为 7 个工作日，如果作业 1、作业 2 及作业 3 的工期分别为 2d，则配合作业的工期为 8d，见图 6-67。

6.5.5　WBS 作业

WBS 作业表示该作业的开始与完成日期取决于该 WBS 包含的作业的最早开始日期与最晚完成日期，工期由其分配的日历计算。WBS 作业可以分配资源、费用及逻辑关系，但逻辑关系不参与进度计算。另外 WBS 作业不能分配限制条件。

在图 6-68 中，作业 4 为项目 Project1 的 WBS 作业，其 WBS 为 Project1.1。同属于

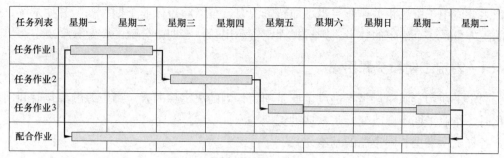

图 6-67　配合作业工期计算示意图

Project1.1 的作业有三个，分别为作业 1、作业 2、作业 3，三个作业的逻辑关系为 FS 关系，延时为 0，三个作业的作业日历均为 5 个工作日，工期都为 2d，而 WBS 作业的作业日历为 7 个工作日，则 WBS 作业的工期为 8d。

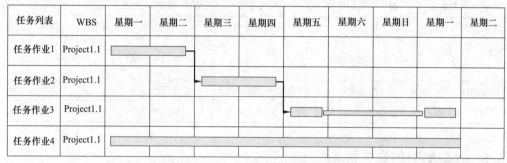

图 6-68　WBS 作业工期计算示意图

6.6　作业工期类型的选择

工期类型是指一种工期完成的百分比类型，用于在进行进度更新时以何种方式计算工期。工期类型决定在更新项目进展时，进度、资源或费用中哪一项将起决定性作用。工期类型只有在加载资源以后才能生效。P6 中共有四种工期类型，分别是固定单位时间用量、固定工期和单位时间用量、固定资源用量、固定工期和资源用量。

6.6.1　固定单位时间用量

固定单位时间用量是指资源是否可用是项目计划最关键的部分。在这种情况下，即使作业工期或工作量变化，单位时间用量也将保持不变，通常资源相关作业选择该类型。如 1 台挖掘机的工作效率是确定的，则需要把它设为固定单位时间用量。

6.6.2　固定工期和单位时间用量

固定工期和单位时间用量是指进度工期是项目计划的决定性因素。当作业更新时，作业工期不会改变，而且不考虑分配的资源数量。当计算尚需工期时，可以选择让 P6 计算尚需数量或单位时间用量。主要应用于任务相关作业。

6.6.3　固定资源用量

固定资源用量是指作业的预算是项目计划的限制性因素，作业的数量是一个不变的值，主要应用于资源相关作业。当增加新资源时，可以缩短作业工期。例如开挖基坑，开挖的土方量是一个确定的数量，则选择固定资源用量，工期由分配的资源数量决定。

6.6.4 固定工期和资源用量

固定工期和资源用量是指进度工期是项目计划的决定性因素。当资源的单位时间用量变化时，作业工期不会改变，是默认的工期类型。

各种工期类型共同遵循的基本公式：

$$工期 = \frac{资源用量}{单位时间资源用量} \tag{6-1}$$

表 6-1 中列出了在 P6 中当某一个变量改变时，其他两个变量的变化情况。

工期、资源用量、单位时间资源用量的关系　　　　　　　　　　　　表 6-1

作业工期类型	改变资源用量	工期改变时	单位时间用量改变	增加资源
固定单位时间用量	工期改变	资源用量改变	工期改变	工期改变
固定工期和单位时间用量	单位时间用量改变	资源用量改变	资源用量改变	资源用量改变
固定资源用量	工期改变	单位时间用量改变	工期改变	工期改变
固定工期和资源用量	单位时间用量改变	单位时间用量改变	资源用量改变	单位时间用量改变

6.6.5 计划影响因素分析

进度计划的影响因素包括工期类型、作业类型、作业日历、资源日历、延时日历等，现结合示例分析各因素的综合影响结果。作业清单见表 6-2。

作业清单表　　　　　　　　　　　　表 6-2

作业名称	原定工期(d)	工期类型	作业类型	紧后作业	逻辑关系	延时(d)
B	5(40h)	固定单位时间用量	任务相关作业	E	SS	1
				C	FS	0
E	5(40h)	固定工期和单位时间用量	任务相关作业	F	FS	0
F	5(40h)	固定工期和资源用量	任务相关作业	D	FS	0
C	5(40h)	固定资源用量	资源相关作业	D	FS	0
A	5(40h)	固定资源用量	资源相关作业	G	SS	0
				H	FS	0
				G	FS	0
I	0(0h)	固定工期和单位时间用量	开始里程碑作业	A	SS	2
				B	FS	0
				K	SS	0
D	8(64h)	固定单位时间用量	资源相关作业	J	FS	0
				K	FF	0
				H	SF	0
G	3(24h)	固定工期和单位时间用量	任务相关作业	F	FF	0
M		固定工期和资源用量	WBS 作业			
H	10(80h)	固定工期和资源用量	任务相关作业	D	SF	0
				A	FS	0
K		固定工期和单位时间用量	配合作业			
J	0	固定工期和单位时间用量	完成里程碑作业			

软件的默认日历为"七天工作制"，WBS 作业为"七天工作制"，其他作业均为"五天工作制"。现有两种资源，资源 A 每天默认的工作时间为 8h，资源日历实行"四天工作制"，资源 B 实行"七天工作制"。在"用户设置"对话框的"计算"标签页选择"根据作业工期类型重新计算现有分配的数量、工期和单位时间用量"。项目开始时间为 2006 年 9 月 30 日，项目的默认日历为"五天工作制"，现假设延时使用紧前作业日历进行进度计算。

1. 未加载资源的情况下进度计算结果

未加载资源的情况下，进度计算结果见图 6-69。

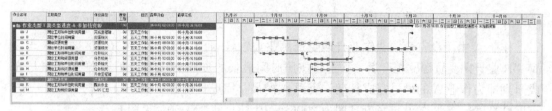

图 6-69　项目未加载资源的进度计算结果

2. 加载资源后的时间参数计算

现按照以下步骤加载资源：

（1）作业 I：

作业 I 为开始里程碑，项目计划开始日期及数据日期均为 9 月 30 日（星期六），作业 I 按照本身的作业日历（五天工作制日历）最早开始日期为 10 月 2 日。由于作业 I 是开始里程碑作业，最早完成日期和最早开始日期相同，作业 I 的紧后作业为作业 B、A、K，见图 6-70。

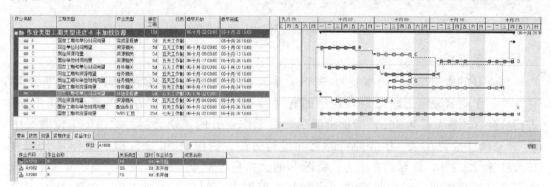

图 6-70　I 作业最早开始/最早完成日期

（2）作业 A：

作业 A 的紧前作业为作业 I，作业 A 和作业 I 的逻辑关系 $SS=2(16h)$，由于在进度计算时延时使用紧前作业日历（作业 I 日历），同时考虑作业 A 的作业日历，作业 A 的最早开始日期为 10 月 4 日。

首先分配资源 B，现假设"作业日期受资源驱控"未选择，由于作业 A 为资源相关作业，资源按照"七天工作制"进行安排，工期为 7d。由于作业 A 工期类型为"固定资源用量"，资源的预算总量为 56h，当继续增加资源 A 时，由于工期类型的制约在保持资源总量不变的情况下，资源的预算数量将在两个资源中进行分配，分配的方案根据作业的历时并结合在作业的历时范围内两个资源的可工作时间按比例进行分配，资源 A 在作业历时范围内可工作时间为 32h，资源 B 的可工作时间为 56h，则分摊后，资源 A 的预算工时＝[32/(56＋32)]×(7×8)＝20h21.82n，资源 B 的工时为 35h38.18n，见图 6-71。

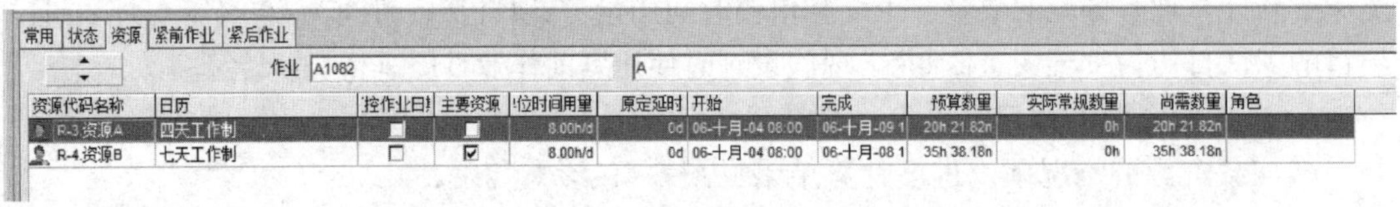

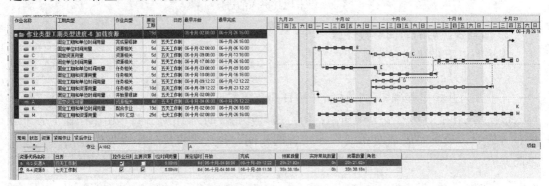

图 6-71　加载资源后作业 A 资源未设置"作业日期受资源驱控"的进度计算结果

作业 A 由于没有设置"作业日期受资源驱控"，作业工期维持 40h（5d）不变，当设置"作业日期受资源驱控"后，作业将按照时间最长的资源 A 安排，即资源 A 的最早完成日期即为作业 A 的最早完成日期，资源 A 的最早完成日期为 2006 年 10 月 9 日 12：00，进度计算后，作业 A 最早完成日期为 2006 年 10 月 9 日 12：00，见图 6-72。

图 6-72　加载资源后作业 A 资源设置"作业日期受资源驱控"的进度计算结果

（3）作业 B：

作业 B 的紧前作业也为作业 I，逻辑关系为 $FS=0$，则作业 B 的最早开始日期为 10 月 2 日。作业 B 原定工期为 5d，现增加资源 B，则资源 B 根据"默认的单位时间用量"进行分配，预算数量为 40h。增加资源 A，由于作业 B 的工期类型为"固定单位时间用量"，总预算量将在 A、B 两种资源之间进行分配。资源 A 和 B 分担的工作量分别为 17.78h 和 22.22h，计算的方法为：资源 B 的工作量等于 $40×(40/72)=22.22h$。资源 A 和资源 B 将在作业的开始时间和完成时间内根据本身的日历安排工作。资源 B 的工时 22h13.32n 需要工作到 10 月 4 日 14：13。由于作业工期类型为"固定单位时间用量"，增加新资源时相当于增加了单位时间的投入量，每个作业的单位时间用量保持不变则工期发生改变，见图 6-73。

设置"作业日期受资源驱控"后进行进度计算，结果见图 6-74。

资源 B 的完成日期为 2006 年 10 月 4 日，由于设置了"作业日期受资源驱控"，所以作业 B 的最早完成日期等于资源 B 的完成日期（2006 年 10 月 4 日 14：00）。

（4）作业 C：

作业 C 的紧前作业是作业 B，逻辑关系为 $FS=0$。作业 B 的最早完成时间为 2006 年 10 月 4 日 14：00，根据紧前作业 B 与作业 C 的作业日历，得出作业 C 的最早开始日期为

2006 年 10 月 4 日 14：00。现按照先后顺序给作业 C 增加"资源 A"和"资源 B"，结果见图 6-75。

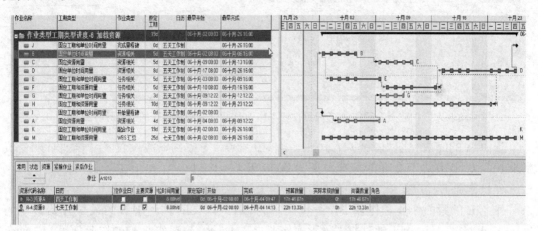

图 6-73　加载资源后作业 B 资源未设置"作业日期受资源驱控"的进度计算结果

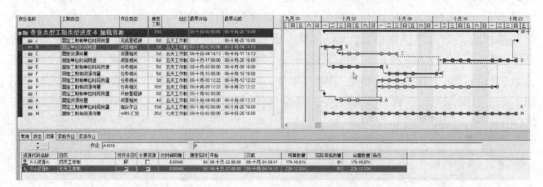

图 6-74　加载资源后作业 B 资源设置"作业日期受资源驱控"的进度计算结果

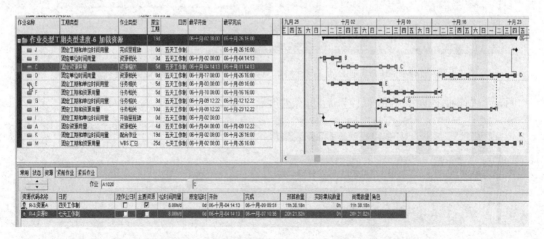

图 6-75　加载资源后作业 C 资源未设置"作业日期受资源驱控"的进度计算结果

　　计算分析过程可以参考作业 A 的分析过程，设置"作业日期受资源驱控"后，计算结果见图 6-76。

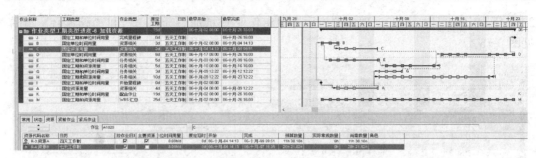

图 6-76 加载资源后作业 C 资源设置"作业日期受资源驱控"的进度计算结果

资源 A 的完成日期为 2006 年 10 月 9 日 10：00，考虑到资源设置了"作业日期受资源驱控"，所以作业 C 的最早完成日期为 2006 年 10 月 9 日。

（5）作业 E：

作业 E 的紧前作业是作业 B，逻辑关系为 SS＝1（8h）。作业 B 的最早开始日期为 2006 年 10 月 2 日，由于延时使用了紧前作业 B 的日历，根据作业 E 的作业日历，作业 E 最早开始日期为 2006 年 10 月 3 日。按照先后顺序给作业增加资源 A 和增加资源 B。增加资源 A 后，资源投入的强度将按照默认的单位时间用量使用每天 8h，5d 为 40h。由于作业 E 的作业类型为"任务相关作业"，投入资源 A 时将不考虑资源 A 的日历影响，仅按照作业 E 的日历投入资源。增加资源 B 时按照作业的工期类型进行分配，同时不考虑资源 B 的日历，由于作业的工期类型为"固定工期和单位时间用量"，增加新资源相当于增加了单位时间用量，在保持工期不变的情况下预算数量将翻倍为 80h，同时资源的工期安排保持不变，结果见图 6-77。

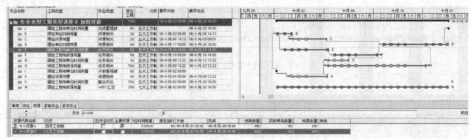

图 6-77 加载资源后作业 E 资源未设置"作业日期受资源驱控"的进度计算结果

设置"作业日期受资源驱控"后进行进度计算，结果见图 6-78。

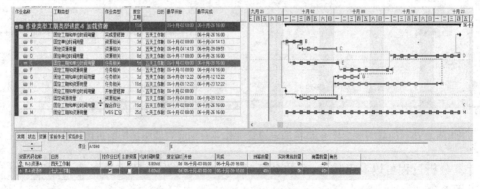

图 6-78 加载资源后作业 E 资源设置"作业日期受资源驱控"的进度计算结果

通过图 6-78 可以看出，作业工期和资源工期都没有发生任何变化。根据作业 E 的作业日历，作业 E 最早完成日期等于最早开始日期加上 5（40h）d 的工期再加上 2d 的日历非工作日，即等于 2006 年 10 月 9 日 16：00。

（6）作业 G：

作业 G 与紧前作业 A 的逻辑关系为 SS 关系和 FS 关系，延时均为 0。根据作业 G 和作业 A 之间的 SS 关系、作业 A 的最早开始日期以及作业 G 的日历，可以算出作业 G 的最早开始日期为 2006 年 10 月 4 日。根据作业 G 和作业 A 之间的 FF 关系可以推算作业 G 的最早开始日期为 2006 年 10 月 9 日 12：00。对上述两个结果进行比较，则作业 G 的最早开始日期为 2006 年 10 月 9 日 12：00，给作业 G 分配资源 A 和资源 B，未设置"作业日期受资源驱控"的计算结果见图 6-79。

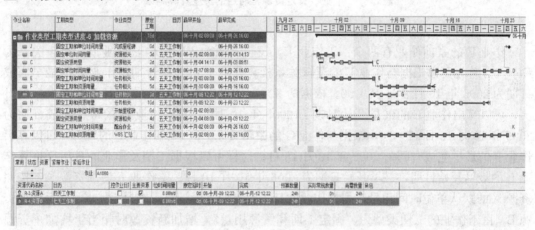

图 6-79　加载资源后作业 G 资源未设置"作业日期受资源驱控"的进度计算结果

在设置资源的驱控属性后进行进度计算，结果见图 6-80。

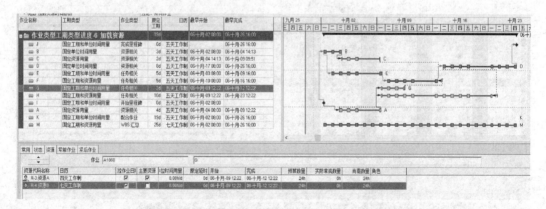

图 6-80　加载资源后作业 G 资源设置"作业日期受资源驱控"的进度计算结果

将分配给作业 G 的资源 A 开始日期改为 10 月 11 日，也就是增加 2d 的延时，则在作业详情表的"资源"标签页显示"原定延时"为 16h，并且资源 A 的完成日期变为 2006 年 10 月 18 日，作业 G 的工期变为 7d（56h），作业 G 的最早完成日期等于最早开始日期加上工期 7d（56h）再加上 2d 的日历非工作日，变为 2006 年 10 月 18 日 12：00，见图 6-81。

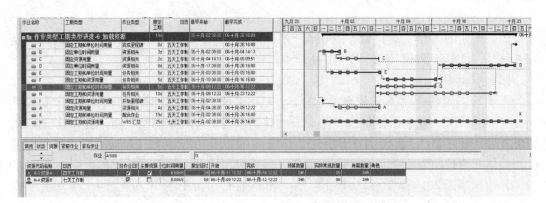

图 6-81　作业 G 设定资源延时后的进度计算结果

（7）作业 F：

作业 F 的紧前作业有两个：①作业 E，逻辑关系为 $FS=0$；②作业 G，逻辑关系为 $FF=0$。首先可以根据与作业 E 的逻辑关系推算作业 F 的最早日期，作业 E 的最早完成日期为 2006 年 10 月 9 日 16：00，依据两者之间的逻辑关系 $FS=0$ 并且考虑作业 F 的日历，可以算出作业 F 的最早开始日期为 2006 年 10 月 10 日。作业 G 的最早完成日期为 2006 年 10 月 16 日 12：00，根据与作业 G 的逻辑关系 $FF=0$ 和作业 F 的日历，可以算出作业 F 的最早完成时间为 2006 年 10 月 16 日。这样可以根据工期及作业的日历反推算作业 F 的最早开始日期，最早开始日期为 2006 年 10 月 10 日。给作业 F 增加资源 A，按照资源 A 的默认单位时间用量，根据作业的日历及工期进行计算，结果为 40h，然后增加资源 B，由于作业的工期类型为"固定工期和资源用量"，增加新资源时相当于增加了资源的单位时间投入的数量，这样在保持总预算量不变的情况下，每个资源的投入强度将减为一半，结果见图 6-82。

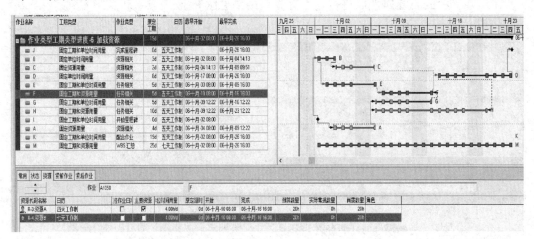

图 6-82　加载资源后作业 F 资源未设置"作业日期受资源驱控"的进度计算结果

设置资源的驱控属性后，进度计算的结果见图 6-83。

从图 6-83 可以看出，作业的开始日期和完成日期没有任何变化，这说明任务相关作业在安排资源时将按照作业的工期及日历进行。

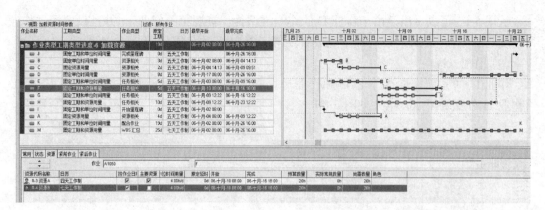

图 6-83　加载资源后作业 F 资源设置"作业日期受资源驱控"的进度计算结果

（8）作业 D：

作业 D 的紧前作业是作业 C 和作业 F，逻辑关系均为 $FS=0$。根据前推法的计算规则，紧后作业 D 的最早开始日期为根据作业 C 和作业 F 计算的作业 D 最早开始日期中最迟的一个，考虑作业 D 的作业日历，作业 D 的最早开始日期为 2006 年 10 月 17 日。给作业 D 按照先后顺序增加资源 B 和资源 A，初始结果见图 6-84。

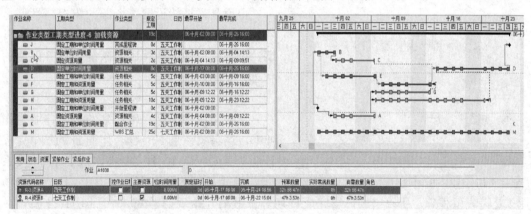

图 6-84　加载资源后作业 D 资源未设置"作业日期受资源驱控"的进度计算结果

设置"作业日期受资源驱控"后，进度计算结果见图 6-85。

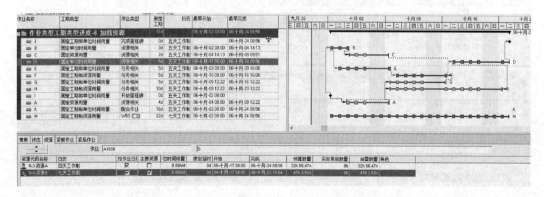

图 6-85　加载资源后作业 D 资源设置"作业日期受资源驱控"的进度计算结果

223

从图 6-85 可以看出，由于作业 D 的作业类型为"资源相关作业"，并且设置了"作业日期受资源驱控"，作业 D 的最早完成日期等于资源 A 的完成日期 2006 年 10 月 24 日。

（9）作业 H：

作业 H 的紧前作业为作业 D 和作业 A，两者的逻辑关系分别为：$SF=0$；$FS=0$。给作业 H 分配资源 A，结果见图 6-86。

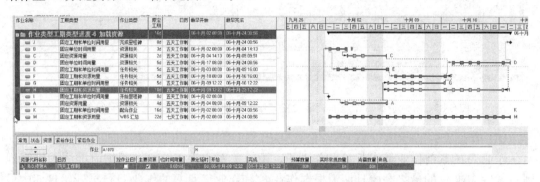

图 6-86　加载资源后作业 H 资源设置资源驱控属性的进度计算结果

现将资源的开始日期修改为 10 月 8 日，则显示图 6-87 的对话框。

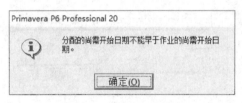

图 6-87　修改作业 H 资源的开始日期后的提示框

也就是说虽然设置了资源的驱控属性但是资源的开始日期不能早于作业的尚需开始日期。重新进行进度计算后，恢复修订日期前的状态，见图 6-88。

（10）作业 J：

作业 J 是完成里程碑，它的紧前作业是作业 D，逻辑关系是 $FS=0$。作业 D 的最早完成日期为 2006 年 10 月 24 日，根据逻辑关系 $FS=0$ 和作业 J 的作业日历，可以算出 J 的最早开始日期为 2006 年 10 月 24 日。由于作业 J 是完成里程碑，所以它的最早完成日期等于最早开始日期即 2006 年 10 月 24 日，在软件中只显示作业的最早完成日期，见图 6-89。

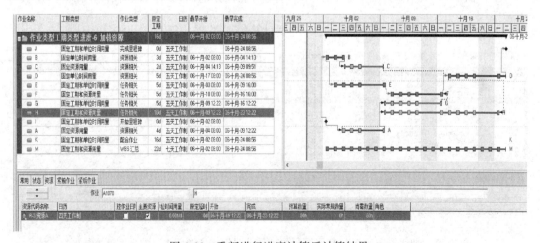

图 6-88　重新进行进度计算后计算结果

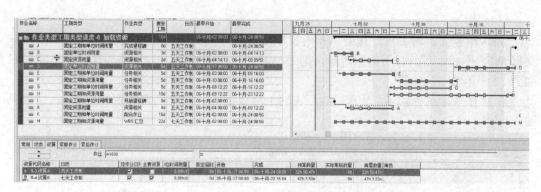

图 6-89　作业 J 开始/完成日期

（11）作业 K：

由于 K 是配合作业，其开始日期和完成日期受紧前及紧后作业的驱控，则最早开始日期由其紧前作业 I 根据逻辑关系确定，作业 I 的最早开始日期为 2006 年 10 月 2 日，作业 K 与其紧前作业的逻辑关系为 $SS=0$，并考虑作业 K 的日历，所以作业 K 的最早开始日期为 10 月 2 日。它的最早完成日期由紧前作业 D 的最早完成日期决定，同时两者之间的逻辑关系 $FF=0$，考虑作业 K 的日历，所以作业 K 的最早完成日期为 2006 年 10 月 24 日。

给配合作业分配资源，按照先分配资源 B 再分配资源 A 的原则进行，结果见图 6-90。

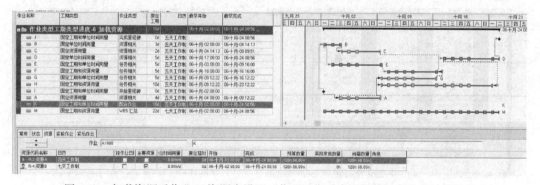

图 6-90　加载资源后作业 K 资源未设置"作业日期受资源驱控"的进度计算结果

设置"作业日期受资源驱控"驱控后，进度计算结果见图 6-91。

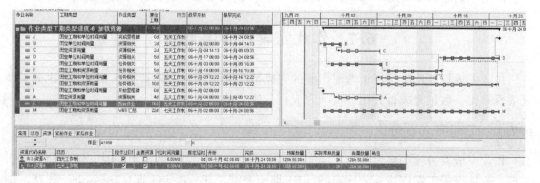

图 6-91　加载资源后作业 K 资源设置"作业日期受资源驱控"的进度计算结果

（12）作业 M：

WBS 作业无逻辑关系，其最早开始日期由其包含的具有最早开始日期的最早值作业根据 WBS 作业本身的日历进行统计，则最早开始日期为 2006 年 10 月 2 日，最早完成日期为 2006 年 10 月 24 日。

给 M 作业增加资源 B，WBS 作业 M 的工期类型为"固定工期和资源用量"，结果见图 6-92。

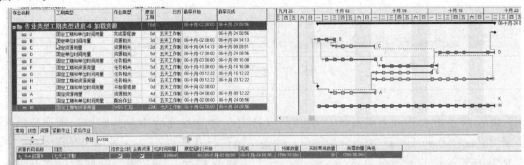

图 6-92　加载资源后作业 M 资源设置"作业日期受资源驱控"的进度计算结果

将项目计划未加载资源和加载完资源后的进度计算结果在同一个视图中反映出来，进行对比分析，见图 6-93。

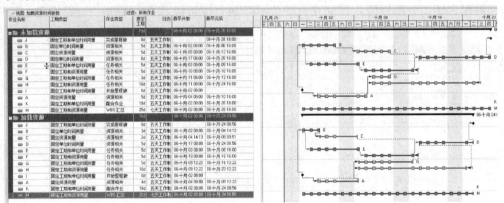

图 6-93　加载资源与未加载资源进度计算结果对比图

使用"紧后作业日历""24 小时日历""项目默认日历"进行计算的分析过程略。

6.7　作业完成百分比类型

作业完成百分比类型用于考虑作业的完成情况采用哪种方式计算。在 P6 中共有工期完成百分比、数量完成百分比、实际完成百分比三种类型。

6.7.1　工期完成百分比

作业完成百分比如果设置为工期完成百分比，在进行项目数据更新时，需要输入尚需工期，软件根据工期完成百分比＝(原定工期－尚需工期)/原定工期×100% 进行计算，例如原定工期为 10d，尚需工期为 5d，则工期完成百分比为 50%。如果在项目详情表中

"计算"标签页勾选"工期完成百分比更新后，重新计算实际数量和费用"，则工期百分比和数量完成百分比进行关联。工期百分比等于数量完成百分比，数量完成百分比更新后，软件会自动计算资源实际费用。工期百分比适用于度量项目管理人员、行政人员的工作。

6.7.2　数量完成百分比

数量完成百分比是指用已完成工作的数量占总数量的百分比考察作业的完成情况。如果作业的完成类型定义为数量完成百分比，则软件根据数量完成百分比＝实际数量/完成时数量进行计算。实际数量包括实际工时数和实际非人工数量。完成时数量包括实际数量和尚需数量。数量百分比不统计材料类资源的数量完成百分比。数量百分比和工期百分比的计算原理并不相同。数量百分比使用完成时数量而工期百分比使用原定工期。工期百分比强调资源或成本的消耗随着时间均匀分配，而数量百分比可以随着时间不均匀分配。

6.7.3　实际完成百分比

实际完成百分比是一种最为常用的作业完成百分比度量方法。无论是施工活动、采购活动还是设计活动都可以用实际完成百分比的度量方式。但是，如果缺少客观指标作为支持，这种方法就会成为主观性最强的作业完成百分比度量方法。

实际百分比的估算也可以融入一些客观的因素，可以经由作业步骤的完成情况推算作业的实际完成百分比。如果根据作业步骤计算百分比，允许将作业分割成更小的任务增量并跟踪这些单元的完成情况，给步骤分配权重时，整道作业的完成情况将基于每个特定步骤的完成情况进行计算。要使用加权步骤必须设置以下两个选项。在"项目"窗口的"常用"标签页中，选择"作业完成百分比基于作业步骤"，在"作业"窗口的"常用"标签页中，将完成百分比类型字段设置为"实际"。基于步骤的作业完成百分比计算如图 6-94所示，作业由三个步骤组成，每个步骤所占的权重分别为 50%、20%、30%，则作业在图 6-94（a）的状态下作业完成百分比为 50%，在图 6-94（b）的状态下作业完成百分比

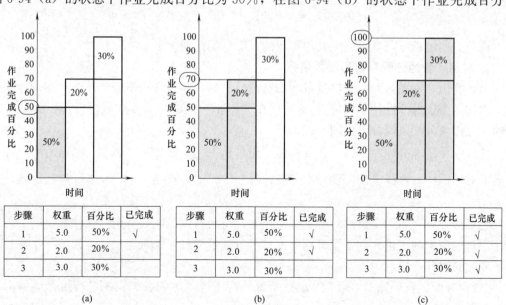

图 6-94　作业百分比基于作业步骤计算示例

为 70%，则图 6-94（c）的状态下作业完成百分比为 100%。

同一道作业不同类型的作业完成百分比的结果会不同。例如，一项水泵安装工作可能需要 5d，第 1 天初步安装就花费了 90% 的成本，最终安装完毕还需要 4d 及 90% 的劳动力。使用工期完成百分比，该工作完成 20% 的工作；使用数量百分比，该工作完成 10% 的工作；如果按照成本度量实际完成百分比，则该工作的实际完成百分比为 90%。用户根据作业的特点、项目管理的需要确定项目中作业需要选择的作业类型、工期类型和完成百分比类型，在增加新作业以前，需要在项目详情表中的"默认"标签页新增作业的默认设置。

6.8 资源（角色）加载与分析

6.8.1 资源（角色）加载

1. 利用"作业详情"表中的"资源"标签页加载

在"作业详情"表中的"资源"标签页中，可以为项目的每道作业分配所需的资源，并填写资源的各种信息，例如原定工期、单价、预算数量等。以"CBD 项目"为例，点击"增加资源"按钮，在打开的"分配资源"对话框中选择"初步设计"作业所需的资源"设计师"，点击"分配"，将设计师分配给初步设计作业。分配资源后，在"资源"标签页的各个字段输入资源的预算数量、每个资源使用的单价类型等信息。如果在分配资源前，在相关标签页进行了相应的设置，则预算费用及尚需费用和尚需数量会根据预算数量计算出来，见图 6-95。

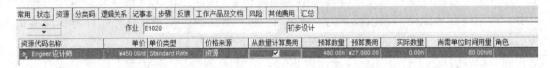

图 6-95 给"初步设计"作业分配资源

按照上述过程可以继续完成其他作业的资源分配计划。

2. 利用"资源分配"窗口加载资源

可以利用"资源分配"窗口批量增加资源，例如，项目的初步设计及施工图设计等设计工作均需要资源"设计工程师"，则可以在"作业"窗口为需要加载"设计工程师"的任何一道作业分配该资源，见图 6-96。

然后在"资源分配"窗口，选择资源"设计师"，点击"➕"命令，在弹出的"选择作业"对话框中，选择其他需要分配"设计师"的作业，点击"➕"，进行资源加载，见图 6-97。

也可以在"作业"窗口临时增加一道作业，将项目资源统一分配给该作业，确定可以用于项目的资源池，进入"资源分配"窗口进行批量加载。加载完成后，回到"作业"窗口，删除临时作业即可。

"资源分配"窗口除了可以批量加载资源外，还可以对加载的资源进行批量或局部删除，见图 6-98。

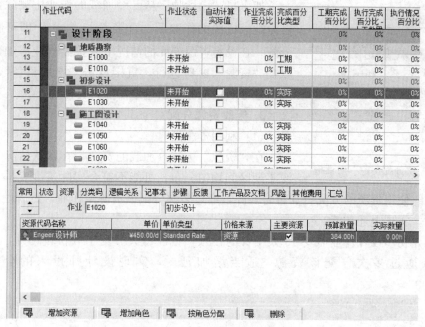

图 6-96　"作业"窗口加载资源

图 6-97　"选择作业"对话框

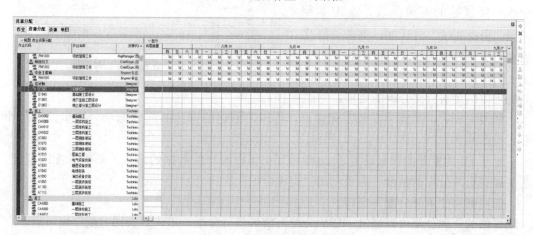

图 6-98　"资源分配"窗口

图 6-99 "分配角色"对话框

如果将"设计师"从已经加载的作业中删除，则选择已分配该资源的作业后，直接点击" ✖ "即可删除资源分配。在没有资源分配的情况下直接给作业添加角色，可以在"资源"窗口进行，直接点击"增加角色"，在"分配角色"对话框分配角色给作业，见图 6-99。

3. 修改资源分配

（1）利用资源延时。

在"资源"标签页加载的资源，在默认情况下都在资源工期区间均匀分布，可能不符合实际进度安排。可以利用资源延时使得资源的分配更加符合实际，通过多次分配该资源给作业，然后设置不同的资源延时，实现上述功能。

例如，初步设计作业需要 48 人工日的投入，目前每天分配了 8 位设计师，工作 6d。现在可以通过多次分配该资源，适当增加延时，实现设计师投入的合理分配，见图 6-100。

图 6-100 利用资源延时修改资源分配

（2）利用资源曲线。

如果资源不是在作业工期内均匀投入，除了使用资源延时外，还可以通过增加资源曲线实现。具体操作步骤为：

通过"企业/资源曲线"打开"资源曲线"对话框，见图 6-101。

点击"增加"按钮，在弹出的对话框中选择要复制的资源曲线，点击" ⊞ "回到"资源曲线"对话框，点击"修改"，启动对资源曲线的修改，见图 6-102。

由于资源曲线总共设置了 20 个格子，只能近似满足对资源分配的要求，见图 6-103。

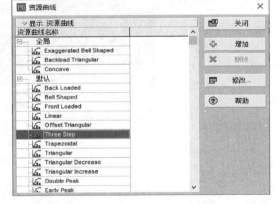

图 6-101 "资源曲线"对话框

修改完成后，回到"资源"标签页，将刚才创建的资源曲线分配给"初步设计"作业，见图 6-104。

由于 P6 的资源曲线只设置了 20 个单元格供资源分配数据的输入，影响分配的精度。为了提高资源分配的精度，需要利用"资源分配"窗口。

（3）利用"资源分配"窗口。

详细的资源分配可以通过"资源分配"窗口进行分配。进入"资源分配"窗口后，点击"视图"下拉菜单，选择"资源使用剖析表"，见图 6-105。

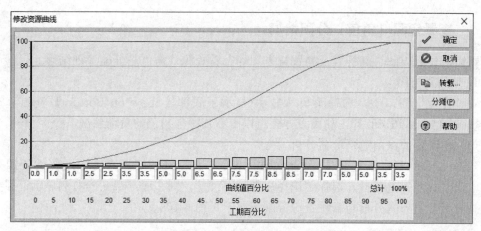

图 6-102　打开"资源曲线"对话框

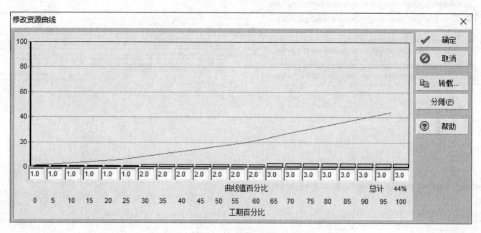

图 6-103　修改资源曲线数据

图 6-104　分配资源曲线

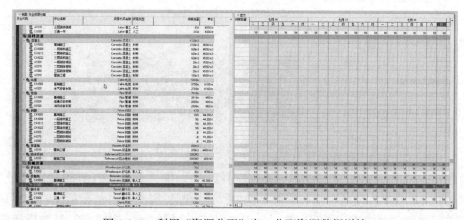

图 6-105　利用"资源分配"窗口分配资源数据详情

231

6.8.2 查看资源（角色）分配情况

可以通过直方图、剖析表及叠置直方图等查看资源（角色）分配计划结果。

1. 使用直方图

在"作业"窗口中，选择菜单"显示/显示于底部【Show on Bottom】/资源直方图【Resource Usage Profile】"，利用直方图可以查看资源与角色的负荷状况。

（1）单个资源（角色）负荷分析。

选择"显示/显示于底部/资源直方图"命令，在打开的资源直方图左侧的资源列表中，点击"显示"选项栏，选择"选择视图/按资源"，则在底部视图的右侧显示资源直方图，通过资源直方图分析与查看资源分配情况，见图 6-106。

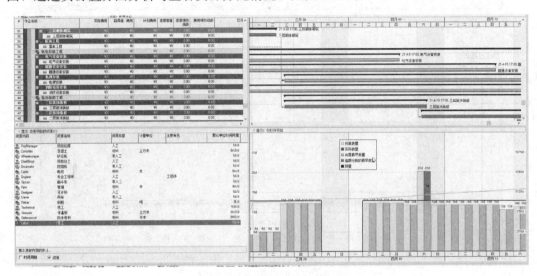

图 6-106 单个资源负荷分析

如果在"显示"标签页选择按照"角色"显示，则显示角色分配直方图，见图 6-107。

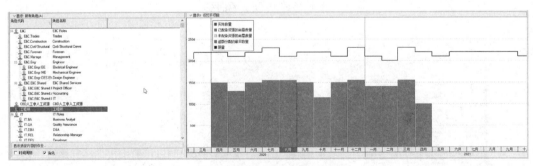

图 6-107 显示角色分配直方图

角色直方图可以显示"已配备资源的尚需数量"和"未配置资源的尚需数量"。在图 6-107 中可以看出，角色全部被资源替换，没有为配置资源的角色数量。时间标尺可以选择按时间周期（例如统计周期）显示，也可以选择"资源"，按照资源过滤横道图的作业显示。

（2）资源组负荷分析。

在底部窗口显示"资源直方图"的情况下，在直方图区域单击鼠标右键，见图 6-108。

选择"叠置直方图"，可以在直方图中显示多个资源的资源分布情况。为了能够显示叠置资源直方图，还需要点击"资源直方图选项"，打开"资源直方图选项"对话框，见图 6-109。

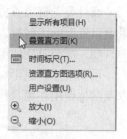

图 6-108　资源直方图设置快捷菜单

通过增加过滤器，将需要显示的资源组合过滤出来。可以通过堆叠直方图查看各个资源组合在项目上的分布情况。例如，在堆叠直方图视图下单击鼠标右键，在弹出的快捷菜单中选择"资源直方图选项"，通过设置不同类型的过滤器形成不同类别的资源或组合，然后将这些组合绘制到堆叠直方图里，见图 6-110。

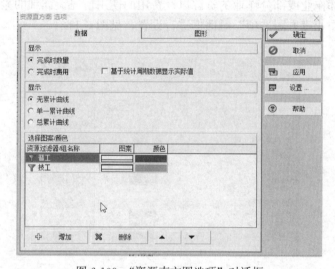

图 6-109　"资源直方图选项"对话框

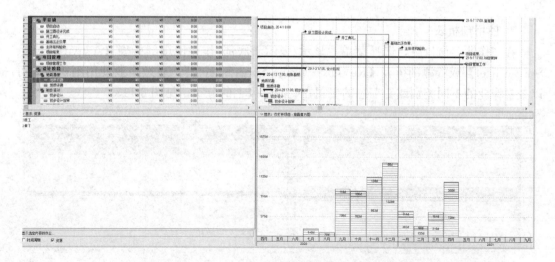

图 6-110　不同过滤器形成不同类别资源或组合页面

通过叠置资源直方图可以查看整个项目的某类资源在项目生命周期内的资源负荷，如果项目资源的工时投入波动太大，则需要对部分资源进行资源平衡。

（3）资源类别的汇总分析。

可以通过"显示/显示于底部"，选择"作业使用直方图"，查看人工、非人工、材料以及其他费用在项目作业中的投入分布情况，见图 6-111。

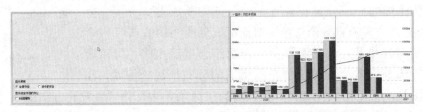

图 6-111　作业使用直方图

可以查看全部作业或部分作业的资源以及费用的使用情况。详细的显示可以通过单击鼠标右键打开"作业直方图选项"对话框进行设置，见图 6-112。

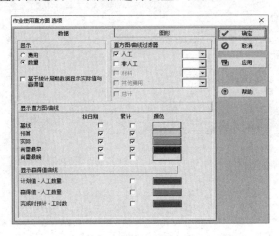

图 6-112　"作业使用直方图选项"对话框

2. 使用剖析表

在"作业"窗口中，选择菜单"显示/显示于底部/作业使用剖析表【Activity Usage Spreadsheet】或资源剖析表【Resource Usage Spreadsheet】"。通过作业使用剖析表，可以查看作业的不同类别或者汇总的费用在时间标尺上的分布，见图 6-113。

图 6-113　作业使用剖析表

资源使用剖析表可以查看资源数量或费用的分配情况，见图 6-114。

图 6-114　资源使用剖析表

3. 使用"资源分配"窗口

使用"资源分配"窗口可以查看资源的分配结果详情，见图 6-115。

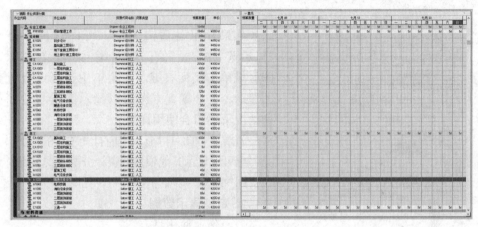

图 6-115　使用"资源分配"窗口

在"资源分配"窗口，除了可以查看资源的使用情况外，还可以为作业的资源分配"分配分类码"，例如，可以在栏位中显示"completion priority"分类码，为作业的资源分配设置在不同作业上的资源优先级。

6.9　定制资源视图

6.9.1　定制直方图

直方图既可以以柱状图的形式显示某一资源或某一组资源按照设定的时间周期在某一项目或所有项目生命周期内的分配情况，也可以按照类型显示项目作业的资源或费用的消耗情况；直方图既可以显示数量也可以显示费用；既可以显示实际消耗的数量或费用，也可以显示尚需的数量或费用。直方图按照反映的对象不同，可以分为作业使用直方图和资源直方图。资源直方图按照反映的资源种类的多寡，又可以进一步分为多个资源的直方图（叠置直方图）和单个资源的直方图。

资源和作业使用直方图的定制包括选择需要显示的信息、设置绘制柱状图的时间周期以及定制柱状图的显示详情等。

1. 显示直方图

（1）显示作业直方图：

作业直方图仅能显示在视图区的下部窗格，在下部窗格显示作业使用直方图的途径有：①选择"视图选项栏/显示于底部/作业使用直方图"命令；②选择"显示/显示于底部/作业使用直方图"命令；③点击工具栏中"作业使用直方图"按钮" "。作业使用直方图可以显示打开项目的作业的各类资源的消耗量或费用，还可以显示项目的赢得值数据。

（2）显示资源直方图：

资源使用直方图只能在"作业"窗口的下部窗格中显示，打开的途径有：①选择"视图选项栏/显示于底部/资源使用直方图"命令；②选择"显示/显示于底部/资源使用直方

图"命令；③点击工具栏中的资源直方图" "按钮。

如果显示叠置直方图，可以选择：①选择"显示选项栏/叠置直方图"命令；②在资源直方图区域单击鼠标右键，在菜单中选择"叠置直方图"命令。叠置直方图可以显示数量与费用在各种情况下的组合使用详情。

资源直方图可以显示当前打开项目的资源分配情况，也可以显示其他项目的资源分配情况，具体设置在"用户设置"对话框中进行，见图6-116。

图 6-116 "用户设置"对话框
"资源分析"标签页

2. 定制显示数据

（1）作业使用直方图：

在作业使用直方图区域选择"显示选项栏/作业使用直方图选项"命令或者在作业使用直方图区域单击鼠标右键，在菜单中选择"作业使用直方图选项"命令，在打开的"作业使用直方图选项"对话框中点击"数据"标签页，见图6-117。

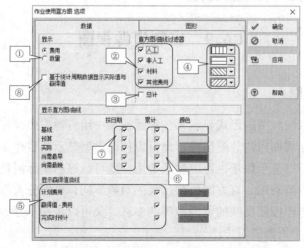

图 6-117 "作业使用直方图选项"对话框

各区域标注选项的含义见表 6-3。

"作业使用直方图选项"中各区域标注选项的含义　　　　表 6-3

标注点	含　义	标注点	含　义
①	仅显示资源消耗人工数量和非人工数量	⑤	显示赢得值计算时的各种曲线
②	显示各类费用	⑥	显示累计曲线
③	仅显示各类费用的汇总值	⑦	按照设定的柱状图的生成周期显示数值
④	为选中的过滤器选择图案	⑧	用财务周期统计数据代替实际值与赢得值

（2）资源直方图：

资源直方图显示数据的设置包括：①单个资源直方图显示数据的设置；②多个资源直方图显示数据的设置。

1）单个资源的直方图。

与作业使用直方图相同，可以使用两种方式打开"资源直方图选项"对话框，然后点击"数据"标签页，设置在直方图中显示的数据类型和显示方式，见图 6-118。

具体设置包括显示数量和显示费用，可以设置按照最早和最晚日期分别进行显示。通过显示按照最早和最晚日期分配的资源数量数据，可以为进一步资源平衡提供线索。

资源直方图显示具体资源在指定项目的分配情况。资源使用数据的统计可以通过"用户设置"设置资源的统计口径是基于打开的项目还是包括关闭的项目。设置显示所有项目需要在直方图显示区域选择"显示栏位/显示所有项目"命令，见图 6-119。

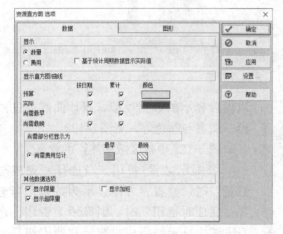

图 6-118　"资源直方图选项"对话框

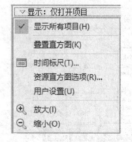

图 6-119　选择显示所有项目

同时，"显示所有项目"的值域需要在"用户设置"对话框的"资源分析"标签页进行设置，见图 6-120。

2）叠置直方图。

叠置直方图包括资源叠置直方图和角色叠置直方图。角色叠置直方图创建的方式与资源叠置直方图相似，只是用于过滤条件的栏位有所不同。因此，这里仅介绍资源叠置直方图。资源叠置直方图的打开途径有：①在资源直方图区域单击鼠标右键，在快捷菜单中选择"叠置直方图"；②选择资源直方图上方的"显示选项栏/叠置直方图"命令，见图 6-121。

在叠置直方图图形显示区域单击鼠标右键，选择"资源直方图选项"或者选择"显示选项栏/资源直方图选项"命令，打开"资源直方图选项"对话框。在打开的对话框中可

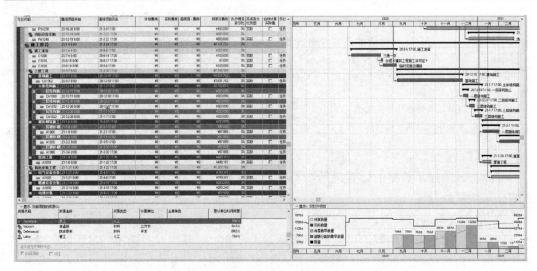

图 6-120　资源视图的设置

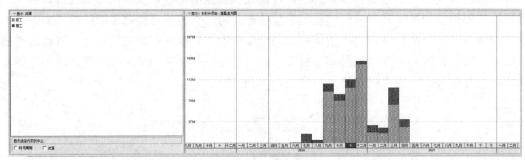

图 6-121　叠置直方图

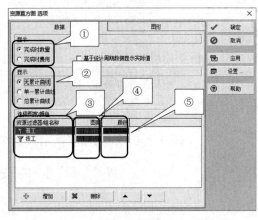

图 6-122　"资源直方图选项"对话框

以设置显示的数据类型、累计曲线、过滤器、图案与颜色等，见图 6-122。

图 6-122 中各区域标注点的含义为：

① 显示数量/费用。当选择"完成时数量"时，叠置直方图显示为数量；当选择"完成时费用"时，则显示为费用。在直方图中显示的完成时数量与费用都是基于最早日期计算的。如果资源组中包含人工资源与非人工资源，则资源叠置直方图既可以显示为完成时数量，也可以显示为完成时费用，因为其数量都是基于工时计算的。但是，如果资源组中包含材料资源与人工资源或非人工资源，则只能显示完成时费用。

② 累计曲线：

无累计曲线：不显示任何曲线，该选项为默认选项。

单一累计曲线：为每一项选择的资源绘制各自的完成数量或费用的累计曲线，显示的颜色与直方图一样。在相应的柱状图区域双击鼠标，可以显示资源在该时间段内的使用情

238

况，见图 6-123。

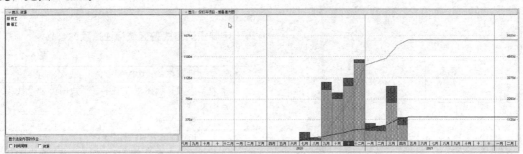

图 6-123　累计曲线—单一累计曲线

总累计曲线：为选择的所有资源绘制一条完成数量或费用的总累计曲线，曲线的颜色为黑色，见图 6-124。

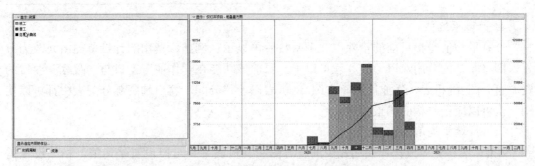

图 6-124　累计曲线—总累计曲线

③ 资源分组与过滤器。定义要分析的资源组及各资源组要使用的过滤器，可同时设置多个资源组，每个资源组中的过滤器可以使用多个过滤条件，见图 6-125。

可以用于过滤条件的字段为与资源相关的字段，包括资源、资源代码、资源名称、角色、角色代码、主要角色及资源分类码等。

④ 图案。为不同的资源组选择不同的图案以示区别，见图 6-126。

⑤ 颜色。为不同的资源组选择不同的背景颜色以示区别。

3. 定制图形格式

定制图形格式在"资源直方图选项"或"作业使用直方图选项"对话框的"图形"标签页中进行，见图 6-127。

图 6-125　定制资源过滤器

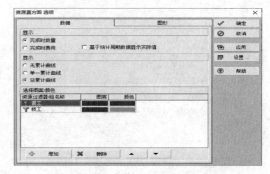

图 6-126　"选择图案/颜色"对话框

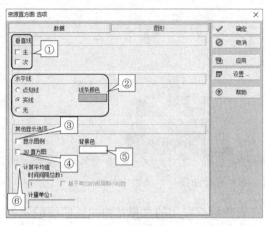

图 6-127 定制图形格式

定制图形格式各区域标注选项的含义见表 6-4。

定制图形格式各区域标注选项的含义

表 6-4

①	显示在背景中时间单位(主或次)垂直线
②	设置显示在直方图中水平线的类型及线条颜色
③	显示图例
④	以 3D 形式显示柱状图
⑤	改变直方图的背景色,点击"背景色",选择一种新的颜色
⑥	若要把时间标尺分隔成指定的增量形式,可以选择"计算平均值"选项,为时间标尺增量指定计量单位

4. 计算平均值

计算平均值是将目前的量除以一个基数后再显示。例如,费用的计量单位由元改为万元,即将原来的费用除以 10000 就可以了。目前该功能在"作业"窗口与"跟踪"窗口的资源直方图/剖析表、作业使用直方图/剖析表以及"分配"窗口的资源分配表中都可以使用,也可以应用于相应的报表中。

(1) 计算平均值的设置。

在 P6 中与资源或作业使用相关的直方图和剖析表中均可以设置平均值,相关设置需要在相应的对话框的标签页中进行,打开相应的设置标签页的途径为:①在"作业"窗口与"跟踪"窗口中的作业使用直方图或资源直方图中单击鼠标右键,在下拉菜单中选择"资源直方图选项"或"作业使用直方图选项"命令,在打开的对话框中选择"计算平均值"选项,在相关的选项框中即可输入相关内容,见图 6-128。② 在"作业"窗口、"分配"窗口与"跟踪"窗口中的资源剖析表、作业使用剖析表以及"资源"分配窗口中单击鼠标右键,在下拉菜单中选择"剖析表选项",打开"剖析表选项"对话框,即可在各个选项框中输入相关内容或者进行选择,见图 6-129。

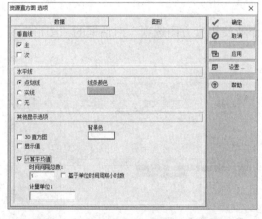

图 6-128 "资源直方图选项"对话框
"图形"标签页

图 6-129 "剖析表选项"对话框

（2）计算平均值。

计算平均值的时间间隔有两种方式：如果是为了分析某一时间周期内资源（费用）投入强度，则选择"基于小时/时间周期"选项；而如果是为了更换单位级别设置基数，则不要选择"基于小时/时间周期"选项。如果选择"基于小时/时间周期"选项，即根据在"管理设置"中定义的时间周期和直方图或剖析表中使用的时间标尺间隔计算，见图 6-130。

不选择"基于小时/时间周期"选项，由用户根据需要输入间隔值以及显示的计量单位。

5. 定制随时间分布的数据

在"资源使用直方图"对话框中，单击鼠标右键或在菜单"显示"中选择"用户设置"命令，指定当计算尚需数量和费用时是否包含打开和关闭的项目数据，或者只显示当前打开的项目数据（关闭的项目是指在 EPS 节点下任何当前没打开的项目）。指定要使用尚需或预计开始和完成日期显示资源数量和费用值，也可以选择在跟踪视图的资源使用直方图和剖析表中显示资源和费用执行情况的时间间隔。指定显示角色限量基于自定义角色限量，也可以指定基于已计算主要资源的限量，见图 6-131。

图 6-130　"管理设置"对话框

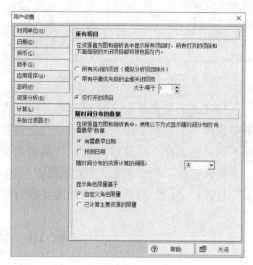

图 6-131　"用户设置—资源分析"对话框

6. 定制时间标尺

使用时间标尺，用户可以根据需要选择用于显示信息详情的日期间隔。

6.9.2　剖析表

剖析表包括作业使用剖析表和资源使用剖析表，剖析表的设置包括设置显示字段及计算平均值设置。计算平均值的设置已在前面章节做了介绍，此处不再赘述，本节将介绍作业剖析表和资源剖析表可以显示的字段。

1. 作业使用剖析表字段

在作业使用剖析表视图区域单击鼠标右键，在打开的快捷菜单中选择"剖析表字段"，打开"字段"对话框，见图 6-132。

该对话框中的内容与"资源剖析表"中"字段"对话框内容相同，在该对话框的"可用字段"列表中选择想在剖析表中显示的字段，然后点击选择的按钮，把选择的字段放在"已选的选项"列表框中，选择完成后点击"确定"，将所选的字段数据显示在剖析表中。默认的剖析表字段为"尚需工时数"。在"字段"对话框中可以选择应用于剖析表中显示的数据字段包括两大类，即时间周期数据和累积数据，分别显示时间周期内的数据和累积的数据。可以显示的数据包括资源或费用的周期值或累积值，也可以显示财务周期的历史数据。

2. 资源剖析表字段

资源剖析表字段的设置可以选择软件默认的设置选项，也可以自定义，各种选择需要打开如图 6-133 所示的下拉菜单，在下拉菜单中进行选择。

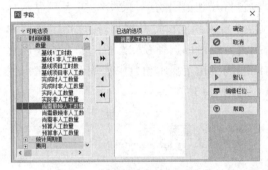

图 6-132　剖析表"字段"对话框

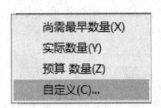

图 6-133　剖析表字段设置选项

打开该下拉菜单的途径有两种，一是在资源剖析表视图区域单击鼠标右键，在下拉菜单中选择"剖析表字段"子菜单；二是在视图区域单击资源使用剖析表上方的"显示"打开下拉菜单，在下拉菜单中选择"剖析表字段"子菜单。

可以选择"尚需数量""实际数量"和"预算数量"等显示字段，也可以选择"自定义"打开"字段"对话框，选择需要在资源剖析表中显示的数据字段。

6.10　资源平衡

6.10.1　资源平衡概述

项目资源平衡有可以减少资源柱状图的高峰和低谷，使柱状图变得平滑。假设被平衡的资源是人工，实际上是使人员编制更稳定，项目中人员变动降到最低程度。平衡要求项目经理确定是否有足够的资源在计算出的工期内完成工程。如果资源不足，就可能使工期延长。在进度计划中考虑资源影响时，有两种极端情况：一是工期受限的进度计划【Time-Constrained Scheduling】，即项目工期限定，但资源无限制。在项目完工期非常重要时，项目经理将采取一切可以采取的措施，如随时增加人员、支付加班工资等以保证项目的按时完工，这种情况就可以看作项目工期限定而资源无限制的情况。二是资源受限的进度计划【Resource-Constrained Scheduling】，即资源有限，但项目工期无严格限制。当项目经理不能获得更多的资源，如不能加班、不能雇佣更多的人员时，项目必须有一个更长的工期才能完工，这种情况就可以看作资源有限而项目工期无严格限制的情况。

在实际工程项目的计划和实施过程中，项目经理面对的往往是工期和资源均有限的情况，在执行资源平衡操作时，可以先假定其中一个不受限制来制定计划，然后再进一步考虑被放宽的限制条件。如果工期的限制和资源的限制互不相容，则需要制定项目的备选方案。一般来说，工期和资源通常都没有绝对限制，但需要将两者控制在有限范围内，这种情况下的进度计划介于工期受限和资源受限两个极端之间。

P6 进行资源平衡时，根据一种资源在确定的时间段内可以调用的最大工作量进行，如果资源在作业的整个工期内都不可用，则作业将延迟直到资源可用。资源平衡可以选择人工方式进行平衡，也可以按照设定的选项自动平衡。在资源平衡过程中，里程碑作业、配合作业、其他费用及模拟分析项目（关闭时）将被忽略。在对项目进行资源平衡时，作业的计划日期会临时改变。如果未选择"在进度计算时进行资源平衡"，则重新对项目进行进度计算后将会删除平衡日期而恢复平衡前的计划日期。由于资源往往在多个项目中同时使用，因此，在资源平衡中需要综合考虑资源在其他项目上的分配。

6.10.2　P6 资源平衡的选项

P6 在进行资源平衡时提供了一些设置，例如"保留进度最早时间和最迟时间""在进度计算时同步资源单价"等。现以示例解释资源平衡的设置。现有一个由 6 道作业组成的网络进度计划，都使用了资源"平衡资源"，每道作业日历均为"七天工作制"，项目计划开始时间为 2021 年 1 月 6 日。资源每天"最大限量"为 16h/d，资源在每道作业上的分配为 8h/d，资源平衡前资源直方图如图 6-134 所示。

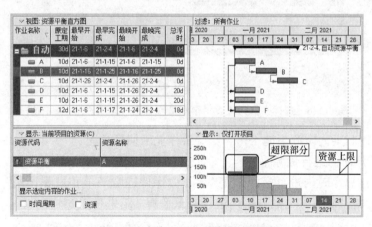

图 6-134　资源平衡前资源直方图

则资源 A 在计划的最初两个周超限，现利用"资源平衡"对话框的各种选项执行资源平衡。选择菜单"工具/资源平衡【Level Resources】"，打开"资源平衡"对话框，见图 6-135。

1. 保持最早和最晚日期

在"资源平衡"对话框中，选择"保持进度最早和最晚日期"选项，点击右侧的"平衡"按钮，执行资源平衡操作，结果见图 6-136。

选择"保持进度最早和最晚日期"，在资源平衡时将保留作业的最早和最晚日期，如

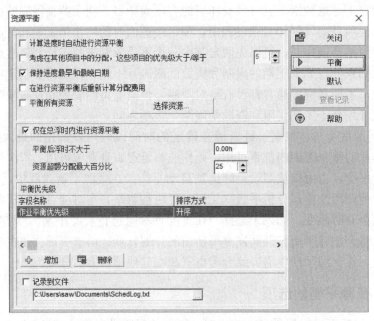

图 6-135 "资源平衡"对话框

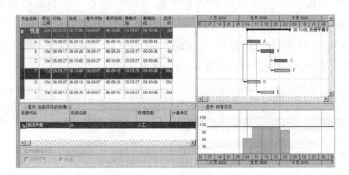

图 6-136 选择"保持进度最早和最晚日期"选项资源平衡结果

果在最早和最晚日期内资源不能平衡,则导致作业工期延长。

2. 仅在总浮时内进行资源平衡

选择"仅在总浮时内进行资源平衡"后,"保持进度最早和最晚日期"将自动选择,如果设置了在总浮时为"0"的范围内进行资源平衡,结果见图 6-137。

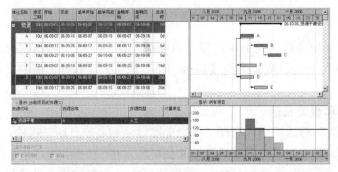

图 6-137 选择"仅在总浮时内进行资源平衡"选项资源平衡结果

可以根据资源的可获得性，设置资源在平衡时允许的超限量，资源平衡将在设置的超限量范围内进行资源平衡。

3. 取消保持最早和最晚日期

如果取消了"保持进度最早和最晚日期"，则首先执行前推法进行资源平衡，见图 6-138。

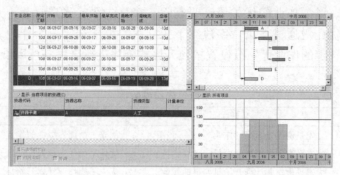

图 6-138　取消"保持最早和最晚日期"资源平衡结果（一）

如果不能满足资源平衡的要求，则将工期延长。如果项目设置了最迟完成日期，则执行后推法，例如将 2006 年 10 月 6 日设为最迟完成日期，则项目的最晚开始日期将被前移，见图 6-139。

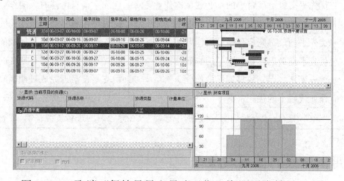

图 6-139　取消"保持最早和最晚日期"资源平衡结果（二）

4. 其他选项

（1）平衡所有资源：

选择该选项，则表示要平衡项目中分配过的所有资源；而不选择的话，则可以选择具体的某些资源，并对这些资源进行平衡。

（2）进度计算时是否考虑自动进行资源平衡：

如果设置了"计算进度时自动进行资源平衡"，则将按照"资源平衡"标签页的设置执行资源平衡，同时将资源平衡的结果纳入进度计算中。

（3）是否考虑其他项目：

对于分配在多个项目中的资源，在进行资源平衡时可以选择是否考虑在其他项目中的分配，如果考虑资源在其他项目中的分配，将按照设置的项目平衡优先权进行选择，只有优先级大于规定数值的项目才被平衡。平衡优先级将在项目详情表的"常用"标签页中进行设置。在"资源平衡"对话框中，如果选择"考虑在其他项目中的分配……"，则需要输入纳入平衡的项目最小优先级的值。

（4）记录到文件：

选择该选项，则可以查看平衡记录文件。

（5）设定作业的平衡优先级：

在执行"资源平衡"命令时，可以为作业分配优先级。在"资源平衡"标签页的"平衡优先级"区域，增加作业的优先级；要删除一个优先级，先选择，再点击"删除"命令；替换作业的优先级通过点击"字段"下拉列表，重新选定一个作业资源平衡的优先级，可以为每个选定的作业优先级设置按照升序或降序进行排序。可以设为平衡优先级的参数见表 6-5。

平衡优先级参数 表 6-5

优先级	升序	降序
作业优先级	优先平衡优先级高的作业	优先平衡优先级低的作业
项目平衡优先级	优先平衡优先权高的项目	优先平衡优先权低的项目
计划开始日期	优先平衡作业计划开始日期早的作业	优先平衡作业计划开始日期晚的作业
计划完成日期	优先平衡计划完成日期早的作业	优先平衡作业计划完成日期晚的作业
原定工期	优先平衡原定工期短的作业	优先平衡原定工期长的作业
尚需工期	优先平衡尚需工期短的作业	优先平衡尚需工期长的作业
总浮时	优先平衡总浮时小的作业或关键作业	优先平衡总浮时大的作业或关键作业
自由浮时	优先平衡自由浮时小的作业或关键作业	优先平衡自由浮时大的作业或关键作业
最早开始日期	优先平衡最早开始日期早的作业	优先平衡最早开始日期晚的作业
最早完成日期	优先平衡最早完成日期早的作业	优先平衡最早完成日期晚的作业
最迟开始日期	优先平衡最迟开始日期早的作业	优先平衡最迟开始日期晚的作业
最迟完成日期	优先平衡最迟完成日期早的作业	优先平衡最迟完成日期晚的作业
作业代码	作业代码小的优先平衡	作业代码大的优先平衡

备注：对于"总浮时"选项，只有在"资源平衡"对话框中选择"仅在总浮时内进行资源平衡"才有效。

6.10.3 资源平衡结果的使用与保存

查看资源平衡记录需要在"资源平衡"对话框中，选择"记录到文件"选项。查看资源平衡结果需要打开"资源平衡"对话框，在"资源平衡"对话框中点击"查看记录"按钮就可以查看资源平衡的结果。可以设置进度计算时自动进行资源平衡，将资源平衡的结果纳入项目计划中。

6.10.4 人工资源平衡

P6 的资源平衡功能并不能解决所有的资源平衡问题，即使是通过资源平衡功能解决了资源的平衡问题，仍然需要利用增加限制条件等手段，实现资源平衡的目标。

在"作业"窗口中，选择菜单"显示/显示于底部【Show on Bottom】/资源直方图"。利用直方图可以查看资源与角色的负荷状况。为了查看资源每天的分配详情，可以在直方图区域单击鼠标右键，利用弹出的快捷菜单选择"时间标尺"，将时间标尺调整为"周/天"，在"显示选定内容的作用"中勾选"资源"，显示加载普工的作业，见图 6-140。

如图 6-140 所示，"CBDresouce"项目自 2021 年 4 月 5 日开始的周，这周安排了"电

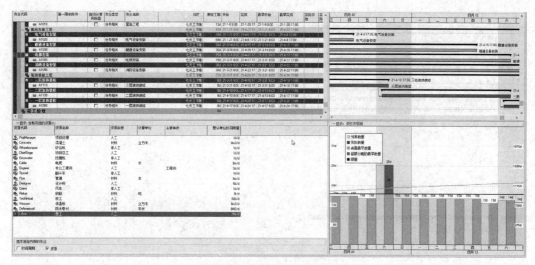

图 6-140　查看资源分配情况

梯安装""暖通设备安装""消防设备安装""三层装饰装修""二层装饰装修"等工作，而这些工作同时需要普工的参与，导致普工的需求超过了单位时间供给的最大量（每日 16人，每周 112 人）。

　　借助给作业加载限制条件、修改（增加）逻辑关系等手段实现资源的平衡。目前，"三层装饰装修"和"二层装饰装修"为关键作业，需要优先保障资源的供给。"电梯安装""暖通设备安装""消防设备安装"三个作业的总浮时大于 14d，可以增加限制条件推迟作业的最早开始日期，以便降低资源的复合。这里给总浮时最大的"暖通设备安装"（总浮时等于 22d）增加开始不早于的限制条件（开始不早于 2021 年 4 月 11 日），试图降低周六对普工的需求，见图 6-141。

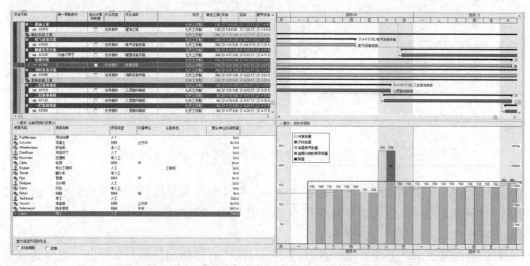

图 6-141　给"暖通设备安装"增加开始不早于的限制条件

　　如图 6-141 所示，部分降低了资源的负荷。除了"暖通设备安装"作业外，还可以给拥有总浮时的作业"电梯安装"增加开始不早于 4 月 11 日的限制条件，见图 6-142。

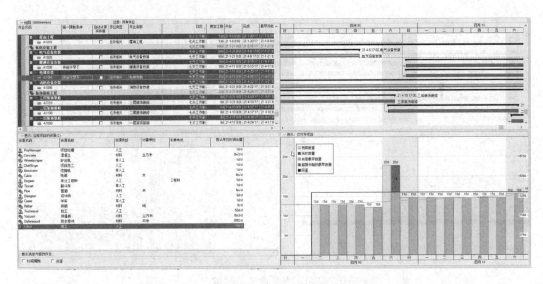

图 6-142　给"电梯安装"增加开始不早于的限制条件

同样的方法可以给"消防设备安装"作业增加开始不早于 4 月 11 日的限制条件，见图 6-143。

图 6-143　给"消防设备安装"作业增加开始不早于的限制条件

通过上述方法似乎降低了周六的资源负荷，但是并没有解决资源超载的问题。由于增加了限制条件，使得三道作业变成关键作业并且导致"消防设备安装"的总浮时小于 0。可见仅通过增加限制条件的方案不可行。

可以通过资源分配解决资源的超载问题。目前"二层装饰装修"工作已经成为关键作业，可以通过资源分配解决 4 月 10 日的资源冲突问题。进入"资源分配"窗口，重新进行装饰装修等工作普工的分配，见图 6-144。

返回"作业"窗口，普工的资源平衡问题得以解决，见图 6-145。

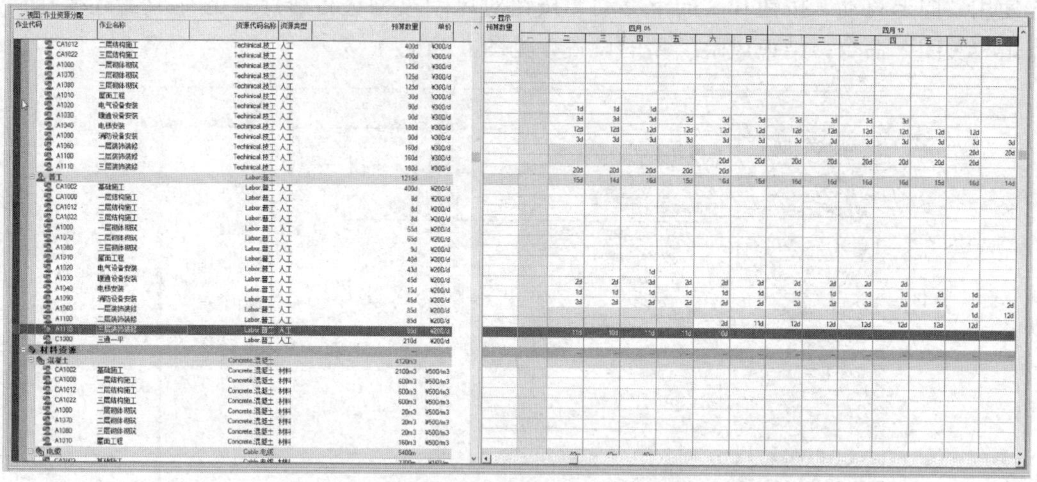

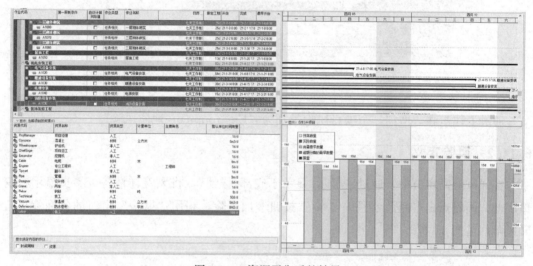

图 6-144　利用"资源分配"窗口实现资源平衡

图 6-145　资源平衡后的结果

6.11　项目风险分析

6.11.1　设置项目风险类型

风险是指任何不确定的事件或情况，这些事件或情况一旦发生，会给项目目标带来正面或负面的影响。使用风险管理功能可以识别风险、划分风险类别和确定风险优先级；为每种潜在风险分配一个所属者（负责管理此风险的人员）；将风险分配给受其影响的作业；对每种项目风险执行定性分析，提出风险响应的对策。

首先要定义风险的类别。风险的类别在"管理员"菜单中设置，通过设置风险类型对项目风险进行分类。设置步骤为：①选择"管理员"菜单，点击"管理类别"命令，打开"管理类别"对话框；②点击"风险类型"标签页；③点击"增加"；④输入风险类型；

⑤使用"向上移动"按钮和"向下移动"按钮对风险类型进行排序；⑥完成上述操作后，点击"关闭"命令，结束风险类型的设置，见图 6-146。

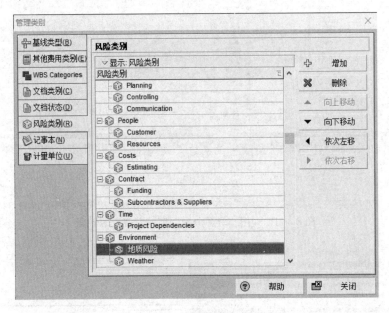

图 6-146　设置风险类型

通过上述步骤，增加一个项目风险类别为"Environment/地质风险"。

6.11.2　风险定义

在"风险"窗口中，通过"显示/显示于底部/详情"，将风险详情各标签页显示在窗口底部，同时点击右侧命令栏的" ➕ "按钮增加风险，利用"风险"窗口的各标签页定义风险，见图 6-147。

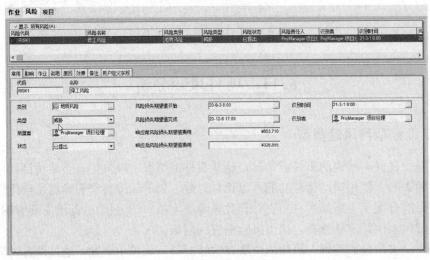

图 6-147　"风险"窗口

1. "常用" 标签页

在 "常用" 标签页中输入风险的名称，同时选择所属者、类型、状态、识别者等数据，见图 6-148。

图 6-148　"常用" 标签页

2. "作业" 标签页

在 "作业" 标签页中分配受影响的作业，见图 6-149。

图 6-149　"作业" 标签页

3. "影响" 标签页

（1）分数计算：

在 "影响" 标签页中设置发生概率、费用影响概率以及计算风险的综合评分并给出响应策略，见图 6-150。

风险评分包含两个字段：显示在 "影响" 标签页 "响应前" 部分中的 "分数" 字段；显示在该标签页 "响应后" 部分中的 "分数" 字段。"概率" 字段及每个影响字段具有以下可能的值：非常高、高、中、低、非常低和 n（可忽略）。P6 根据为 "概率" 字段和综合影响值确定分数，见表 6-6。

分数确定表
表 6-6

概率	影响可忽略	影响非常低	影响低	影响中	影响高	影响非常高
概率非常高	0	5	9	18	36	72
概率高	0	4	7	14	28	56
概率中	0	3	5	10	20	40
概率低	0	2	3	6	12	24
概率非常低	0	1	1	2	4	8
概率可忽略	0	0	0	0	0	0

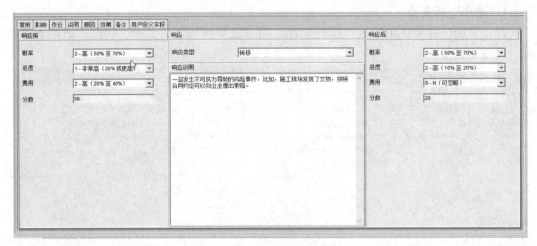

图 6-150　"影响"标签页

综合影响值取进度和费用的最大值。根据表 6-6，影响前的分数为 56 分，影响后的分数为 28 分。

（2）潜在费用计算：

P6 会计算风险的潜在费用。潜在费用显示在"风险"窗口的"常用"标签页的"响应前风险损失期望值费用"和"响应后风险损失期望值费用"字段中（只有在使用"影响"标签页的"响应后"字段对风险作出响应后，才会显示"响应后风险损失期望值费用"字段）。以下将"响应前风险损失期望值费用"和"响应后风险损失期望值费用"两个字段统称为"风险损失期望值费用"字段，因为两者使用的计算等式相同。

"风险损失期望值费用"字段的值根据"影响"标签页中"概率"和"费用"两个字段选择的值，以及与分配给此风险或项目的作业相关联的费用数字确定。

P6 使用公式计算风险损失期望值费用值：风险损失期望值费用＝预算总费用×（概率中值×费用中值）。

预算总费用等于分配给此风险的每个作业的预算费用值的总和（如果未为此风险分配任何作业，则为计划项目费用）。

概率中值和费用中值的计算等式略有不同，取决于为"概率"和"费用"字段选择的值：

① 当使用的值在最大和最小之间时：

当为"概率"字段选择的值是"高"（50％～70％）、"中"（30％～50％）或"低"（10％～30％）时，根据公式计算概率中值：概率中值＝（选定值范围的下限＋选定值范围的上限）/2。因此，当"概率"值为"中"（30％～50％）时，概率中值等于 [（30＋50）/2]/100＝40％。费用字段的中值计算结果和概率的中值计算结果类似。

② 对于最大值：

当为"概率"字段选择值"非常高"（70％ 或更高）时，概率中值的计算结果为 [（70＋100）/2]/100＝85％。当为"费用"字段选择值"非常高"（40％ 或更高）时，使用公式计算费用中值：（选定值范围的下限×2＋选定值范围的上限）/2。所以当值为"非常高"（40％ 或更高）时，费用中值的计算结果为 [（40×2＋100）/2]/100＝90％。

③ 对于非常低：

当为"概率"字段选择值"非常低"（≤10%）时，概率中值的计算结果为：$[(0+10)/2]/100=5\%$。当为"费用"字段选择值"非常小"（最大1%）时，费用中值的计算结果为 $\{[(0+1)/2]/100\}/100=0.005\%$。

④ 对于可忽略：

当"费用"和"概率"值为"可忽略"时，其中值始终为0。

"基础施工"作业的预算总费用为3631725元，则响应前风险损失期望值费用为 $631725\times0.6\times0.3=653710$ 元。

（3）对风险作出响应：

根据风险定性分析的结果，确定风险已经达到需要作出响应的程度，则可选择相应的响应并增加响应说明。如果风险是威胁，则可选择接受、避免、转移或降低风险。如果风险是机会，则可选择增强、利用、推动或拒绝风险。"CBD"项目的风险虽然是威胁，但是可以通过向业主索赔转移风险。

4. 其他标签页

风险详情还有其他的标签页，包括"说明""原因""备注"及"用户自定义"标签页。使用"说明"标签页记录对选定风险的说明；使用"原因"标签页记录出现选定风险的原因；使用"备注"标签页记录有关选定风险的备注。

6.12 资源约束下的基线制定

6.12.1 为作业增加其他费用

除了资源的加载外，项目在全生命周期的每个阶段还会发生一些费用，例如与行政管理有关的费用。跟踪这些费用是项目全生命周期的一个重要内容。成功的预测与分析其他费用对项目的成功是很重要的。P6软件具备强大的费用管理能力。"其他费用"功能可以实现给作业加载费用的目标。利用此工具也可以在不加载资源的情况下直接为作业加载汇总的费用。可以为打开项目的作业增加其他费用。其他费用的加载可以利用"作业"窗口，在作业详情表的"其他费用"标签页中对选择的作业增加其他费用。也可以利用"其他费用"标签页为打开项目的作业增加其他费用。

1. 利用"其他费用"标签页增加其他费用

进入"作业"窗口，在作业详情表的"其他费用"标签页中对选择的作业增加其他费用，例如，给"地质详勘"作业增加一笔总的预算费用6万元，见图6-151。

图6-151 利用"其他费用"标签页增加其他费用

在该标签页中可以定义其他费用的详情，例如"其他费用条目""自动计算实际值""其他费用类别""分布类型"等信息。

其他作业需要增加其他费用的详情见表6-7。

其他作业需要增加其他费用详情表

表 6-7

作业名称	作业代码	其他费用条目	自动计算实际值	预算费用	分布类型	其他费用类别
初步设计	E1020	间接费和利润	否	￥3240	随工期均匀分布	Administration(管理)
基础施工图设计	E1040	基础施工图设计	否	￥6750	随工期均匀分布	Administration(管理)
地下室施工图设计	E1050	地下室施工图设计	否	￥6750	随工期均匀分布	Administration(管理)
地上部分施工图设计	E1060	地上部分施工图设计	否	￥6750	随工期均匀分布	Administration(管理)
三通一平	C1000	三通一平	否	￥21600	随工期均匀分布	Administration(管理)
基础施工	CA1002	基础施工	否	￥187921	随工期均匀分布	Administration(管理)
一层结构施工	CA1000	一层结构施工	否	￥121290	随工期均匀分布	Administration(管理)
二层结构施工	CA1012	二层结构施工	否	￥121290	随工期均匀分布	Administration(管理)
三层结构施工	CA1022	三层结构施工	否	￥121290	随工期均匀分布	Administration(管理)
一层砌体砌筑	A1000	一层砌体砌筑	否	￥12765	随工期均匀分布	Administration(管理)
二层砌体砌筑	A1070	二层砌体砌筑	否	￥12765	随工期均匀分布	Administration(管理)
三层砌体砌筑	A1080	三层砌体砌筑	否	￥12765	随工期均匀分布	Administration(管理)
屋面工程	A1010	屋面工程	否	￥64980	随工期均匀分布	Administration(管理)
电气设备安装	A1020	电气设备安装	否	￥97740	随工期均匀分布	Administration(管理)
暖通设备安装	A1030	暖通设备安装	否	￥32640	随工期均匀分布	Administration(管理)
电梯安装	A1040	电梯安装	否	￥10170	随工期均匀分布	Administration(管理)
消防设备安装	A1090	消防设备安装	否	￥32640	随工期均匀分布	Administration(管理)
三层装饰装修	A1110	三层装饰装修	否	￥12180	随工期均匀分布	Administration(管理)
二层装饰装修	A1100	二层装饰装修	否	￥12180	随工期均匀分布	Administration(管理)
一层装饰装修	A1060	一层装饰装修	否	￥12180	随工期均匀分布	Administration(管理)
竣工验收	H1000	竣工验收	否	￥10000	随工期均匀分布	Administration(管理)

作业名称	作业代码	其他费用条目	自动计算实际值	预算费用	分布类型	其他费用类别
项目启动	M1000	项目启动	否	￥10000	随工期均匀分布	Administration(管理)
开工典礼	M1020	开工典礼	否	￥10000	随工期均匀分布	Administration(管理)
主体结构验收	M1040	主体结构验收	否	￥10000	随工期均匀分布	Administration(管理)
建筑结构施工图报审	E1070	建筑结构施工图报审	否	￥2000	随工期均匀分布	Administration(管理)
消防施工图报审	E1080	消防施工图报审	否	￥2000	随工期均匀分布	Administration(管理)
人防施工图报审	E1090	人防施工图报审	否	￥2000	随工期均匀分布	Administration(管理)
节能报审	E1100	节能报审	否	￥2000	随工期均匀分布	Administration(管理)
办理《建筑工程施工许可证》	C1010	办理《建筑工程施工许可证》	否	￥2000	随工期均匀分布	Administration(管理)
临时设施及道路	C1020	临时设施及道路	否	￥160000	随工期均匀分布	Administration(管理)
初步设计报审	E1030	初步设计报审	否	￥2000	随工期均匀分布	Administration(管理)
地质详勘	E1010	地质详勘	否	￥60000	随工期均匀分布	Administration(管理)
地质初勘	E1000	地质初勘	否	￥30000	随工期均匀分布	Administration(管理)
电气设备采购	PA1000	电气设备采购预付款	否	￥80000	作业的开始	Equipment(设备)
电气设备采购	PA1000	电气设备采购到货款	否	￥720000	作业的完成	Equipment(设备)
暖通设备采购	PA1230	暖通设备采购预付款	否	￥40000	作业的开始	Equipment(设备)
暖通设备采购	PA1230	暖通设备采购到货款	否	￥360000	作业的完成	Equipment(设备)
电梯设备采购	P1A230	电梯设备采购预付款	否	￥40000	作业的开始	Equipment(设备)
电梯设备采购	P1A230	电梯设备采购到货款	否	￥360000	作业的完成	Equipment(设备)
消防设备采购	PA1240	消防设备采购预付款	否	￥80000	作业的开始	Equipment(设备)
消防设备采购	PA1240	消防设备采购到货款	否	￥720000	作业的完成	Equipment(设备)

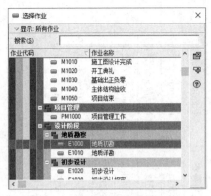

图 6-152 利用"其他费用"窗口
分配其他费用

2. 利用"其他费用"窗口

在"其他费用"窗口，点击"➕"，进入"选择作业"对话框，选择需要增加"其他费用"的作业，点击分配"➕"，可以为选择的作业增加"其他费用"，见图 6-152。

3. 利用 Excel 增加其他费用

利用 P6 提供的"导入""导出"功能，将 P6 的项目数据导出到 Excel 中，进行作业"其他费用"的加载，导出时选择"其他费用"即可，见图 6-153。

还可以通过点击"增加"，打开"修改模板"对话框，将"主题区域"选择为"其他费用"，定制导出的字段，见图 6-154。

图 6-153 将其他费用导出到 Excel 文件

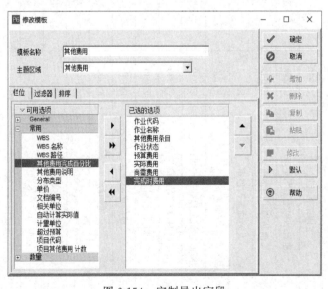

图 6-154 定制导出字段

最后选择 xlsx 文件，将"作业"窗口中的"其他费用"数据导出到 Excel 文件中，见图 6-155。

在 Excel 里补充字段"其他费用条目（cost_name）""预算费用（target_cost）"对应的单元格信息。录入完毕后。通过 P6 的"导入"功能更新现有的项目，实现对当前项目作业"其他费用"数据的加载，见图 6-156。

图 6-155　定义导出文件　　　　　　　　　　图 6-156　导入其他费用文件

4. 其他费用的修改

对于其他费用数据的修改，可以利用"其他费用"窗口中"作业详情表—其他费用"标签页以及导入、导出功能进行单个或多个其他费用条目的修改。例如在"其他费用"窗口，选择需要删除"其他费用"的作业，通过点击"✖"进行批量删减，见图 6-157。

图 6-157　利用"其他费用"窗口修改数据

6.12.2　基线的制定

一个项目可以建立多个基线项目，如果在创建项目的基线项目后，不进行基线项目的分配（激活），那只是复制了一个副本而已，并没有真正作为当前项目的参照基准用于对比分析。因而在创建基线项目后，可以激活其中的 4 个基线项目作为当前项目的比较基准。只要在作业视图中将基线项目的栏位与横道图显示出来，就可以制作当前项目计划与基线项目（一个或多个）对比分析与统计视图。

通过"项目/维护基线"，打开"维护基线"对话框，为"CBD"项目设置用于评价与监控项目的基线，见图 6-158。

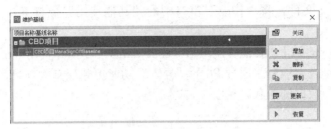

图 6-158　打开"维护基线"对话框

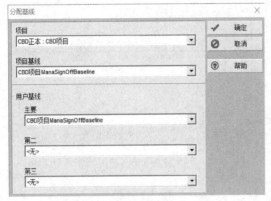

图 6-159　"分配基线"对话框

打开要分配基线的项目，选择"项目/分配基线"命令，打开"分配基线"对话框后，在"项目"下拉列表中选择要分配基线的项目，分别在各字段区域分配具体的目标计划给特定的项目，在默认情况下为当前项目，见图 6-159。

可以同时分配 4 个基线给当前项目。可以在横道窗口将分配的基线横道图显示出来。例如，将"CBD 项目 Baseline"分别作为项目基线和主要用户基线分配给"CBD"项目。由于横道最多可以显示三行，因此在作业横道窗口将项目基线和用户主要基线同时显示出来，见图 6-160。

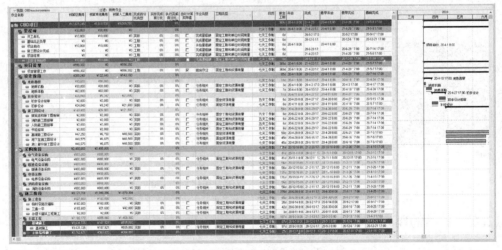

图 6-160　多个基线的对比视图

6.13　资源约束下的项目报告

6.13.1　资源约束下的项目报表概述

在资源加载下的计划编制与项目管理过程中，项目管理人员可以利用 P6 的视图和报表功能进行报告。例如通过视图的定制功能，将定制好的视图直接打印出来。也可以利用 P6 的"报表"窗口，通过创建报表输出项目计划和控制过程中的数据。相关功能在无资源约束的计划与控制章节已经做了介绍，此处不再赘述。本节重点介绍与资源加载有关的资源直方图、剖析表的输出操作以及相关的图表数据与 Excel 的整合。

6.13.2 资源直方图的输出

如果想输出资源直方图，在"作业"窗口选择某一资源后，通过"打印—页面设置"，打开"页面设置"对话框，可以打印某一资源的直方图以及对应的作业横道图，见图 6-161。

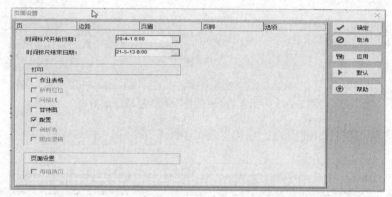

图 6-161 利用"页面设置"对话框输出资源直方图

勾选"配置"即可打印，结果见图 6-162。

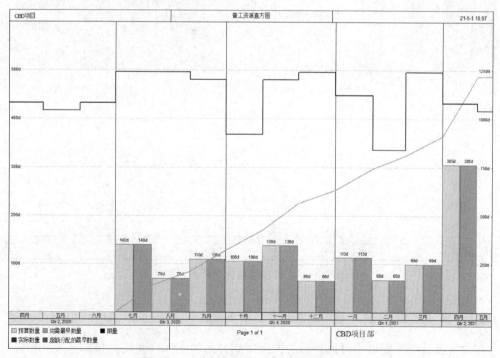

图 6-162 打印预览包含资源直方图的视图

6.13.3 剖析表的输出

剖析表的输出需要通过"打印预览/页面设置",打开"页面设置"对话框,选择"剖析表",见图 6-163。

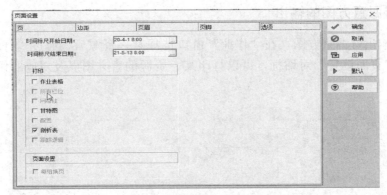

图 6-163 利用"页面设置"对话框输出剖析表

同样的方法可以打印剖析表,结果见图 6-164。

图 6-164 打印预览包含剖析表的视图

6.13.4 将"资源分配"窗口数据输出到 Excel

在"资源分配"窗口中可以查看资源随时间分布的实际、尚需、预算等数量和费用数据,可以选择这些数据,见图 6-165。

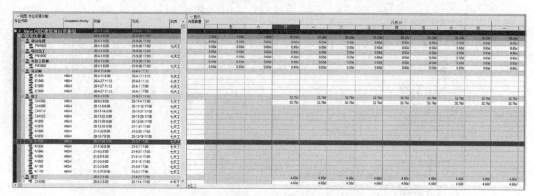

图 6-165　复制"资源分配"窗口数据

将选择的数据复制到 Excel 里，在 Excel 里绘制图表，见图 6-166。

作业代码	Completio	开始	完成	日历	作业名称	资源代码名	预算数量	实际数量	尚需数量	Spreadsheet Fiel	2020/4/1	2020/4/2	2020/4/3	2020/4/4	2020/4/5	2020/4/6	2020/4/7	2020/4/8	2020/4/9
New CBD建筑项目资		2020/4/1 8:00	2021/9/30 17:00				---	---	---	尚需数量	---	---	---	---	---	---	---	---	---
人力资源		2020/4/1 8:00	2021/9/30 17:00				7813.00d	0.00d	7813.00d	尚需数量	1.94d	1.94d	1.94d	1.94d	1.94d	1.94d	1.94d	1.94d	1.94d
项目经理		2020/4/1 8:00	2021/9/30 17:00			projmanag	337.00d	0.00d	337.00d	尚需数量	0.65d	0.65d	0.65d	0.65d	0.65d	0.65d	0.65d	0.65d	0.65d
PM1000		2020/4/1 8:00	2021/9/30 17:00	七天工作制	项目管理工	projmanag	337.00d	0.00d	337.00d	尚需数量	0.65d	0.65d	0.65d	0.65d	0.65d	0.65d	0.65d	0.65d	0.65d
项目总工		2020/4/1 8:00	2021/9/30 17:00			ChiefEnge	337.00d	0.00d	337.00d	尚需数量	0.65d	0.65d	0.65d	0.65d	0.65d	0.65d	0.65d	0.65d	0.65d
PM1000		2020/4/1 8:00	2021/9/30 17:00	七天工作制	项目管理工	ChiefEnge	337.00d	0.00d	337.00d	尚需数量	0.65d	0.65d	0.65d	0.65d	0.65d	0.65d	0.65d	0.65d	0.65d
专业工程师		2020/4/1 8:00	2021/9/30 17:00			ExpertEngi	337.00d	0.00d	337.00d	尚需数量	0.65d	0.65d	0.65d	0.65d	0.65d	0.65d	0.65d	0.65d	0.65d
PM1000		2020/4/1 8:00	2021/9/30 17:00	七天工作制	项目管理工	ExpertEngi	337.00d	0.00d	337.00d	尚需数量	0.65d	0.65d	0.65d	0.65d	0.65d	0.65d	0.65d	0.65d	0.65d
设计师		2020/4/11 8:00	2020/6/5 11:12			Engeer.设计	348.00d	0.00d	348.00d	尚需数量									
E1020	HIGH	2020/4/11 8:00	2020/4/17 11:12	七天工作制	初步设计	Engeer.设计	48.00d	0.00d	48.00d	尚需数量									

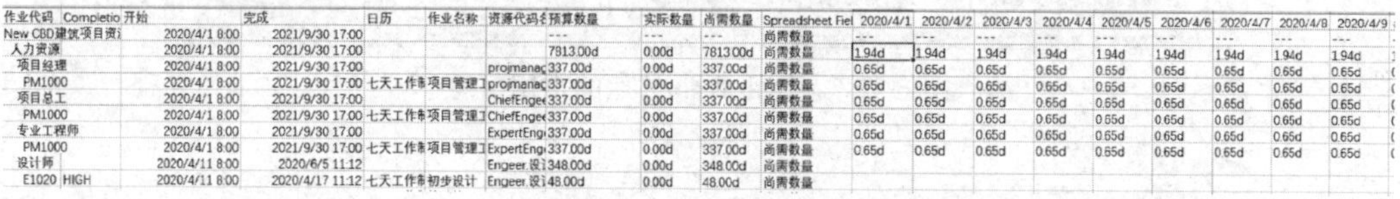

图 6-166　粘贴资源分配数据

6.13.5　Web 站点

对于不使用 P6 进行项目进度计划查询与分析的人员，可以通过软件提供的项目信息发布工具生成的网站进行查询与分析。发布生成的网站不仅可以作为独立的网站供用户访问与查询，还可以将项目 Web 站点与公司的网站链接起来，形成项目进度信息在公司范围内的共享。

一般来说是为每一个项目发布生成项目网站，也可以在同时打开多个项目的情况下，发布生成多项目的共用项目网站。

1. Web 站点的发布

（1）项目 Web 站点的常用信息。

打开相应的项目，选择菜单"工具/发布"命令，打开"发布项目 Web 站点"对话框。选择"常用"标签页进行 Web 站点的名称、说明、发布目录和配置等信息的设置，见图 6-167。

（2）项目 Web 站点的主题信息。

在"发布项目 Web 站点"对话框中，选择"主题"标签页确定在项目 Web 站点中需要显示的主题，见图 6-168。

（3）项目 Web 站点的图形信息。

在"发布项目 Web 站点"对话框中，选择"图形"标签页确定在项目 Web 站点中包含的作业视图与跟踪视图，见图 6-169。

（4）项目 Web 站点的报表信息。

在"发布项目 Web 站点"窗口中，选择"报表"标签页确定在项目 Web 站点中包含的报表，见图 6-170。

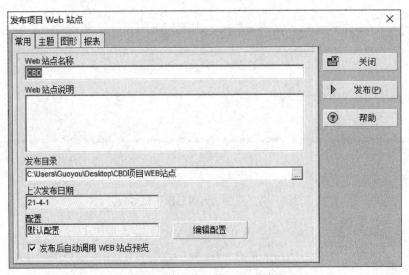

图 6-167 项目 Web 站点的常用信息

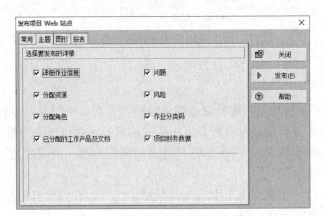

图 6-168 项目 Web 站点的主题信息

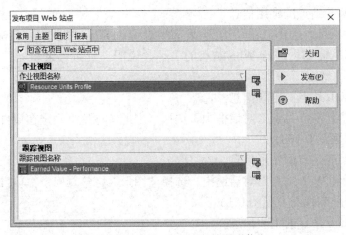

图 6-169 项目 Web 站点的图形信息

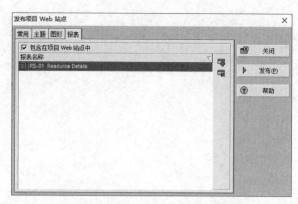

图 6-170　项目 Web 站点的报表信息

2. 项目 Web 站点的发布与内容查看

在完成项目 Web 站点配置的所有设置后，在其"常用"标签页中点击"发布"，形成项目网站，见图 6-171。

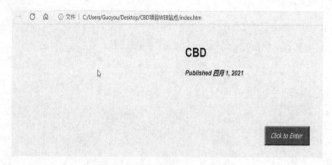

图 6-171　项目 Web 站点

第7章

资源约束下的项目控制

7.1 资源约束下的项目控制流程

项目计划制定后，需要按照确定的更新周期定期对项目的实际运行情况进行反馈，通过监控相关临界值对项目进展情况进行评价与分析，及时发现运行中的问题或偏差，采取有效的措施确保项目的健康运行。项目数据的控制流程见图 7-1。

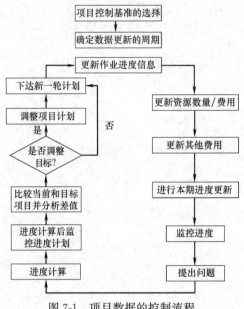

图 7-1 项目数据的控制流程

7.2 资源与费用更新的默认设置

7.2.1 是否自动计算实际值

1. 作业自动计算实际值

自动计算实际值可以设置为作业自动计算实际值，也可以为其他费用及资源单独设置自动计算实际值。其中，作业自动计算实际值在"作业"窗口的"自动计算实际值"栏位设置，其他费用自动计算实际值在"其他费用"窗口或"其他费用"标签页进行设置，而资源的自动计算实际值需要在"资源"窗口进行设置。

自动计算实际值是根据工期百分比核算资源和其他费用的执行百分比。如果给作业选择"自动计算实际值"，则在进行本期进度更新时会根据尚需工期计算工期完成百分比，根据工期完成百分比自动更新资源及其他费用的实际数据。

作业自动计算实际值的设置，需要在"作业"窗口将"自动计算实际值"栏位显示出来，为需要自动计算实际值的作业勾选该选项。

2. 资源自动计算实际值

如果希望作业中资源的实际数量与费用使用工期完成百分比自动更新与计算，则应为资源选择"自动计算实际值"。在进行本期进度更新时会自动根据工期完成百分比更新资源的实际数据（如果费用与数量是关联的，可以更新实际费用）。

具体设置为：选择"企业/资源"命令，打开"资源"窗口后，选择要修改的资源，在其详情表的"详情"标签页中选择或取消"自动计算实际值"选项，见图 7-2。

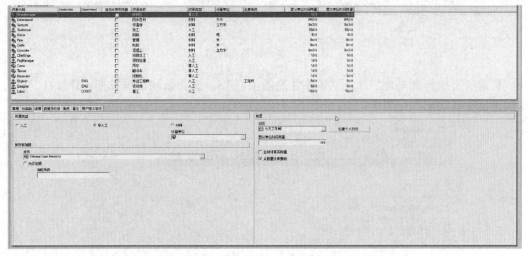

图 7-2 设置资源"自动计算实际值"选项

3. 其他费用自动计算实际值

如果希望作业中其他费用使用实际工期/原定工期比例自动更新与计算，则为其他费用选择"自动计算实际值"（单独设置该选项时不能自动计算实际值）。在进行本期进度更新时则会更新其他费用实际值。

具体设置为：打开具体的项目，进入"作业"窗口后，在作业详情表的"其他费用"标签页中显示"自动计算实际"栏位，或者进入其他窗口后，选择相应的其他费用条目并在其详情表的"费用"标签页中进行设置，见图 7-3。

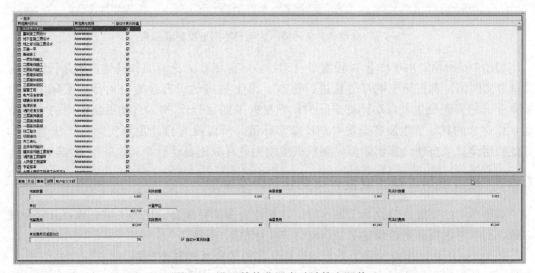

图 7-3 设置其他费用自动计算实际值

4. 自动计算实际值示例

现结合示例说明自动计算实际值的应用，见图 7-4。

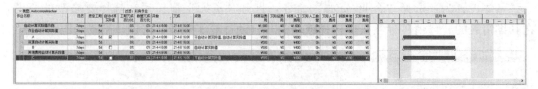

图 7-4　自动计算实际值

目前项目执行到 4 月 7 日，三道作业尚需工期 1d。选择新的数据日期 4 月 8 日，执行本期进度更新功能，见图 7-5。

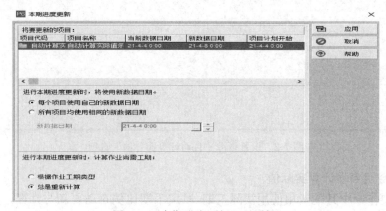

图 7-5　"本期进度更新"对话框

执行结果见图 7-6。

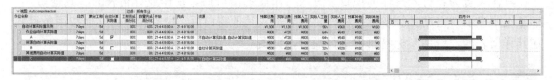

图 7-6　自动计算实际值示例项目本期进度更新结果

如图 7-6 所示，由于作业 A 设置了自动计算实际值，无论资源和其他费用是否设置自动计算实际值，都按照工期百分比进行更新。作业 B 虽然没有设置自动计算实际值，但是作业 B 的资源设置了自动计算实际值，则根据工期百分比 80% 自动更新资源的实际数据，作业 B 的其他费用没有设置自动计算实际值，所以没有自动更新实际值。作业 C 的其他费用设置了自动计算实际值，则根据工期完成百分比自动计算其他费用的实际值。

7.2.2　是否使用工期完成百分比更新资源实际值

如果作业的完成百分比为工期百分比，希望资源的完成百分比和工期完成百分比保持一致，而不考虑资源是否设置了"自动计算实际值"，见图 7-7。

如图 7-8 所示，作业加载了不自动计算实际值的资源和其他费用。

项目执行后，作业 A 的尚需工期发生变化，则工期完成百分比改变，见图 7-9。结果显示工期完成百分比为 40%，执行进度计算或本期进度更新，则资源的实际数据发生改变，其中，实际数量等于预算数量乘以 40%，结果为 16h。上述设置并不影响其他费用实际值的更新。

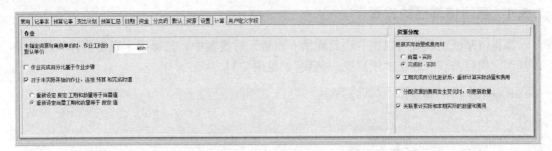

图 7-7　根据工期完成百分比自动计算资源实际数据

图 7-8　根据工期完成百分比自动计算资源实际数据示例项目

图 7-9　工期完成百分比改变自动计算资源实际数据结果

7.2.3　资源尚需值计算设置

在 P6 中资源的尚需值计算在"项目详情/计算"标签页"资源分配"区域选择，见图 7-10。

1. 尚需＋实际

更新实际数量或费用时，尚需＋实际表示：完成时数量或费用＝尚需数量或费用＋实际数量或费用。该选项主要用于总费用不固定的项目，在每次进行进度更新时，均需要对更新作业的尚需数量或

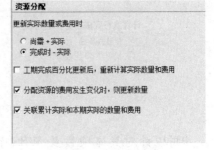

图 7-10　资源分配设置

费用进行重新估算。容易造成完成时数量或费用与预算数量或费用不相等。

2. 完成时－实际

更新实际数量或费用时，完成时－实际表示：尚需数量或费用＝完成时数量或费用－实际数量或费用。在进行进度更新时，无须录入作业的尚需数量或费用。尚需数量或费用会自动按公式中的规则进行计算。除非实际数量或费用超出预算数量或费用或者更改了完成时数量或费用，完成时数量或费用一般等于预算数量或费用。该选项主要用于总价包干的项目，可以用来跟踪数量或费用是否超出预算。例如，一项作业预计投入 5 个工日，实际已投入 2 个工日，估算完工时数量为 4 个工日，则作业尚需数量为 2 个工日；如果完工时数量仍为预算数量 5 个工日，则作业尚需数量为 3 个工日。

7.3 赢得值计算有关的默认设置

7.3.1 赢得值基线的设置

赢得值基线的设置可以在"项目详情—设置"标签页中，选择用于赢得值计算的基线是基于"项目基线"还是"用户第一基线"，见图 7-11。

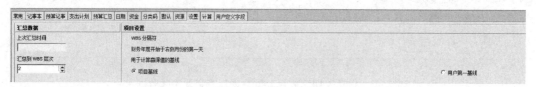

图 7-11 选择赢得值计算基线

7.3.2 计算执行完成百分比的方法

计算执行完成百分比的方法有：①WBS 里程碑；②作业完成百分比。作业完成百分比包括数量百分比、工期百分比和实际百分比。其中，如果在"项目详情/常用"标签页勾选了"作业完成百分比基于作业步骤"，则实际百分比的计算根据作业步骤的权重完成情况计算。③固定任务法。包括"50/50 完成百分比""0/100 完成百分比"和"自定义完成百分比"。

赢得值计算方法的设置可以在"管理员/管理设置/赢得值"标签页中进行设置和选择，见图 7-12。

图 7-12 计算执行完成百分比方法

也可以针对具体项目及 WBS 节点设置赢得值的计算方法，具体操作为：进入"WBS"窗口，通过"显示—显示于底部—详情"，在 WBS 详情中的"赢得值"标签页进行设置。这里先选择 WBS 节点，然后在"赢得值"标签页进行设置。

7.3.3 计算赢得值参数的方法

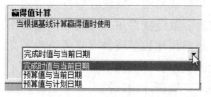

图 7-13 BAC 使用预算值
和完成时值的设置

1. 预算值

预算值也称为完成时预算（BAC，Budget at Completion）等于基线的总成本，使用基线的预算值（Baseline Budgeted Values）还是完成时值（Baseline at Completion values），依赖于管理设置中的相关设置（管理员/管理设置/赢得值），见图 7-13。

如果赢得值计算设为"预算值与计划日期"或"预算值与当前日期"，则 $BAC=$ 基线预算人工费用＋基线预算非人工费用＋基线预算材料费用＋基线预算其他费用。

如果赢得值计算设为"完成时值与当前日期"，则 $BAC=$ 基线的完成时人工费用＋基线完成时非人工费用＋基线完成时材料费用＋基线完成时其他费用。

2. 实际值

实际值（ACWP）是截止到当前数据日期为止发生的实际总成本。

$$ACWP=实际人工费用＋实际非人工费用＋实际材料费用＋实际其他费用 \quad (7\text{-}1)$$

3. 计划值

计划值（BCWS）的计算公式为：

$$BCWS=BAC\times计划完成百分比 \quad (7\text{-}2)$$

其中：

$$计划完成百分比=（当前项目的数据日期-基线项目作业的计划开始日期）/$$
$$基线项目作业的原定工期 \quad (7\text{-}3)$$

当数据日期早于基线的开始日期，计划完成百分比等于 0；当数据日期晚于基线的完成日期，计划完成百分比等于 100%。

4. 赢得值

赢得值（BCWP，EV）是截止到数据日期作业预算费用的执行百分比，也就是作业实际绩效的预算费用。其结算结果依赖于对 WBS 节点作业执行完成百分比的选择。

$$BCWP=BAC\times执行百分比 \quad (7\text{-}4)$$

5. 完成时预计值

完成时估计值（EAC，Estimate at Completion）的计算公式为：

$$EAC=实际费用＋ETC \quad (7\text{-}5)$$

式中：$EAC-$作业完成时的估计费用，$ETC-$尚需完成值（是尚需工作的估算成本）。ETC 估算成本的计算方法依赖于"WBS 详情/赢得值"标签页的设置，也可以在"管理员/管理设置/赢得值/计算尚需完成值（ETC）的方法"区域进行设置，见图 7-14。

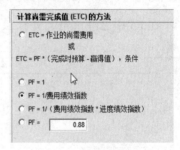

图 7-14　计算尚需值方法

（1）$ETC=$作业的尚需费用。

对未来尚需工作的重新估算。例如，一项作业预算投入工时为 5 个工时，在已投入 2 个工时后发现还需要投入 4 个工时才能完成剩余的工作，这时作业的尚需资源数量应为 4 个工时。则尚需费用就是 4 个工时乘以每个工时的单价。

（2）$ETC=$完成时预算 $BAC-$赢得值。

即 ETC 等于剩余的预算。当项目管理者认为项目仍然会在完成时预算 BAC 的范围内完成，不必对项目预算进行变动时，可以使用此方法。

（3）$ETC=（$完成时预算 $BAC-$赢得值$）/CPI$。

按目前情况（费用执行指数）对剩余预算所做的修改。公式可变形为：$ETC=$剩余预算$/（$赢得值/实际值$）$；当 $CPI>1$（赢得值＞实际值）时，则 $ETC<$剩余预算，表示项目完工时，$BAC-ETC>0$，即项目完工时会有盈余。当 $CPI<1$（赢得值＜实际值

时），则 $ETC>$ 剩余预算，表示项目完工时，$BAC-ETC<0$，即项目完工时将会亏损。

（4）$ETC=$（完成时预算 $BAC-$赢得值）/（$CPI\times SPI$）。

按目前情况（费用执行指数和进度执行指数）对剩余预算所做的修改。这种情况是在方法（3）的基础上，进一步考虑进度执行指数对完成时估算的影响。方法（4）与方法（3）的区别是考虑了进度绩效指数对 ETC 的影响。当进度提前（$SPI>1$）时，尚需完成值 ETC 会同比减小；当进度提前（$SPI<1$）时，尚需完成值 ETC 会同比增加。

图 7-15 "选择临界值参数"对话框

（5）$ETC=$自定义参数 $PF\times$（完成时预算 $BAC-$赢得值）

这种方法可以根据企业自身的项目绩效评估方法和项目特点选用。当 $PF>1$ 时，会得到悲观的结果；当 $PF<1$ 时，会得到乐观的结果。

7.3.4 资源加载下项目临界值的设置

在资源加载情况下可以利用 P6 的临界值功能监控项目进度/费用偏差可以接受的范围。项目的绩效监控主要利用赢得值绩效的监控指标，包括 SPI、CPI 等。关于项目进度绩效的监控，还要配合对关键路径的总浮时的监控，才能够有效地监控项目的实际绩效。用于项目综合监控的指标包括 14 个参数，见图 7-15。

在 P6 中已经预先定义了 14 个临界值参数，各参数的含义见表 7-1。

临界值参数   表 7-1

参　数	监控内容
Start Date Variance（days），SDV	开始日期差值（天），即计划开始日期（Planned Start Date）－当前日期（Current Start Dates，Start Date）。假如作业未开始，则 SDV 始终等于 0。如果某道作业的监控值为负值，则表示该作业的开始日期已晚于计划开始日期
Finish Date Variance（days）	完成日期差值（天），即计划完成日期（Planned Finish Date，目标项目）－完成日期（Finish Date，当前项目）。假如作业未开始，则 FDV 始终等于 0。如果作业已经完成，则作业的完成日期为实际完成日期。如果某道作业的监控值为负值，则表示该作业完成日期已晚于计划完成（目标项目）
Total Float（days）	总浮时极限值为规定数量的天数。假如某道作业的总浮时超出浮时限值范围将触发问题
Free Float（days）	用来监控当前项目中作业的自由浮时
Duration% of Planned（%）	实际工期占原定工期的百分比，来自当前项目（实际工期/原定工期）。如果该值大于 100，则表示实际工期大于原定工期
Cost% of Planned（%）	实际总费用（Actual Cost，当前项目）/完成时预算（BAC，目标项目）。如果该值大于 100，则表示实际发生的总费用已超出目标完成时预算
AV【Accounting Variance】	计划费用（Planned Value Cost，目标项目）－实际总费用（Actual Cost，当前项目）。如果该值为负值，则表示实际费用超出计划费用

续表

参　　数	监控内容
VAC【Variance at Completion】	当预算总成本【BAC】与最新的完成时总成本估计值【EAC】的差值超过规定的限值范围时将触发问题，等于 BAC（目标项目）$-EAC$（当前项目）
CV【Cost Variance】	费用差值，即赢得值【BCWP】－实际费用【ACWP】
CVI【Cost Variance Index(ratio)】	费用差值指数【CVI】＝费用差值【CV】/赢得值【BCWP】
CPI【Cost Performance Index(ratio)】	费用指数，即赢得值【BCWP】/实际费用【ACWP】，如果 $CPI<1$，则表示已发生的实际费用已超出完成工作的价值（费用）
SV【Schedule Variance】	进度差值，即赢得值【BCWP】－计划费用【BCWS】。如果 SV 为负值，则表示已完成的工作少于原计划要完成的工作
SVI【Schedule Variance Index(ratio)】	进度差值指数【SVI】＝进度差值【SV】/计划费用【BCWS】，如果 SVI 为负值，则表示已完成的工作少于原计划要完成的工作
SPI【Schedule Performance Index(ratio)】	进度执行指数【SPI】＝赢得值【BCWP】/计划费用【BCWS】。如果 $SPI<1$，则表示已完成的工作少于原计划要完成的工作

在实际应用时可以根据需要选择相应的进度与费用的参数进行监控。

为"CBD"项目定义两个临界值：SPI 和完成日期差值，在"常用"标签页定义完成后，在"详情"标签页定义临界值监控的起止日期，见图 7-16。

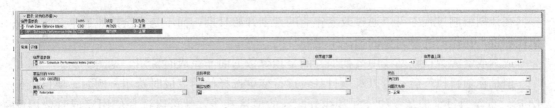

图 7-16　"临界值—详情"标签页

7.4　资源约束下项目基线选择与更新周期

7.4.1　资源约束下项目基线选择

1. 资源加载下项目基线的数据

项目基线是用来衡量项目进度的标杆，包含时间数据、资源或成本的数据。在默认情况下将"当前项目"设为基线，见图 7-17。

当前项目保存的数据是本期进度更新之前的数据。如图 7-18 所示，目前该项目有两道作业，工期为 5d，有 3d 的总浮时。

将作业 A 计划开始日期修改为 3 月 14 日，作业 B 的计划开始日期修改为 3 月 19 日，则基线项目开始日期和基线项目完成日期会随之改变，也就是基线项目用于比较的日期是作业的计划日期。同时尚需最早开始和尚需最早完成以及开始和完成日期都会随之改变，见图 7-19。

当前状态下不进行进度计算（进度计算后最早开始日期、开始日期、计划开始日期和尚需最早开始日期都会回到 3 月 13 日）。假设项目开始执行，已经执行了 1d。现在开始进行作业的进展更新。作业 A 的实际开始日期为 3 月 13 日，尚需 4d。本期进度更新后作业 A 的尚需最早开始日期变为 3 月 14 日。计划开始及基线的开始被固定到基线中不再发生改变。进度计算后作业的最早开始及最早完成日期发生变化，见图 7-20。

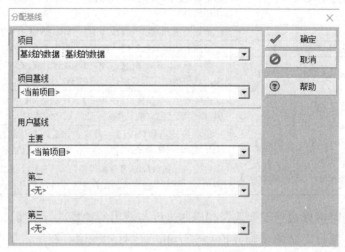

图 7-17 "分配基线"对话框

在计划编制过程中可以通过改变作业的计划开始日期，而不是完全按照最早开始日期执行项目，在作业有总时差的情况下是允许的。

成本或资源数据在基线中最初保存的是预算数据而非完成时费用，见图 7-21。

但是在项目执行后，可以对项目基线进行变更选择使用完成时费用。例如，项目执行 1d 后，重新通过维护基线和分配基线分配新的项目基线，就可以选择使用完成时费用反映基线的变更，见图 7-22。

如果选择完成时值作为项目基线的标杆数据，需要在"管理设置—赢得值"标签页中选择"完成时值与当前日期"，作为赢得值计算的基准。

2. 资源加载下项目计划的评审及基线的选择

在资源加载下项目基线的选择之前，需要对计划进行评审。这里涉及赢得值计算的基线、基线的基准、赢得值的计算方式、作业的工期类型、是否自动计算实际值、资源的生效日期、工期完成百分比更新后是否重新计算实际数量和费用、是否关联累计实际和本期实际值的数量和费用、费用发生变化是否更新数量、对于未开始的作业是否连接预算和完成时值等数据。这些事关资源或费用有关的设置，会影响成本或资源计划的结果。

计划评审后，可以将计划的副本保存为基线，分配给当前项目，见图 7-23。

7.4.2 设置数据统计周期

1. "管理员/统计周期"设置统计周期

通过"管理员/统计周期日历"，打开"统计周期日历"对话框，见图 7-24。

点击"增加"，打开"统计周期"对话框，见图 7-25。

选择"批次创建"，为"CBD"项目批次创建统计周期，见图 7-26。

2. 设置统计周期的显示范围

如果需要按照统计周期存储历史周期实际值，则必须在选择显示统计周期栏位（例如

图 7-18 项目本期进度更新前视图

图 7-19 修改项目计划开始日期

图 7-20 进度计算后结果

图 7-21 基线使用预算数据

图 7-22 基线使用完成时数据

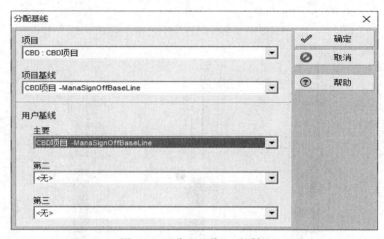

图 7-23 "分配基线"对话框

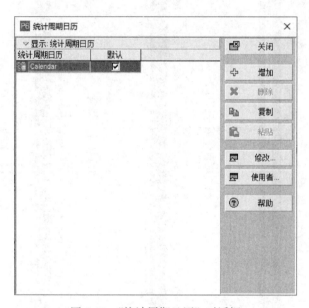

图 7-24 "统计周期日历"对话框

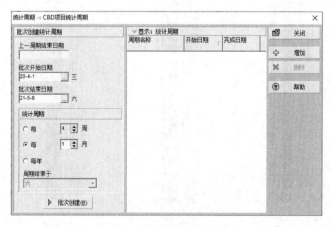

图 7-25 "统计周期"对话框

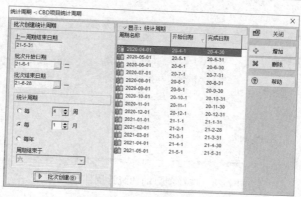

图 7-26　批次创建统计周期

在作业表格中）时定义要显示的统计周期的范围。显示统计周期的前提是在"统计周期日历"对话框中对统计周期进行定义。设定统计周期的显示范围操作步骤为：

（1）选择"编辑""用户设置"。

（2）选择"应用程序"标签页：

在"栏位"部分中，点击 … 以选择统计周期（此统计周期表示要显示为栏位的统计周期范围的第一个统计周期和最后一个统计周期），见图 7-27。

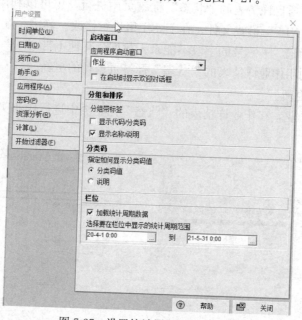

图 7-27　设置统计周期的显示范围

（3）点击"关闭"：

点击"关闭"，结束该过程。

3. 利用"项目详情—常用"标签页选择统计周期日历

在"项目"窗口项目详情的"常用"标签页中选择项目的"统计周期日历"，见图 7-28。

P6 可以为每个项目定制自己的统计周期，以方便项目管理的需要。

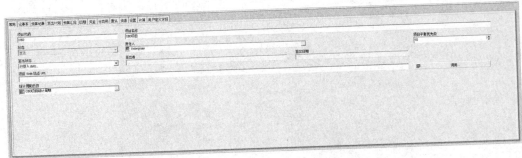

图 7-28 选择项目的"统计周期日历"

7.5 作业数据的更新

打开需要更新实际值的项目，选择"项目/作业"命令，打开"作业"窗口后，在作业详情表中进行作业数据的更新。

7.5.1 人工更新项目数据

人工更新可以在项目详情表的"状态"标签页中进行，也可以利用项目的导出功能，将项目数据导出为"XLS"格式文件，在 Excel 里进行修改。其中，在 Excel 里进行修改时需要注意，一些标记"＊"号的字段不能录入数据，其他不带"＊"号的字段都可以录入。这里重点介绍利用作业详情表的"状态"标签页进行的更新。

1. 实际进度的更新

选择要更新的作业，在作业详情表的"状态"标签页中进行作业实际数据的更新，见图 7-29。

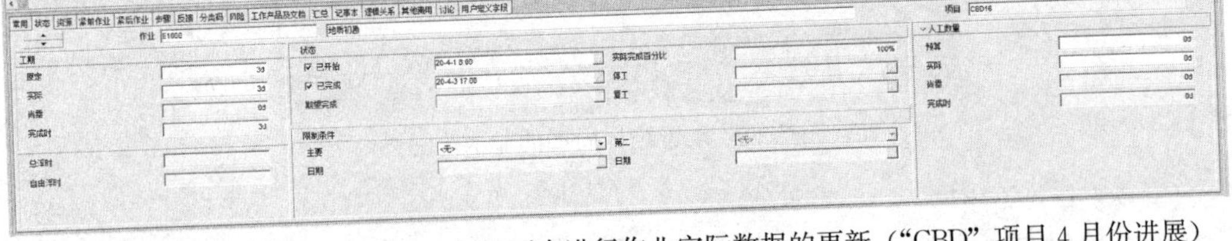

图 7-29 在作业详情表的"状态"标签页中进行作业实际数据的更新（"CBD"项目 4 月份进展）

需要输入的内容包括：①对于未开始的作业：如果作业的尚需工期发生变化，可以重新输入尚需工期，软件会根据输入的尚需工期更新完成时值，如果在项目详情表的"计算"标签页中勾选"对于未实际开始的作业，连接预算与完成时值"，原定工期将根据新的尚需工期进行修订；②对于已开始但未完成的作业：需要在"状态"区域将作业状态标

278

记为"已开始",同时重新估计作业的尚需工期;③对于已完成的作业:需要在"状态"区域将作业的开始和完成状态都标记,这时作业的完成百分比自动显示为100%;④如果作业的完成百分比设为"实际百分比",则需要输入实际完成百分比数值;⑤可以输入没有具体资源的人工工时数以及非人工工时数量或者费用;⑥输入作业的停工与复工日期,这些日期在横道上将会以凹杆(非工作时间)形式显示,同时停工与复工之间的工期将从作业的实际工期中扣除。

2. 资源数量与费用实际值的更新

选择要更新的作业,在作业详情表的"资源"标签页中进行每种资源的本期实际数量或费用的更新,见图7-30。

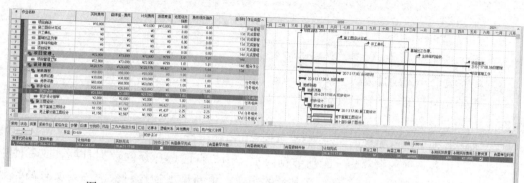

图7-30 在作业详情表的"资源"标签页中进行作业实际数据的更新

只需输入本期的实际数量即可,本期实际费用和实际费用将根据本期实际数量与实际数量计算。

3. 其他费用实际值的更新

选择要更新的作业,在作业详情表的"其他费用"标签页进行每一项其他费用的实际费用的更新。

在更新其他费用时:①其他费用只能输入实际费用或数量(累计值)进行更新,没有本期值的栏位;②当选择资源与费用更新规则的"完成时=尚需+实际"选项时,则需要同时更新实际值与尚需值;而如果选择的是"尚需=完成时-实际"选项,则只需更新实际值,P6会根据该规则计算出尚需值;③其他费用的数量与费用相关联,只需更新其中一个即可。

7.5.2 自动更新进展与本期进度更新

可以通过"更新进展"操作自动更新作业的实际进展情况。打开要更新进展的项目,选择"工具/更新进展【Update Progress】"命令,打开"更新进展"对话框(图7-31),选择新的数据日期(也可以通过聚光灯实现)与相关选项后,点击"应用"就可以自动更新高亮显示的作业或选中作业的实际进展。

作业更新规则:

① 实际开始=计划开始:对于所有开始日期早于新数据日期的作业。

② 实际完成=计划完成:对于所有完成日期早于新数据日期的作业。

③ 尚需工期=最早完成日期-新数据日期。

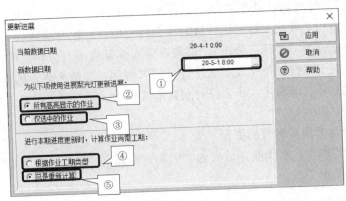

图 7-31 "更新进展"对话框

④ 实际数量＝完成时数量×数量完成％。

⑤ 尚需数量＝完成时数量－实际数量。

⑥ 实际其他费用＝完成时其他费用×其他费用完成百分比（与其他费用的分布方式有关）。

⑦ 尚需其他费用＝完成时其他费用－实际其他费用。

图 7-31 中各选项的解释为：①新数据日期：用户自己选择新的数据日期，或者使用"进展聚光灯"进行界定；②所有高亮显示的作业：更新进展操作将会应用到所有高亮显示选择的作业（黄色高亮）；③仅选择的作业：更新进展操作只应用到当前选择的作业；④根据作业的工期类型：选择该选项的话，在工时单中进行本期进度更新时，选择根据作业工期类型重新计算尚需工期；⑤总是重新计算：选择该选项，在工时单中进行本期进度更新时，所有作业均处理为"固定资源用量"和"固定单位时间用量"。

项目自 4 月 1 日开始执行，见图 7-32。

图 7-32 项目自 4 月 1 日开始执行前的视图

"CBD"项目到 4 月 30 日止，项目计划中的作业"项目启动""地质初勘""地质详勘""初步设计""初步设计报审""基础施工图设计""地下室施工图设计""地上部分施工图设计"都按照计划顺利开展。应用"更新进展"功能对项目进行更新。应用"更新进展"功能,需要将相关作业设为"自动计算实际值"。由于作业完成百分比类型为实际百分比并且基于步骤。在"步骤"标签页中将相关作业的完成情况进行勾选。这里"基础施工图设计""地下室施工图设计""地上部分施工图设计"仅完成第一个步骤"开始设计",其他相关作业的步骤已经完成。勾选完步骤数据后,在"更新进展"对话框中点击"应用",见图7-33。

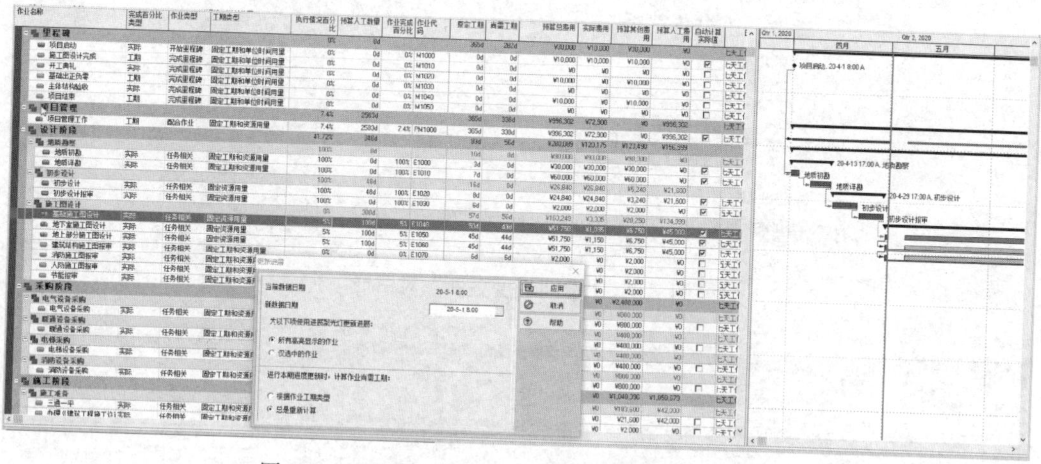

图 7-33 利用"更新进展"功能自动更新实际数据

将实际值、尚需值应用到项目进展中,见图7-34。

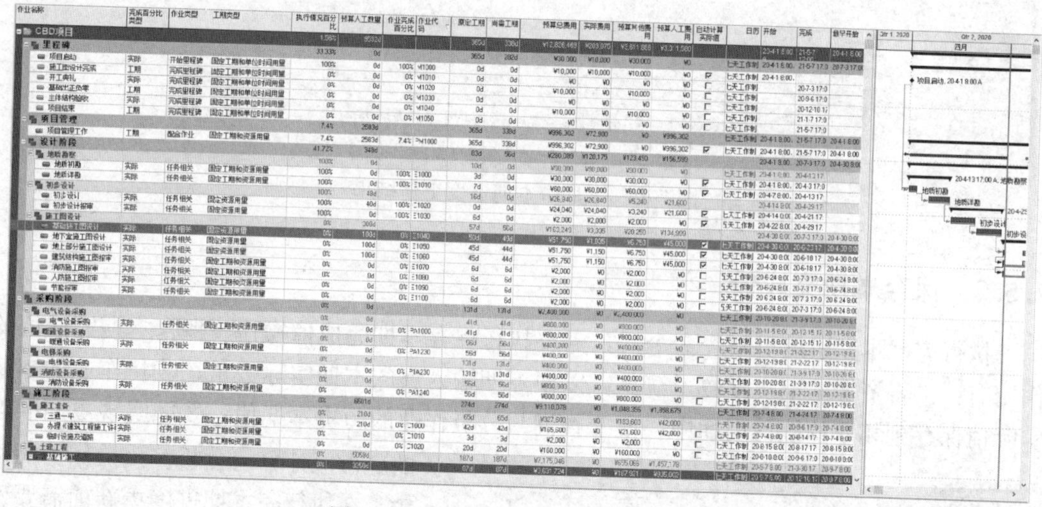

图 7-34 显示自动更新的作业实际值

选择"工具—本期进度更新",打开"本期进度更新"对话框,见图7-35。

选择新的数据日期为5月1日,执行"本期进度更新",结果见图7-36。

本期进度更新的一个重要作用是将作业的实际值应用到计划中。本期进度更新的实际值只会影响本更新周期范围内的作业,而不会影响不在该更新周期内的作业,即使它们之间存在着逻辑关系。

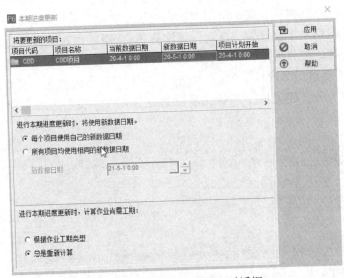

图 7-35　"本期进度更新"对话框

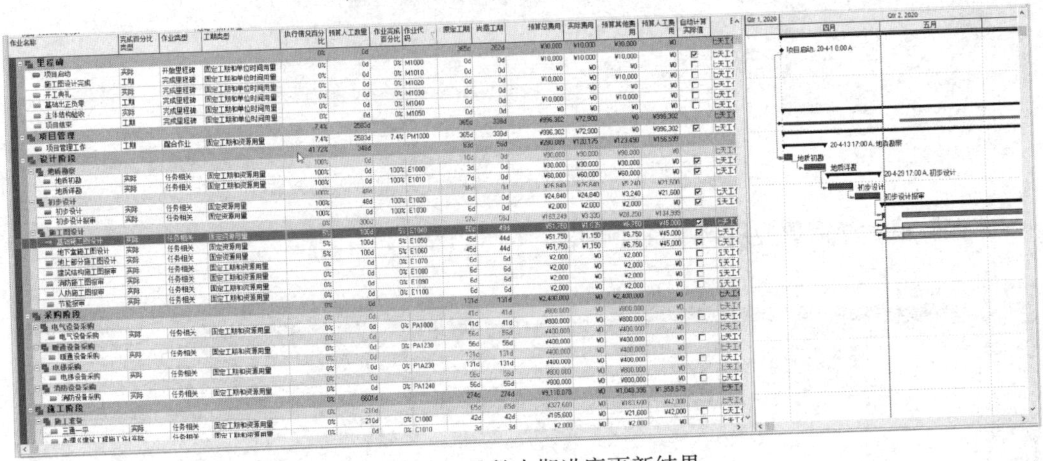

图 7-36　4 月份本期进度更新结果

7.5.3　保存本期完成值

执行完"本期进度更新"命令后，需要执行保存本期完成值操作。保存本期完成值的作用有：①将资源本期实际数量清零，以便下期输入新的本期实际数量；②将作业的本期实际值保存到相应的统计周期中，便于查询与分析作业的历史本期值；③能实现更加准确的赢得值计算与分析。该操作不能撤销，在执行完本期进度更新前需要确认所有选项后才能进行该项操作。

选择"工具/保存本期完成值【Store Period Performance】"命令，打开"保存周期执行情况"对话框，选择相应的统计周期，点击"立即保存"，见图 7-37。

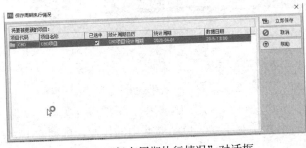

图 7-37　"保存周期执行情况"对话框

执行操作后作业的本期值将累加到实际值中，同时本期值栏位数据清空，见图 7-38。

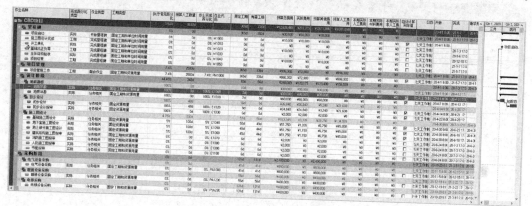

图 7-38　保存本期完成值

7.6　进度计算与项目绩效监控

7.6.1　进度计算

保存完本期实际值后即可进行进度计算，结果见图 7-39。

图 7-39　5 月 1 日进度计算结果

由于项目完全按照计划进行无须进行进度监控，可以直接下达下一个月的计划。假如项目执行到 5 月 31 日，点击聚光灯按钮，将 5 月份的作业高亮显示出来。同时取消施工图设计相关作业的"自动计算实际值"选项，见图 7-40。

在执行过程中，"基础施工图设计"和"地下室施工图设计"工作按照计划执行，这两道作业的更新可以选择使用更新进展功能，见图 7-41。

对于"地上部分施工图设计"作业，由于参与"地上部分施工图设计"的设计师生病请假 5d，致使这部分工作预期完工要推迟 5d，期望完成日期变成 6 月 23 日。本期实际数量为 42d，见图 7-42。

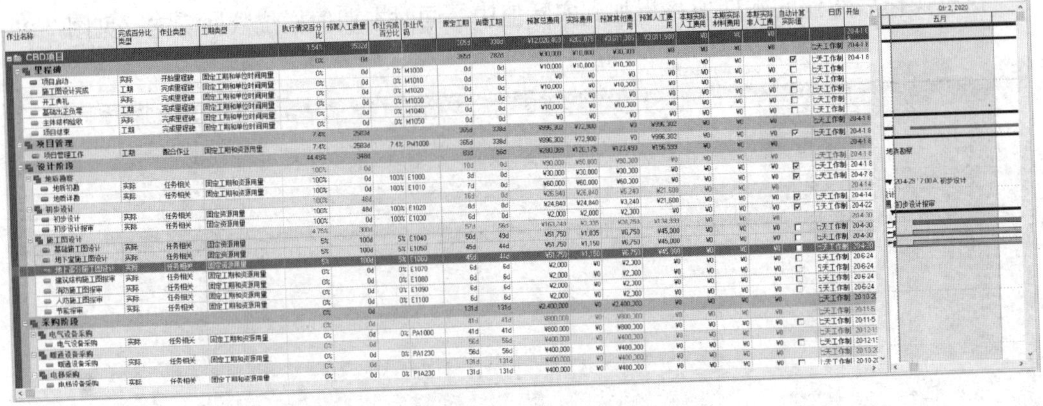

图 7-40　设置 5 月份的作业数据选项

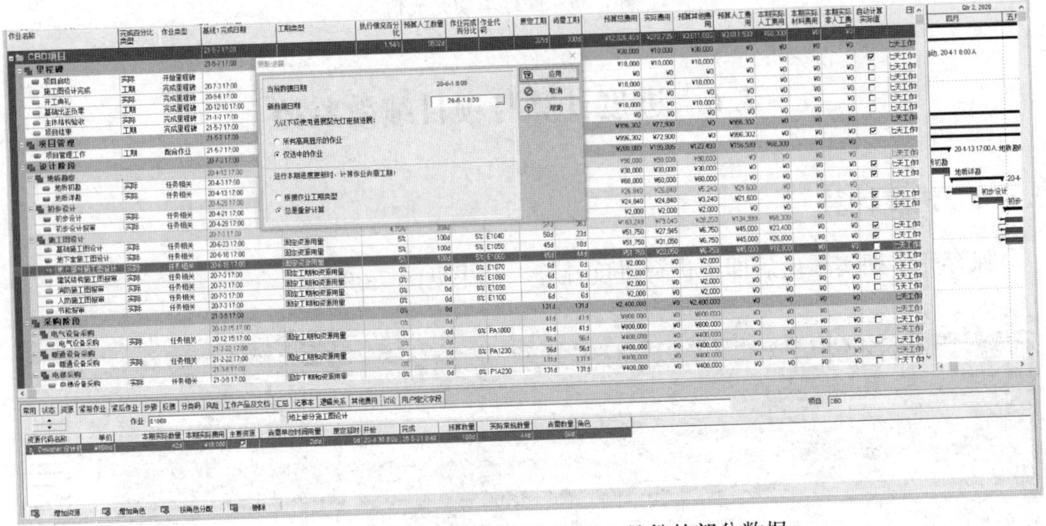

图 7-41　利用"更新进展"更新 5 月份的部分数据

图 7-42　"地上部分施工图设计"本期实际值录入

执行完上述操作后，执行本期进度更新功能，并保存本期完成时值，然后执行进度计算。在栏位里将"差值—基线项目完成日期"显示出来，结果见图 7-43。

项目执行到 6 月份，高亮显示 6 月份作业，见图 7-44。

除了"地上部分施工图设计"作业外，其他作业按照计划执行，可以选择"更新进展"，对按照计划执行的作业自动更新进展，见图 7-45。

对"地上部分施工图设计"采用人工更新的方式更新数据，设定尚需最早完成日期为 6 月 18 日，与计划完成日期相等，则需要增加单位时间资源用量，见图 7-46。

本期实际数量为 56d，在作业详情表的"状态"标签页将"地上部分施工图设计"完成日期设为 6 月 18 日。同时将三个施工图设计作业的全部步骤勾选完成。同时勾选相关的报审工作步骤已经开始但没有完成。依次执行"本期进度更新""保存本期完成值"和"进度计算"，结果见图 7-47。

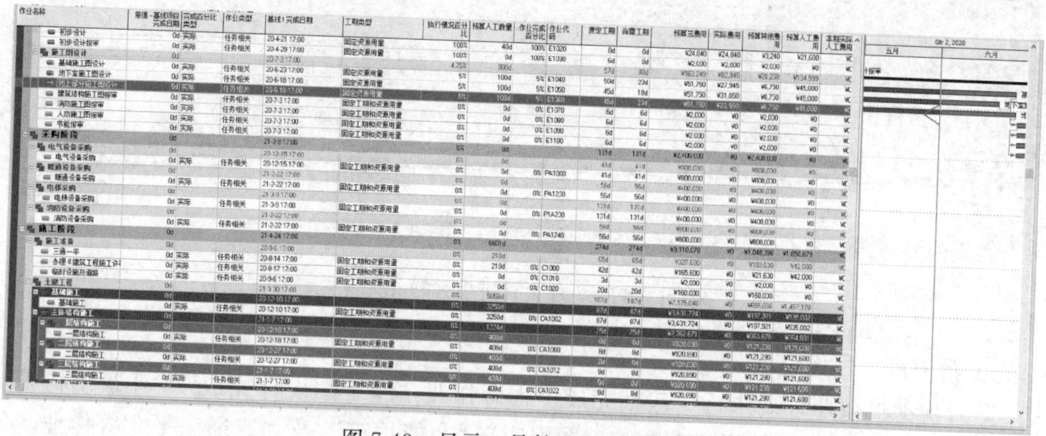

图 7-43　显示 5 月份进度差值结果

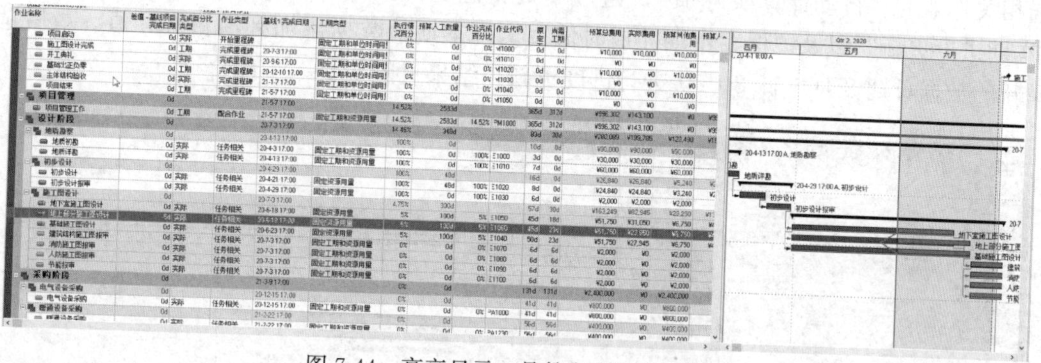

图 7-44　高亮显示 6 月份应该执行的作业

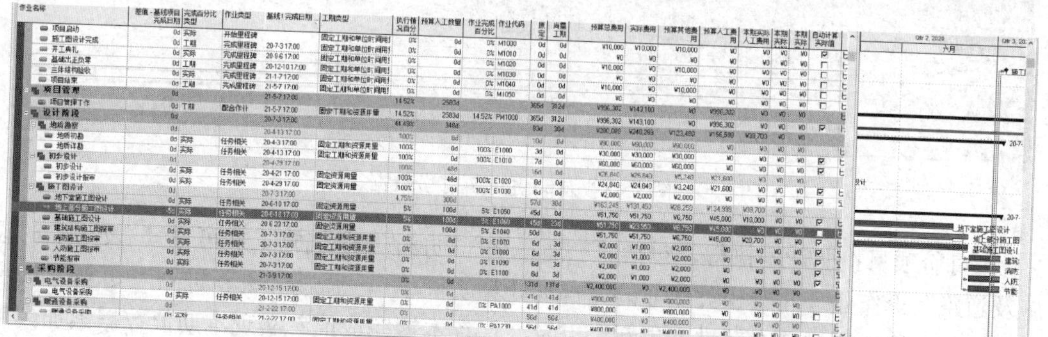

图 7-45　利用"更新进展"更新 6 月份部分作业实际值

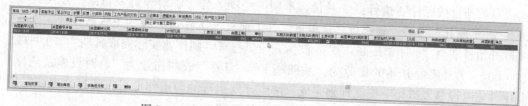

图 7-46　人工更新"地上部分施工图设计"数据

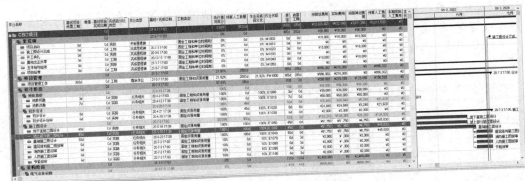

图 7-47　7 月 1 日进度计算结果

更新项目 7 月份进展：

7 月份项目按照计划执行，包括完成里程碑作业"施工图设计完成""建筑结构施工图报审""消防施工图报审""人防施工图报审""节能报审"及"三通一平"等作业。勾选相关作业的"自动计算实际值"，通过"更新进展"更新本期项目实际值，然后通过"本期进度更新"以及"保存本期完成时值"实现本期值数据累加到项目实际值。最后选择新的数据日期 8 月 1 日 8：00 进行进度更新，结果见图 7-48。

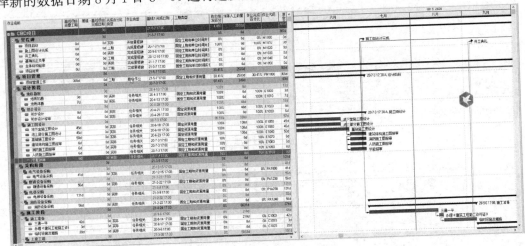

图 7-48　自动更新 7 月份数据

8 月份项目按照计划执行，包括"三通一平""办理《建筑施工许可证》"及"临时设施及道路"等作业。勾选相关作业的"自动计算实际值"，通过"更新进展"更新本期项目实际值，然后通过"本期进度更新"以及"保存本期完成值"实现本期值数据累加到项目实际值。最后选择新的数据日期 9 月 1 日 8：00 进行进度更新，结果见图 7-49。

目前项目按照计划执行到 9 月份，本期的一项工作"临时设施及道路"按照计划完成，"开工典礼"按照计划执行。这里将"开工典礼"工作设为开始里程碑作业，则作业实际开始日期为"9 月 6 日 8：00"，设为完成里程碑，则作业实际完成日期为"9 月 6 日 17：00"。另外需要开始的作业为"基础施工"，需要完成的作业为"临时设施及道路"。其中"临时设施及道路"按照计划完成。按照计划执行的两道作业可以通过"更新进展"和勾选"自动计算实际值"进行本期实际数据的更新。

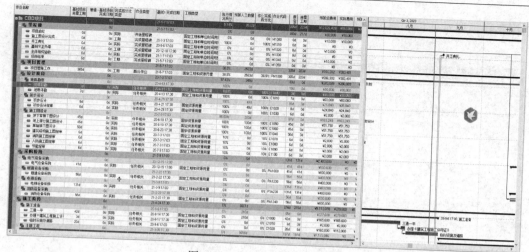

图 7-49　自动更新 8 月份数据

基础施工过程中发现文物需要处理。从 9 月 10 日开始停工，停工 10d，9 月 20 日复工，期望完成日期比计划推迟 10d，见图 7-50。

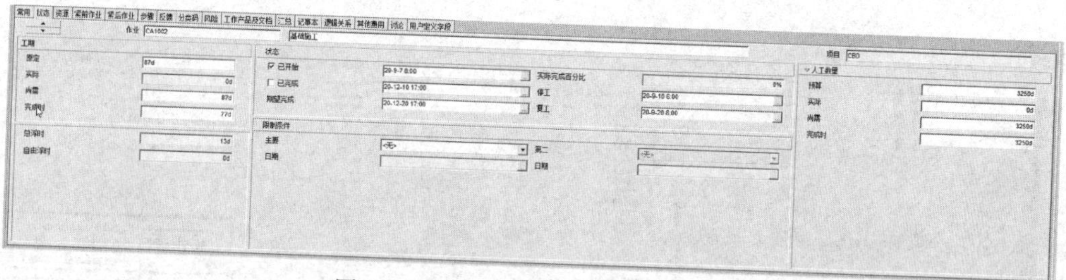

图 7-50　更新"基础施工"作业状态

"基础施工"作业的本期资源实际数据见图 7-51。

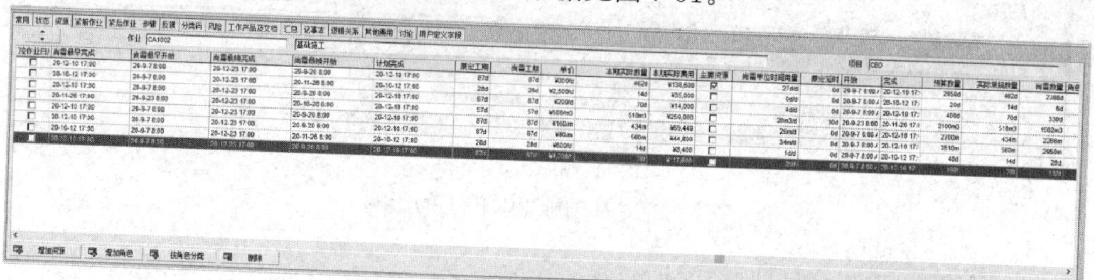

图 7-51　更新资源实际数据

更新完上述数据后执行"本期进度更新""保存本期完成时值"及"进度计算"结果见图 7-52。

由于关键作业"基础施工"作业比计划推迟了 10d，导致后续关键作业"一层结构施工"等作业相应的推迟 10d，见图 7-53。

7.6.2　项目绩效的监控与更新

1. 项目绩效分析

项目绩效分析包括成本绩效分析和进度绩效分析。资源加载下的项目绩效分析主要是利用赢得值技术评价项目的成本绩效和进度绩效。

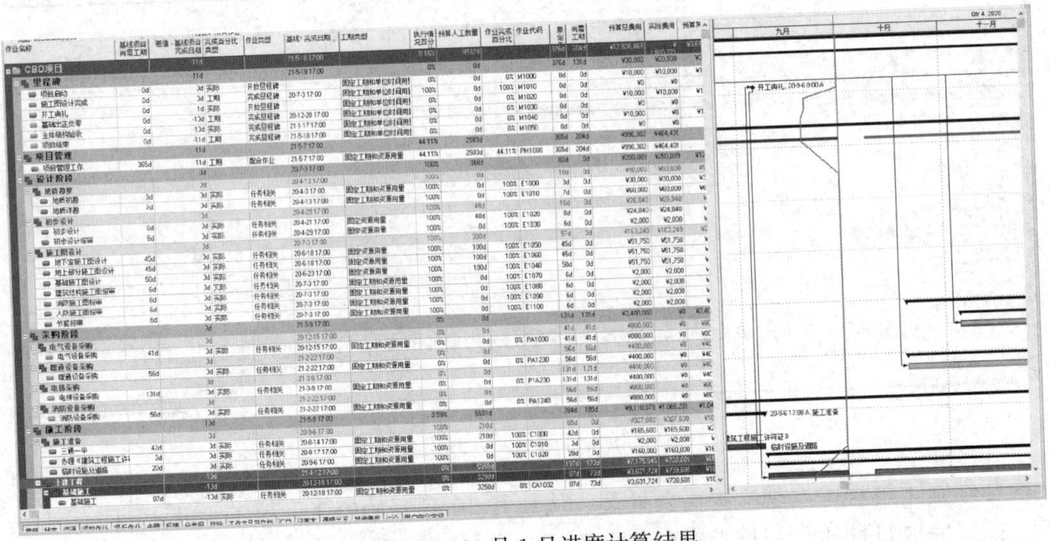

图 7-52　10 月 1 日进度计算结果

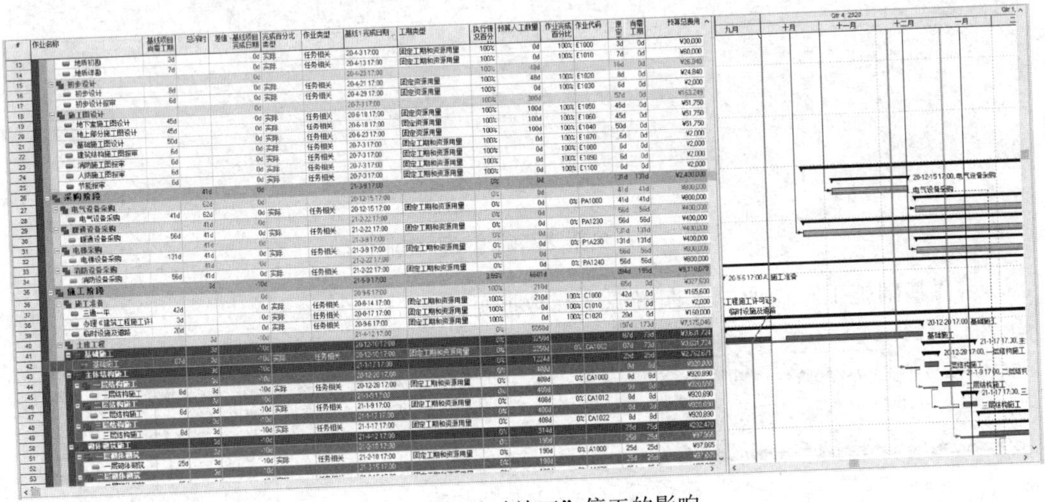

图 7-53　"基础施工"停工的影响

（1）利用"跟踪"窗口监控项目绩效。

可以利用"跟踪"窗口，查看项目进度绩效和成本绩效，见图 7-54。

如图 7-54 所示，为了显示赢得值、实际值及计划值曲线，需要在绘图区域单击鼠标右键，选择"直方图设置"，打开"项目直方图选项"对话框，见图 7-55，按照图中所示完成相应的设置。

（2）利用作业使用直方图和作业使用剖析表查看项目的费用绩效。

在"作业"窗口中，利用作业使用直方图和作业使用剖析表查看项目的费用绩效，见图 7-56。

作业使用剖析表可以通过在剖析表字段区域单击鼠标右键，通过弹出的快捷菜单选择"时间标尺""剖析表字段"等进行设置，见图 7-57。

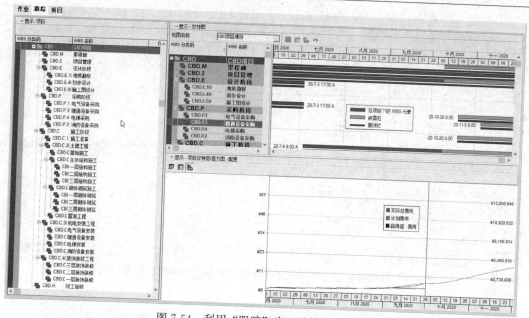

图 7-54　利用"跟踪"窗口监控项目绩效

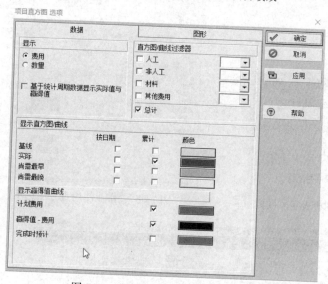

图 7-55　"项目直方图选项"对话框

也可以对作业使用直方图进行设置，通过在直方图区域单击鼠标右键，在快捷菜单中选择
"作业使用直方图选项"，打开"作业使用直方图选项"对话框，见图 7-58。在该对话框
中可以选择直方图数据的显示内容和显示方式。

2. 项目绩效监控

项目绩效监控包括进度绩效的监控和成本绩效的监控。项目绩效的监控利用赢得值技
术进行。进度监控是指参照进度基准计划，监控任务是否按照基线计划执行。进度绩效的
监控要综合考虑关键路径上作业的执行情况和进度绩效指标的监控结果。对于成本绩效的
监控主要是对照基线监控项目是否超支或节支。对"CBD 项目"9 月份的执行数据进行监
控，可以利用临界值进行监控，也可以直接将相应的监控值显示在栏位中，见图 7-59。

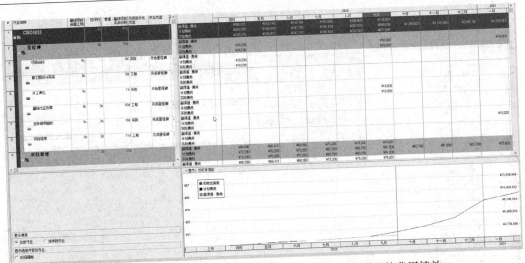

图 7-56　利用作业使用直方图和作业使用剖析表查看项目的费用绩效

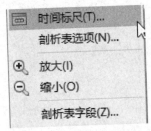

图 7-57　剖析表字段设置

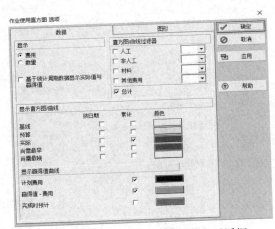

图 7-58　"作业使用直方图选项"对话框

图 7-59　"CBD"项目 9 月份计划执行情况监控

如图 7-59 所示，目前进度绩效指数和费用绩效指数均小于 1，所以按照赢得值的判断标准，项目成本超支和进度落后。对于进度绩效大于 1 的情况，用 SPI 度量项目的进度绩效需要综合考虑关键路径上的作业，如果关键路径上的作业的 TF 变小，则说明项目进展绩效落后于计划。只要是关键路径上的作业进度提前，即使 $SPI<1$，项目的进度相比计划还是提前的。$SPI<1$ 只是反映了项目完成了比基线计划少的工作。P6 用于计算项目赢得值三个基本参数的公式为：

$$ACWP = \sum_{i=1}^{n} ACWP_i \qquad (7\text{-}6)$$

$$BCWP = \sum_{i=1}^{n} BCWP_i \qquad (7\text{-}7)$$

$$BCWS = \sum_{i=1}^{n} BCWS_i \qquad (7\text{-}8)$$

根据上述公式可以计算 CPI 和 SPI 等成本绩效和进度绩效的指标。其中：

$$CPI = \frac{\sum_{i=1}^{n} BCWP_i}{\sum_{i=1}^{n} ACWP_i} \qquad (7\text{-}9)$$

$$SPI = \frac{\sum_{i=1}^{n} BCWP_i}{\sum_{i=1}^{n} BCWS_i} \qquad (7\text{-}10)$$

在计算 $BCWP$ 等指标时，并没有考虑关键路径上的作业和非关键路径上的作业。所以即使 $SPI>1$，只能说明比计划做了更多的工作，并没有区分完成的工作是关键路径上的作业还是非关键路径上的作业。

3. 基线更新

假如该项目在 9 月份获批更新基线，通过"项目/维护基线/更新"打开"更新基线"对话框，见图 7-60。

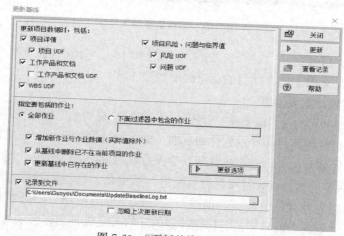

图 7-60　"更新基线"对话框

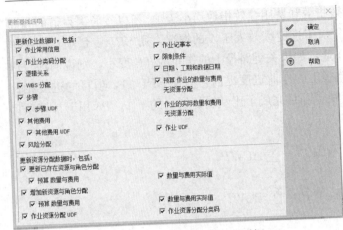

图 7-61 "更新基线选项"对话框

对加载资源的项目基线进行更新，需要对项目的详情、风险、问题、工作产品及文档、指定更新的作业等数据选项进行勾选操作。对已经存在的作业进行更新，点击"更新选项"命令，打开"更新基线选项"对话框，见图 7-61。

可以选择的更新包括作业的预算数据、实际数据、资源数据等。如果全部勾选，相当于把当前项目的副本作为基线重新分配给当前项目。勾线完更新选项后点击"确定"，返回"更新基线"对话框，点击"更新"，执行"更新"命令后结果见图 7-62。更新基线后的结果显示"基线项目完成日期"差值为 0。

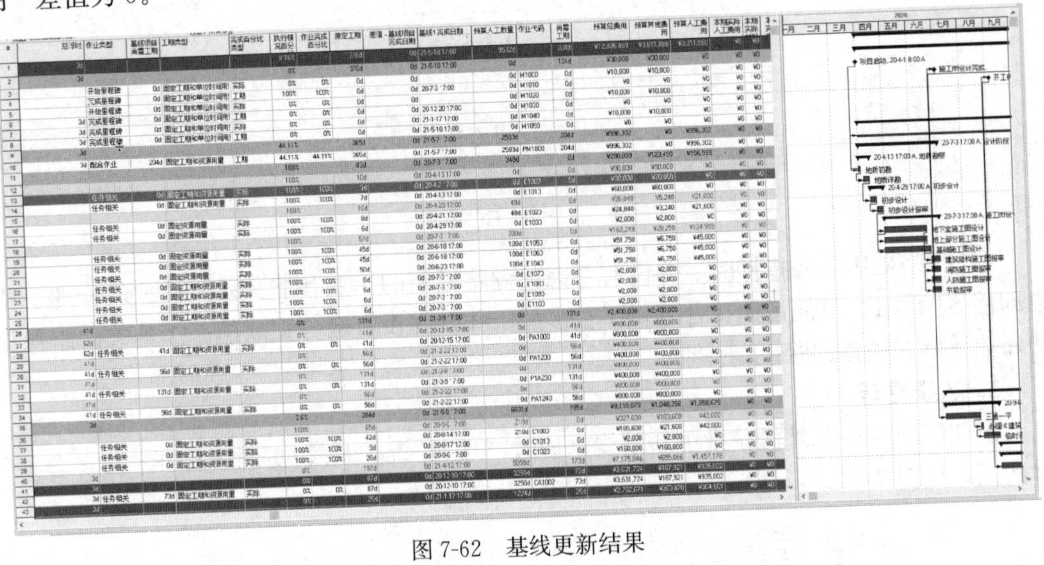

图 7-62 基线更新结果

将项目必须完成日期从"21-5-21 17：00"延长 10d，变成"21-5-31 17：00"，执行"进度计算"，结果见图 7-63。项目的总浮时增加到 13d。

4. 利用新基线计算赢得值

对基线数据的利用的设置需要在"管理员/管理设置/赢得值"标签页进行，见图 7-64。

当计算赢得值时使用目标计划的计划日期，则目标计划的开始与完成日期将会取自目标计划中作业的计划开始与计划完成日期（为保存该目标时，作业的计划开始和计划完成日期）。对于后两种选项，意味着项目的基线进行了更新，这里需要将当前正在执行的项目的当前状态保存为基线并分配给当前项目，可以获取当前项目的当前日期。当计算赢得值时使用目标计划的当前日期，则目标计划的开始与完成日期将会取自目标计划中作业的当前开始与完成日期。现结合示例解释三个选项的应用，如图 7-65 所示，项目有一道

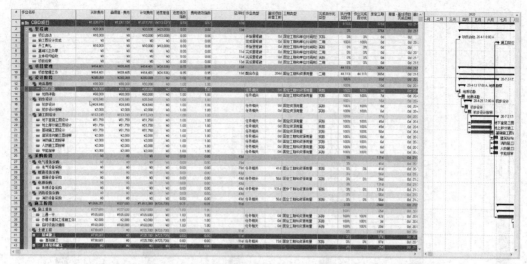

图 7-63　修改项目最迟完成日期为"21-5-31 17：00"进度计算结果

作业 A，原定工期为 10d，日历为七天工作制日历，分配 800 元的其他费用。

现在项目执行到 4 月 10 日晚上。作业 A 推迟 2d 开始，尚需 7d，实际完成百分比为 30％，实际费用 240 元，尚需费用 960 元，完成时费用 1200 元，选择新的数据日期 4 月 11 日进行进度计算，结果见图 7-66。

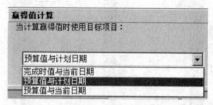

图 7-64　目标项目赢得值计算选择

将当前项目作为基线分配给当前项目，见图 7-67。

在赢得值计算的选项中选择不同的赢得值计算选项，结果为：

（1）预算值与计划日期【Budgeted values with planned dates】：

如果选择"预算值与计划日期"选项，在计算赢得值结果时计算项目的预算值，计算计划值时按照计划日期计算，见图 7-68。

（2）预算值与当前日期【Budgeted values with current dates】：

如果选择"预算值与当前日期"选项，将影响计划值（BCWS）的计算结果而保持原定预算不变。这种设置可能导致项目完工工期大于原定工期，意味着在不修改项目预算的情况下，允许项目推迟完工，见图 7-69。

使用当前日期，则基线开始日期从作业实际开始日期 4 月 8 日开始，基线的完成日期推迟到 4 月 17 日。按照新的基线计划费用 240 元（3d，每天计划费用 100 元），赢得值的计算结果没有发生改变。

（3）完成时值与当前日期【At Completion values with planned dates】：

如果选择"完成时值与当前日期"选项，在计算赢得值时将选择赢得值计算目标项目的完成时值代替项目总预算（BAC），使用基线项目作业的当前日期代替计划日期进行赢得值计算。也就是在赢得值的计算过程中，BCWS 的计算考虑了工期基线，而 BCWP 的计算考虑了成本绩效，见图 7-70。

如图 7-70 所示，预算使用了完成时值，所以赢得值和计划费用都发生了改变。

图 7-65　赢得值基线选择示例项目

图 7-66　4 月 10 日进度计算结果

图 7-67　将当前项目作为新基线

图 7-68　选择"预算值与计划日期"计算结果

图 7-69　选择"预算值与当前日期"计算结果

图 7-70　选择"完成时值与当前日期"计算结果

第8章

多级计划的实现与更新

8.1 用户及安全性规划

8.1.1 P6 软件应用模式

1. 单机版本应用

如果现场不具备网络化应用 P6 软件的情况，项目不同的参与方只能使用单机模式进行计划编制。在这种情况下，实现多级计划就可能需要将计划文件在不同的参与方之间进行导入与导出。

P6 软件提供了非常便捷的数据导入与导出功能。

在单机应用模式下，项目指挥部计划经理需要从各部门或承包商处收集他们各自编制的详细计划，导入到 P6 软件中进行计划的裁剪与组合，见图 8-1。

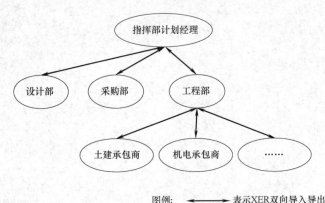

图 8-1 项目各参与方数据导入、导出关系图（单机应用模式）

现场使用 P6 软件单机模式的好处是部署简易，不涉及多用户及其权限的管理运维工作，且可以在无网络的情况下（如差旅途中）继续工作。但现场一直使用单机模式也有诸多不利，在整个多级计划编制过程中，导入与导出的过程可能会多次进行，版本控制能力以及沟通机制会直接影响多级计划编制的质量和效率。在这种情况下，做好计划的版本控制、加强沟通显得非常重要。

2. 网络版本应用

P6 软件在网络化应用情况下，可以创建多个用户，为用户分配 OBS 及相关安全配置。P6 软件在网络化应用时，会将数据集中存储于 Oracle database 或 Microsoft SQL Server（注意：Oracle 官方技术文档中描述未来可能不再支持 SQL Server）关系型数据库中，每个用户可以有自己独特的数据访问和编辑权限，极大地提高了计划协同编制的效率，节省时间的同时也避免了频繁数据导入与导出可能造成信息错误的问题。允许多用户可以同时打开并编辑同一个项目。尤其是对于大型复杂工程项目，在 P6 软件网络化应用环境中，一方面实现了项目数据的集中存储和数据安全控制，另一方面在进行多级计划编制时更加便捷，避免了数据导入与导出带来的版本管理难题。

P6 软件在网络化应用时，相当于将所有项目相关的数据集中存储。每个用户都可以实时从数据库中获得最新的计划数据，同时也可以将自己对计划做的修订或更新第一时间提交至 P6 数据库服务器并同步给其他用户，见图 8-2。在网络基础设施还不是特别完善的项目上，一般会组建局域网实现 P6 软件的网络化应用，所有用户都在局域网内办公，超出局域网就要配合单机应用模式。近年来随着网络基础设施的建设以及云计算业务的飞速发展，越来越多的项目部选择租赁云计算平台，将 P6 软件部署在云端，一方面实现了只要

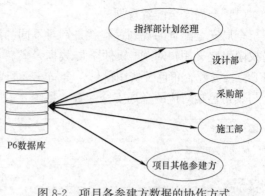

图 8-2　项目各参建方数据的协作方式
（网络版应用模式）

有网络便可以随时随地访问 P6 数据库的目标，同时还减少了自建 IT 设备带来的运维与管理成本。

8.1.2　P6 软件网络版的应用规划

1. 数据安全性规划

P6 软件支持多用户能够在一个企业内同时在相同的项目下工作。要确保数据免受未授权的更改，可创建全局和项目安全配置控制访问。

P6 软件在网络化应用情况下，用户对 EPS、项目或 WBS 的存取权限通过 OBS 实现。用户属于某个 OBS，该 OBS 又是某个 EPS、项目或 WBS 的责任人，那么便实现了该用户对 EPS、项目或 WBS 数据的存取。

用户、OBS、EPS、项目与 WBS 之间的逻辑关系见图 8-3。

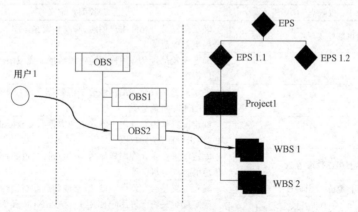

图 8-3　P6 软件中用户、OBS 及数据的逻辑关系示意

P6 软件数据安全性的规划过程会充分依赖工程项目实际的管理责任划分，例如合同包的划分、工作包的负责人等。数据安全性规划需要清晰地回答每个用户能看什么数据、能做什么操作、不能看什么数据、不能做什么操作。

为确保各级数据的安全性，P6 软件提供全局安全配置和项目安全配置两种形式的安全配置选项，可以分别控制用户对全局数据的存取和对项目数据的存取。

（1）全局安全配置规划。

全局安全配置的规划过程就是针对不同的用户角色，规划若干全局权限组。每一个全局权限组定义用户对 P6 软件全局数据及软件管理设置的访问权限，例如企业项目结构（EPS）、资源、角色及费用科目。全局安全配置是一个必选项，每个用户都必须要分配一个与其角色相对应的全局安全配置，见图 8-4。

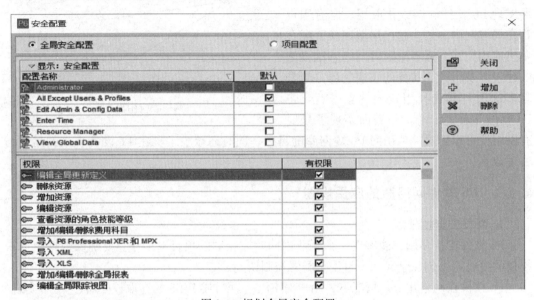

图 8-4 规划全局安全配置

P6 软件中全局安全配置权限点及其定义说明见表 8-1。

P6 软件中全局安全配置权限点及其定义 表 8-1

序号	权限点	权限点定义
1	编辑全局更新定义	确定配置是否允许用户创建、修改和删除适用于 P6 中所有用户的全局更新规范
2	增加资源	确定配置是否允许用户创建资源数据。此权限也选择"编辑资源"全局权限
3	编辑资源	确定配置是否允许用户修改资源数据。此权限还允许用户分配、修改和删除角色分配
4	删除资源	确定配置是否允许用户删除资源数据。此权限也选择"增加资源"和"编辑资源"全局权限
5	查看资源的角色技能等级	确定配置是否允许用户显示、分组/排序、过滤、搜索和报告资源及角色的技能等级
6	增加/编辑/删除费用科目	确定配置是否允许用户创建、修改和删除费用科目数据
7	导入 P6 Professional XER 和 MPX	确定配置是否允许用户使用 P6 导入 XER 和 MPX 格式的项目、资源和角色
8	导入 XLS	确定配置是否允许用户将项目、资源和角色从 XLS 文件导入到 P6
9	导入 XML	确定配置是否允许用户从 P6 中导入项目，以及使用 XML 格式导入 Microsoft Project
10	增加/编辑/删除全局报表	确定配置是否允许用户创建、修改和删除全局报表，包括编辑报表组和全局批次报表以及保存在 P6 中创建或修改的全局报表
11	编辑全局跟踪视图	确定配置是否允许用户创建、修改和删除 P6 中的全局跟踪视图

序号	权限点	权限点定义
12	增加/编辑/删除角色	确定配置是否允许用户创建、修改和删除角色数据
13	增加全局作业分类码	确定配置是否允许用户创建全局作业分类码和分类码值数据。此权限还选择"编辑全局作业分类码"全局权限
14	编辑全局作业分类码	确定配置是否允许用户修改全局作业分类码数据
15	删除全局作业分类码	确定配置是否允许用户删除全局作业分类码和分类码值数据
16	增加/编辑/删除全局日历	确定配置是否允许用户创建、修改和删除全局日历数据
17	增加/编辑/删除资源日历	确定配置是否允许用户创建、修改和删除资源日历数据
18	增加/编辑/删除安全配置	确定配置是否允许用户创建、修改和删除全局和项目安全配置,其授予对整个应用程序和项目特定信息的存取权限
19	增加/编辑/删除用户	确定配置是否允许用户创建、修改和删除 P6 用户数据
20	增加/编辑/删除全局作业和分配布局、视图和过滤器	确定配置是否允许用户创建、修改、移除全局作业和资源分配视图及过滤器
21	增加/编辑/删除 OBS	确定配置是否允许用户创建、修改和删除全局组织分解结构的层次数据
22	增加/编辑/删除存储的图像	确定配置是否允许用户创建、修改和删除存储的图像
23	增加项目分类码	确定配置是否允许用户创建项目分类码和分类码值数据。此权限还选择"编辑项目分类码"全局权限
24	编辑项目分类码	确定配置是否允许用户修改项目分类码数据。此权限还允许用户创建、修改和删除项目分类码值
25	删除项目分类码	确定配置是否允许用户删除项目分类码和分类码值数据。此权限还选择"增加项目分类码"和"编辑项目分类码"全局权限
26	增加资源分类码	确定配置是否允许用户创建资源分类码和分类码值数据。此权限还选择"编辑资源分类码"全局权限
27	编辑资源分类码	确定配置是否允许用户修改资源分类码数据。此权限还允许用户创建、修改和删除资源分类码值
28	删除资源分类码	确定配置是否允许用户删除资源分类码和分类码值数据。此权限还选择"增加资源分类码"和"编辑资源分类码"全局权限
29	增加角色分类码	确定配置是否允许用户创建角色分类码和分类码值数据。此权限还选择"编辑角色分类码"全局权限
30	编辑角色分类码	确定配置是否允许用户修改角色分类码数据。此权限还允许用户创建、修改和删除角色分类码值
31	删除角色分类码	确定配置是否允许用户删除角色分类码和分类码值数据。此权限还选择"增加角色分类码"和"编辑角色分类码"全局权限
32	增加分配分类码	确定配置是否允许用户创建分配分类码和分类码值数据。此权限还选择"编辑分配分类码"全局权限
33	编辑分配分类码	确定配置是否允许用户修改分配分类码数据。此权限还允许用户创建、修改和删除分配分类码值
34	删除分配分类码	确定配置是否允许用户删除分配分类码和分类码值数据。此权限还选择"增加分配分类码"和"编辑分配分类码"全局权限
35	增加/编辑/删除全局组合	确定配置是否允许用户创建、修改和移除全局组合
36	管理全局外部应用程序	确定配置是否允许用户创建、修改和删除 P6 的全局外部应用程序列表中的条目
37	增加/编辑/删除资金来源	确定配置是否允许用户创建、修改和删除资金来源数据
38	查看资源和角色费用/财务数据	确定用户是否可以通过该配置显示所有人工、材料和非人工资源费用值、角色单价值、资源和资源分配用户定义字段费用

序号	权限点	权限点定义
39	增加/删除安全分类码（WEB）	确定配置是否允许用户创建和删除所有安全项目分类码、全局和 EPS 级别作业分类码、资源分类码和分类码值数据以及所有安全问题分类码和分类码值数据
40	编辑保密性分类码	编辑、分配、查看全局和 EPS 级安全作业分类码与码值以及所有全局安全问题分类码与码值
41	分配保密性分类码	分配和查看全局和 EPS 级安全作业分类码与码值以及所有全局安全问题分类码与码值
42	查看保密性分类码	查看全局和 EPS 级安全作业分类码与码值以及所有全局安全问题分类码与码值
43	增加/编辑/删除货币（WEB）	确定配置是否允许用户创建、修改和删除货币数据
44	设置来自 LDAP 的用户	确定配置是否允许用户在设置时搜索 LDAP 目录
45	增加/编辑/删除全局 Visualizer 视图	确定配置是否允许用户编辑、重命名和删除全局 Visualizer 视图，并且允许用户从"用户视图"或"项目视图"类别中升级（增加）视图
46	增加/编辑/删除全局 Visualizer 过滤器	确定配置是否允许用户在 Visualizer 中创建、修改和删除全局过滤器
47	增加/编辑/删除资源曲线	确定配置是否允许用户创建、修改和删除资源分布曲线定义
48	增加/编辑/删除用户定义的字段	确定用户是否可以通过此配置创建、修改和删除"用户定义"字段
49	增加/编辑/删除 Microsoft Project 和 Primavera 模板	确定配置是否允许用户创建、修改和删除用于将数据导入 Microsoft Project 或 Primavera XML 格式或从中导出数据的模板
50	增加/编辑/删除作业步骤模板	确定配置是否允许用户创建、修改和删除用于为多个作业增加一组通用步骤的作业步骤模板
51	增加/编辑/删除统计周期日历	确定配置是否允许用户创建、修改和删除统计周期日历
52	管理计划任务	确定配置是否允许用户使用计划任务将"本期进度更新""批次报表""导出""计算进度"和"汇总"服务设置为按特定时间间隔运行
53	增加/编辑/删除类别	确定配置是否允许用户创建、修改和移除类别数据，如"管理类别"对话框中所定义
54	增加/编辑/删除全局项目、WBS 和组合布局、视图和过滤器	确定配置是否允许用户创建、修改和移除全局项目和 WBS 视图
55	编辑管理设置	确定配置是否允许用户修改"管理设置"对话框中定义的管理设置
56	编辑安全分类码	确定配置是否允许用户修改所有安全项目分类码、全局和 EPS 级别作业分类码、关联的作业分类码值颜色、资源分类码和分类码值数据以及所有安全问题分类码和分类码值数据
57	分配安全分类码	确定配置是否允许用户分配所有安全项目分类码、全局和 EPS 级别作业分类码、资源分类码和分类码值数据以及所有安全问题分类码和分类码值数据
58	查看安全分类码	确定配置是否允许用户显示所有安全项目分类码、全局和 EPS 级别作业分类码、资源分类码和分类码值数据以及所有安全问题分类码和分类码值数据

（2）项目安全配置规划。

项目安全配置的规划过程就是针对不同的用户角色，规划若干项目权限组。每一个项目权限组定义用户对软件中特定项目信息的访问权限，例如工作分解结构（WBS）、作业。项目安全配置不是必须项，P6 软件不要求必须为每一个用户分配一个项目安全配置，但是绝大多数 P6 软件的用户通常需要访问项目，因此一般会被分配一个与其角色相对应的项目安全配置，见图 8-5。

P6 软件中项目安全配置权限点及其定义说明见表 8-2。

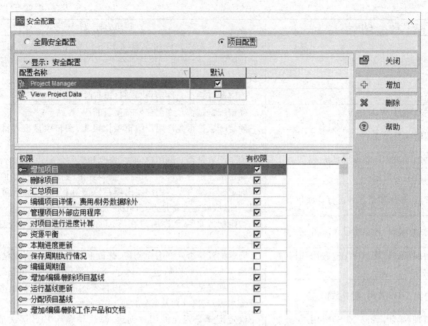

图 8-5   规划 P6 软件中的项目安全配置

P6 软件中项目安全配置权限点及其定义   表 8-2

序号	权限点	权限点定义
1	增加项目	确定配置是否允许用户在 EPS 节点内增加项目
2	删除项目	确定配置是否允许用户在 EPS 节点内删除、剪切和粘贴项目
3	汇总项目	确定配置是否允许用户汇总 EPS 中所有项目的数据
4	编辑项目详情，费用/财务数据除外	确定配置是否允许用户编辑"项目详情"对话框的"常用""日期""默认""资源"和"设置"选项卡中的字段
5	管理项目外部应用程序	确定配置是否允许用户在 P6 中修改"外部应用程序"功能的条目
6	对项目进行进度计算	确定配置是否允许用户对项目进行进度计算
7	资源平衡	确定配置是否允许用户平衡资源
8	本期进度更新	确定配置是否允许用户对项目中的作业进行本期进度更新
9	保存周期执行情况	确定配置是否允许用户跟踪实际值以及项目实际数量和费用在此周期的值
10	增加/编辑/删除项目基线	确定配置是否允许用户创建、修改和删除项目基线
11	运行基线更新	确定配置是否允许用户使用"更新基线"应用程序和新项目信息更新项目基线
12	分配项目基线	确定配置是否允许用户将项目基线分配到项目
13	增加/编辑/删除工作产品和文档	确定配置是否允许用户创建、修改和删除未应用安全证书的项目文档
14	查看项目费用/财务状况	确定配置是否允许用户显示项目的所有货币值
15	编辑项目作业分类码	确定配置是否允许用户修改项目作业分类码数据
16	增加项目作业分类码	确定配置是否允许用户创建项目作业分类码和分类码值数据。此权限还选择"编辑项目作业分类码"项目权限
17	删除项目作业分类码	确定配置是否允许用户删除项目作业分类码和分类码值数据。此权限还选择"增加项目作业分类码"和"编辑项目作业分类码"项目权限
18	编辑 EPS 作业分类码	确定配置是否允许用户修改 EPS 级作业分类码的名称
19	增加 EPS 作业分类码	确定配置是否允许用户创建 EPS 级别作业分类码和分类码值。此权限还选择"编辑 EPS 作业分类码"项目权限

续表

序号	权限点	权限点定义
20	删除 EPS 作业分类码	确定配置是否允许用户删除 EPS 级别作业分类码和分类码值。此权限还选择"增加 EPS 作业分类码"和"编辑 EPS 作业分类码"项目权限
21	监控项目临界值	确定配置是否允许用户为项目运行临界值监控器
22	发布项目 Web 站点	确定配置是否允许用户发布项目的 Web 站点
23	编辑项目报表	确定配置是否允许用户编辑项目报表、编辑项目报表批次和导出报表
24	增加/编辑/删除项目日历	确定配置是否允许用户创建、修改和删除分配到项目的日历
25	运行全局更新	确定配置是否允许用户运行"全局更新"更新作业详细信息
26	签入/签出项目和独占打开项目	确定配置是否允许用户签出项目以便远程工作,然后重新签入项目。此外,确定配置是否允许用户独占打开项目
27	增加/编辑/删除项目 Visualizer 视图	确定配置是否允许用户在 Visualizer 中创建、修改和删除项目视图
28	增加/编辑/删除 WBS,费用/财务数据除外	确定配置是否允许用户创建、修改和删除 WBS 层次结构节点和其他 WBS 层次数据,包括记事本条目、赢得值设置、里程碑和日期
29	编辑 WBS 费用/财务数据	确定配置是否允许用户修改项目层次的项目或 WBS 预算记事、资金来源、支出计划及财务数据
30	增加/编辑/删除 EPS,费用/财务数据除外	确定配置是否允许用户创建、修改和删除 EPS 层次节点、编辑 EPS 记事本以及编辑所有与 EPS 相关的数据,财务信息除外
31	编辑 EPS 费用/财务数据	确定配置是否允许用户修改 EPS 预算记事、资金来源及支出计划
32	增加/编辑/删除其他费用	确定配置是否允许用户创建、修改和删除分配给项目的其他费用
33	增加/编辑/删除问题和问题临界值	确定配置是否允许用户创建、修改和删除分配至项目的临界值和问题
34	增加/编辑/删除作业逻辑关系	确定配置是否允许用户创建、修改和删除分配给项目的作业关系
35	增加/编辑作业,逻辑关系除外	确定配置是否允许用户创建和修改项目中所有作业的信息(不包括作业逻辑关系)
36	删除作业	确定配置是否允许用户从项目中删除作业
37	编辑作业代码	确定配置是否允许用户修改作业代码。要修改作业代码,用户还必须拥有分配给他们的"增加/编辑作业,关系除外"项目权限
38	编辑未来周期	确定配置是否允许用户使用 P6 在"资源使用剖析表"的"计划数量"和"尚需(最早)数量"字段中输入、修改和删除未来周期的分配值
39	增加/编辑项目级视图	确定配置是否允许用户在"作业""分配"或"WBS"窗口中创建、编辑和删除项目级视图
40	增加/编辑/删除风险	确定配置是否允许用户创建、修改和删除分配到项目的风险
41	导出项目数据	确定配置是否允许用户导出项目数据并使用网格下面的下载链接将数据下载到 Excel
42	增加/编辑/删除模板文档	确定配置是否允许用户创建、修改和删除项目模板文档
43	编辑周期执行情况	确定配置是否允许用户使用 P6 修改工时数与非人工数量,以及人工、非人工、材料和其他费用的周期执行情况值
44	维护项目基线	确定配置是否允许用户创建、修改和移除项目基线

2. 规划 OBS

OBS 通常是指组织项目管理结构体系【Organizational Breakdown Structure】。OBS 作为一种全局的、层次化的结构体系,代表组织中项目的责任人。OBS 通常反映组织的管理结构,上自高层人员,下至各个业务层级。可以根据企业的项目组织结构图建立,也可以结合企业的 EPS 创建,P6 软件的用户借助 OBS 及权限配置与具体的 EPS、项目及 WBS 单元建立责任关系。将责任人与 EPS 节点关联时,在默认情况下,添加到该 EPS 分支的所有项目都将分配到该责任人。OBS 分层结构还用于授予对项目及项目中 WBS 层级的特定用户的访问权限。

因此在定义 OBS（组织分解结构）时，需要考虑 EPS 及 WBS 的分解方式，做到责任清晰、分工明确，为将来给用户存取数据的权限范围的分配奠定基础。"组织分解结构"对话框见图 8-6。

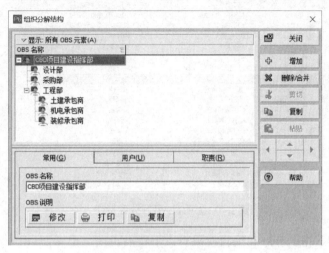

图 8-6　设置项目 OBS 元素

3. 管理用户

在 P6 软件的网络化应用环境中，用户登录到 P6 软件中就必须拥有一个登录名和密码信息。P6 软件的管理员可以在 P6 软件中为用户创建新的账户，并为每个账户设置登录名、全局配置、项目配置以及模块存取，还可以提供相关用户的其他信息，例如电子邮件地址及办公室电话号码，见图 8-7。

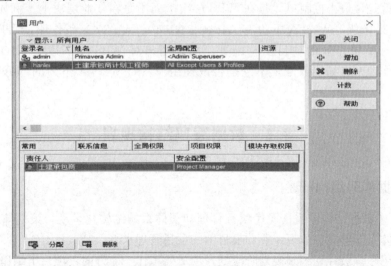

图 8-7　创建用户并分配用户的责任人（OBS）及安全配置

4. 为项目 WBS 指定责任人

要限制或授予对 WBS 及其数据的访问权限，则必须为项目 WBS 指定责任人。通过将 OBS 元素分配给项目 WBS，为特定项目和项目内的工作指定职责。

分配到 OBS 元素的用户和分配到 WBS 的 OBS 共同决定了用户所能查看的数据。通过将特定 OBS 元素分配到 WBS 层级来进一步控制其项目内的安全性，见图 8-8。

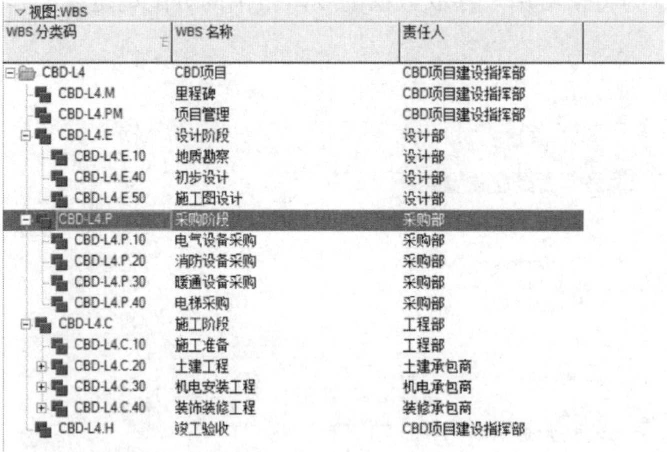

视图:WBS

WBS 分类码	WBS 名称	责任人
CBD-L4	CBD项目	CBD项目建设指挥部
CBD-L4.M	里程碑	CBD项目建设指挥部
CBD-L4.PM	项目管理	CBD项目建设指挥部
CBD-L4.E	设计阶段	设计部
CBD-L4.E.10	地质勘察	设计部
CBD-L4.E.40	初步设计	设计部
CBD-L4.E.50	施工图设计	设计部
CBD-L4.P	采购阶段	采购部
CBD-L4.P.10	电气设备采购	采购部
CBD-L4.P.20	消防设备采购	采购部
CBD-L4.P.30	暖通设备采购	采购部
CBD-L4.P.40	电梯采购	采购部
CBD-L4.C	施工阶段	工程部
CBD-L4.C.10	施工准备	工程部
CBD-L4.C.20	土建工程	土建承包商
CBD-L4.C.30	机电安装工程	机电承包商
CBD-L4.C.40	装饰装修工程	装修承包商
CBD-L4.H	竣工验收	CBD项目建设指挥部

图 8-8　为项目 WBS 分配责任人

在 P6 软件中数据的存取和编辑权限有以下特点：

（1）用户关联的 OBS 只要被分配给一个项目中的任一 WBS 层级，那么该用户便能够查看整个项目的计划数据（是否可以编辑及是否可以查看费用数据可以在权限点中另行控制），包括 WBS、作业、开始、完成、总浮时等信息。也就是说计划数据对各参建方都是可见的，这种计划数据透明化的体系让所有参建方都可以看到上下游的进展状态，降低了项目进度延误的风险。

（2）用户的数据编辑权限最小控制单元为 WBS 层级的最末级，无论 WBS 层次分了多少级，也就是说最小控制单元是在 WBS 层次上而不是在作业层次上。例如 WBS-A 是 WBS 体系的最末级，WBS-A 下边有 A1000、A1010、A1020 三条作业，用户是 WBS-A 的责任人且有编辑作业的项目安全配置，那么用户对 WBS-A 下边的 A1000、A1010、A1020 三条作业都有编辑权限，不论是否设置用户只对 WBS-A 下边的部分作业有编辑权限。

8.2　数据编码结构规划

8.2.1　数据编码结构概述

P6 软件中数据结构体系是现代项目管理知识体系的结构化呈现。策划清晰的项目管理数据结构体系能够充分体现企业和项目部的项目管理水平。

数据编码是多级计划编制规划阶段的一项重要工作。一方面，项目组织作为一个临时性的组织结构往往是由跨部门、跨组织的人员组成，不同的组织单元之间对项目承担的责任范围存在差异性，需要为不同的参与人员建立统一的数据编码，以实现不同层级的组织单元之间数据交互。另一方面，不同层级的项目管理人员对项目数据的需求存在差异性，主要体现在对项目数据需求的细化程度的差异,通过设置结构化的数据编码,可以满足不同层级的管理人员项目管理的需要。最后,项目的渐进性特点使得项目初期计划的编制无法一步细化到工作包计划,结构化的数据编码可以充分体现项目渐进性特点。

项目数据的编码包括企业组织结构代码体系【OBS】、企业项目结构代码体系【EPS】、角色与资源结构代码体系【RBS】、费用科目结构代码体系【CBS】、工作分解结构代码体系【WBS】和作业代码分类码体系等内容。

8.2.2　OBS

OBS 通常是指组织项目管理结构体系。OBS 可以反映 EPS 的节点和项目层级,或者包含附加 OBS 层级以满足组织的要求。例如,如果要把团队领导指定为项目 WBS 层级的责任人,并将 OBS 中团队领导以上的项目经理指定为该项目的责任人。可以在描述 EPS 各个层级的相关访问与安全措施的同时,维护一个能准确反映组织结构图的 OBS。

8.2.3　EPS

项目的数据库是按层级排列的,称为企业项目结构(Enterprise Project Structure,EPS)。EPS 可以根据需要分解为多个层级或节点,以便与组织中的工作相对应。根节点是层级最高的节点,代表公司内的部门、项目阶段、位置或其他符合组织要求的主要分组,而项目始终是分层结构中最低的层级。组织中的每个项目都必须包含在一个 EPS 节点内。

EPS 层级的数量及结构取决于项目的范围及汇总数据的方式。本示例中的 EPS 结构分解如图 8-9 所示。

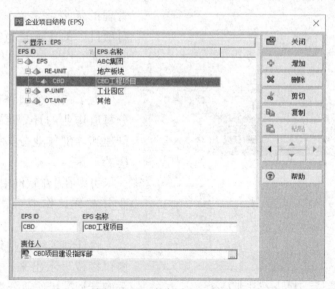

图 8-9　P6 软件中 EPS 规划

8.2.4　RBS

资源包含执行所有项目作业的工作人员与设备。人工与非人工资源,例如工程师和设备,通常按时间计算,并经常分配到其他作业和(或)项目;材料资源,例如供给及其他耗材，则按单价计算，而不是按小时计算。

可以创建资源分层结构（Resource Breakdown Structure，RBS），使其反映组织资源结构并支持将这些资源分配到作业。可以设定无层级限制的资源分类码，用于分组与汇总，见图8-10。

图 8-10　P6 软件中的 RBS 结构示意

8.2.5　分类码

在工程实践中，往往因为项目计划的数据体量较大而经常使用分类码来分组项目数据和整理大量的信息。在 P6 软件 R20 版本中，资源、项目、作业、角色、分配等信息均可分配分类码值并按照分类码值筛选和分组呈现各类数据。

在本示例中，使用作业分类码以便对项目的作业条目进行分类。因此，根据多级计划管理的需要，定义一个分类码集合，对项目中的作业进行分类，然后根据所分配的作业分类码与码值进行排序、过滤与分组作业。

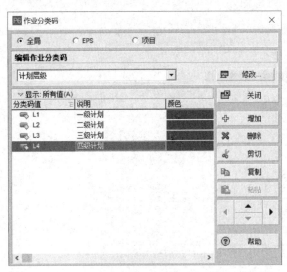

图 8-11　计划层级作业分类

为了在一个项目计划中便捷地区分每道作业的计划层级属性，为作业创建和分配作业分类码是一个非常便捷的工具。

可以在 P6 软件中新建一个全局作业分类码，作业分类码名称为计划层级。

将计划等级作业分类码在"作业"窗口栏位显示出来，然后可以给作业分配计划等级作业分类码，见图8-11。

8.3　多级计划的实现方式

计划编制过程是一个层层分解、逐步细化的过程。要实现计划的纲领作用，认真策划并严肃地编制项目计划是非常重要的基础工作。

每个项目计划的编制，未必都会专业地称作多级计划，也未必都会清晰地划分计划的层级，例如什么是一级？什么是二级？但大多会体现计划层层分解的过程。把这种通过层层分解的思路编制项目计划的过程统称为多级计划的编制。

多级计划的应用体现了项目策划由粗到细的过程，目前常见的实现多级计划管理的方式主要有两种，一种是使用配合作业，一种是使用 WBS 汇总作业。对于多级计划的编制，还有一种特殊的处理方式——将各级计划作为不同的项目。在特殊情况下，这三种方式还会进行组合使用。接下来分别阐述这三种方式实现多级计划的基本原理。

8.3.1　使用配合作业

配合作业是作业的六种作业类型之一。因为配合作业的日期由其所配合的系列作业的开始和完成日期决定，因此可以用于表达某一层级的计划。例如，将二级计划作业设置为配合作业，并将该二级计划作业与其下一层级的三级计划中最早开始的作业连接 SS 逻辑关系，与其下一层级的三级计划中最晚完成的作业连接 FF 逻辑关系，那么该二级计划作业的开始和完成日期将会自动根据其下一层级的三级计划自动计算和更新。这也是使用配合作业的好处之一，见图 8-12。

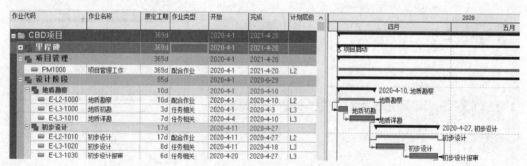

图 8-12　使用配合作业实现多级计划管理示例

8.3.2　使用 WBS 汇总作业

WBS 汇总作业也是作业的六种作业类型之一。借助 WBS 汇总作业能够自动汇总该WBS 下所有作业开始和完成日期，可以在多级计划编制过程中将中间层级的计划使用WBS 汇总作业实现。使用 WBS 汇总作业的一个好处是，WBS 作业的状态会自动根据其WBS 下作业的进展状态而自动更新，见图 8-13。

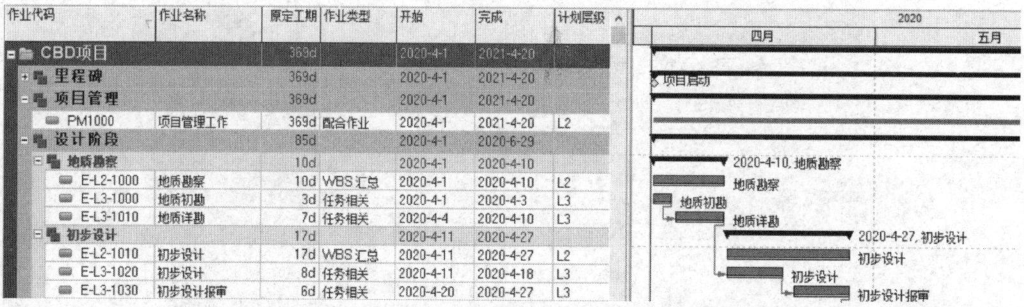

图 8-13　使用 WBS 汇总作业实现多级计划管理示例

8.3.3 使用多个项目

使用多个项目的做法通常是将项目的各级计划分别作为一个项目进行管理。下层级计划与上层级计划的关联则通过跨项目的逻辑关联方式实现。

使用多个项目管理多级计划的好处是可以通过多个项目将不同层级计划的责任主体进行有效的分离，且各级计划可以在多个项目的情况下有一定的独立性。例如有些计划数据，计划经理认为也有一定的敏感性，不同项目的承建方之间应该不可见，便可以用多个项目的方式进行数据存取权限的控制，见图 8-14、图 8-15。

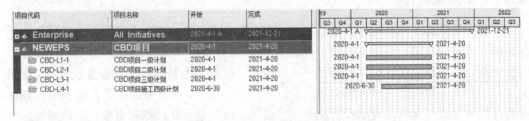

图 8-14　使用多个项目的方式实现多级计划管理示例

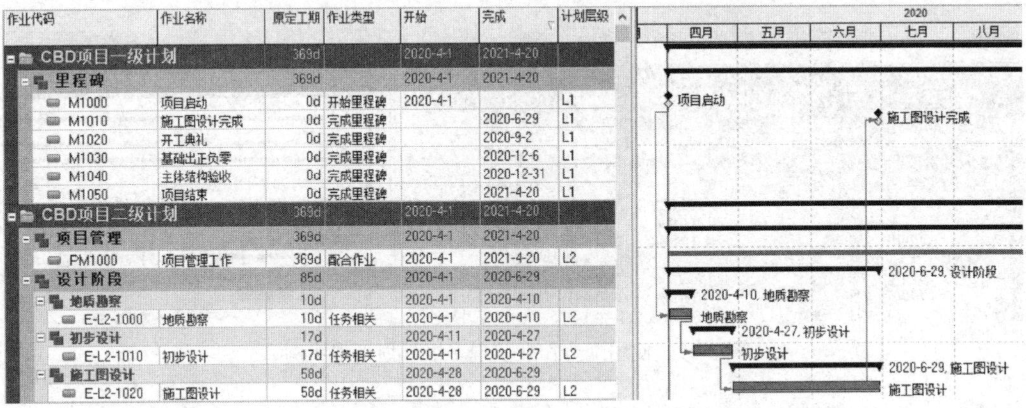

图 8-15　跨项目进行不同层级计划的逻辑关联

在进行多级计划联动时，需要同时打开各级计划项目，在更新末级计划作业状态后，对多个项目用同一数据日期执行进度计算，见图 8-16。

图 8-16　基于同一数据日期对各级计划项目同时执行进度计算

8.4　多级计划的编制

8.4.1　多级计划编制流程

项目的复杂性使得一些项目需要引入多级计划实现对项目的计划与管控。通常一个大型工程项目需要三级以上的项目计划，用以指导和控制项目的执行过程，并满足不同管理层级对项目范围的管控要求。比较常见的计划分级体系包括以下几个主要层次：一级计划（执行概要计划，这是一个概括性的进度计划，主要包括合同里程碑点）、二级计划（又称为管理总控计划，可以进一步划分为二级指导性计划和二级管理总控计划）、三级计划（通常称为项目控制计划，与 WBS 控制账号进行关联）、四级计划（主要针对控制账号的进度计划，体现为滚动计划）。

多级计划层次的划分要考虑项目的复杂性以及不同利益相关方对项目管控细化程度的要求。越是复杂的项目，要求的计划层次越多。同时，要实现不同层级的计划对应不同的责任单位。

项目多级计划管理的实现要考虑上级计划对下级计划的指导作业以及下级计划对上级计划的反馈，见图 8-17。

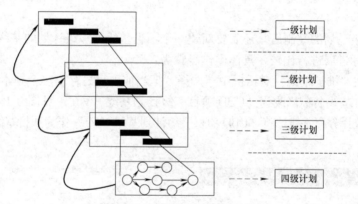

图 8-17　多级计划之间的关系

对于多级计划的编制，还要考虑计划的渐进性特点。在执行上级计划对下级计划控制原则的基础上，随着对项目认识程度的深入，根据下级计划的结果对上级计划做出必要的调整。例如，对于二级计划可以先设定二级指导性计划，根据二级指导性计划的要求编制三级计划，然后再汇总形成二级控制性计划。不同层级计划之间数据的关联技术主要使用配合作业和 WBS 作业。

8.4.2　一级计划的编制

项目一级计划通常产生于项目早期，是项目整体计划的高度概括。此时的作业清单内容一般较少，且彼此之前逻辑关系不强。因此在编制一级计划时通常会使用到作业限制条件，比如"开始不早于"或"完成不早于"，以便让作业具有正确的开始或完成日期。

以本书示例项目为例，一级计划的编制过程为：

步骤 1：准备一级计划的作业清单，包括作业代码和作业名称。通常里程碑类型的作业可以将作业代码以 M（Milestone 的缩写）作为前缀。

步骤 2：根据里程碑作业表达的事件开始或完成属性，定义作业的作业类型，例如开始里程碑或完成里程碑。

步骤 3：一级计划中的作业有时会存在缺乏有效逻辑关系的情况，此时为了让作业具有准备的开始或完成日期，需要人工为作业分配限制条件及限制条件日期。对于一级计划中的里程碑作业，通常采用"开始不早于"和"完成不早于"两种作业限制条件。

步骤 4：为一级计划中的所有作业分配计划层级分类码，并选择码值为 L1；为作业分配分类码的方法一般有两种，第一种是从"作业"窗口底部详情中的"分类码"标签页中分配；第二种是在栏位中使用"向下填充"功能，见图 8-18。

作业代码	作业名称	原定工期	作业类型	开始	完成	第一限制条件	第一限制条件日期	计划层级
CBD项目		365d		2020-04-01	2021-05-07			
里程碑		365d		2020-04-01	2021-05-07			
M1000	项目启动	0d	开始里程碑	2020-04-01				L1
M1010	施工图设计完成	0d	完成里程碑		2020-07-03*	完成不早于	2020-07-03	L1
M1020	开工典礼	0d	完成里程碑		2020-09-06*	完成不早于	2020-09-06	L1
M1030	基础出正负零	0d	完成里程碑		2020-12-10*	完成不早于	2020-12-10	L1
M1040	主体结构验收	0d	完成里程碑		2021-01-07*	完成不早于	2021-01-07	L1
M1050	项目结束	0d	完成里程碑		2021-05-07*	完成不早于	2021-05-07	L1

图 8-18　项目一级计划

在完成一级计划的编制后，还需要新建一个项目基线即一级计划的基线，用于未来与一级计划的实际进展进行比较，具体操作步骤为：

步骤 1：在"维护基线"对话框中，选择"把当前项目另存为一个副本作为新基线"。

步骤 2：将基线名称修改为"CBD 项目一级计划基线—V1"，见图 8-19。

步骤 3：选择分配基线，将"CBD 项目一级计划基线—V1"作为项目基线，见图 8-20。

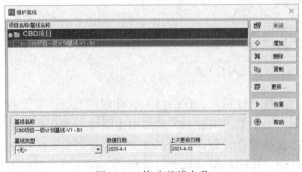

图 8-19　修改基线名称

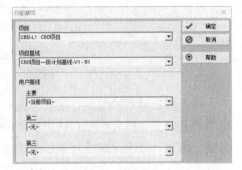

图 8-20　分配 CBD 项目一级计划基线

步骤 4：在横道图区域的"栏"设置中，选择显示"项目基线横道"及"基线里程碑"，可以将此视图保存，以便实现未来一级计划与其基线的对比分析。在后续的二级计划编制过程中，也可以通过此视图查看二级计划对一级计划产生的影响，见图 8-21。

8.4.3　二级计划的编制

二级计划的编制原则需要满足：①二级计划需要在一级计划的指导下完成；②二级计

图 8-21　在横道图中显示基线

划汇总后需要满足一级计划的要求。

编制二级计划的步骤为：

步骤 1：完善二级计划的 WBS 系统，见图 8-22。

步骤 2：编制二级计划的作业清单、定义工作，为二级计划作业分配计划层级全局作业分类码。

步骤 3：连接同一 WBS 下二级计划作业的内部逻辑。

步骤 4：完善二级计划与一级计划的逻辑关系。原则上所有的一级计划均应与其对应的二级计划作业连接逻辑关系并受二级计划作业开始或完成日期的影响，见图 8-23。

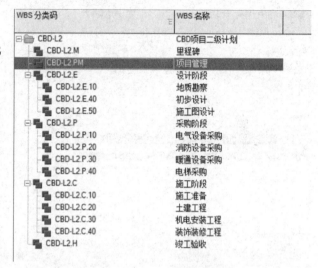

图 8-22　完善二级计划 WBS

图 8-23　完善上下级计划中作业的逻辑关系

步骤 5：二级计划与一级计划的逻辑关系全部完善后，清除一级计划的限制条件。

步骤 6：在"作业"窗口中自定义栏位，显示"差值—基线项目完成日期"，比较一级计划是否依旧满足一级计划基线的目标。"差值—基线项目完成日期"值为 0，说明二级计划满足了一级计划的要求；"差值—基线项目完成日期"值为负数，则说明二级计划超出了一级计划的基线日期；"差值—基线项目完成日期"值为正数，则说明二级计划可以提前于一级计划的基线日期，见图 8-24。

在完成二级计划的编制后，还需要新建一个项目基线即二级计划的基线，用于未来与二级计划的实际进展进行比较。

步骤 7：当二级计划编制完成且满足一级计划的基线日期后，可以生成二级计划的基线，并发布二级计划用以指导承包商的三级计划编制，见图8-25。

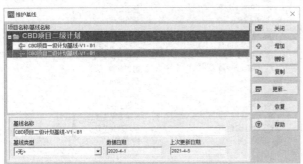

作业代码	作业名称	原定工期	作业类型	开始	完成	第一限制条件	第一限制条件日期	计划层级	差值-基线项目完成日期
CBD项目		365d		2020-04-01	2021-05-07				0d
里程碑		365d		2020-04-01	2021-05-07				0d
M1000	项目启动	0d	开始里程碑	2020-04-01				L1	0d
M1010	施工图设计完成	0d	完成里程碑		2020-07-03			L1	0d
M1020	开工典礼	0d	完成里程碑		2020-09-06			L1	0d
M1030	基础出正负零	0d	完成里程碑		2020-12-10			L1	0d
M1040	主体结构验收	0d	完成里程碑		2021-01-07			L1	0d
M1050	项目结束	0d	完成里程碑		2021-05-07			L1	0d

图8-24　比较一、二级计划完成日期差值

步骤8：在"分配基线"窗口中，将二级计划基线作为二级计划的项目基线，见图8-26。

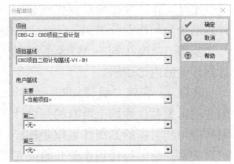

图8-25　维护CBD项目二级计划基线　　　　图8-26　分配CBD项目二级计划基线

8.4.4　三级计划的编制

三级计划的编制原则需要满足：①三级计划的编制需要在二级计划的指导下完成；②三级计划汇总后需要满足二级计划的要求。

一般情况下，项目会涉及设计三级计划、采购三级计划和施工三级计划。

在特殊情况下，本示例将项目三级计划作为费用控制计划，项目资源统一加载到三级计划中，并汇总形成项目的整体预算。

编制三级计划的操作步骤为：

步骤1：完善三级计划的WBS系统，见图8-27。

步骤2：在"作业"窗口，为三级计划WBS增加作业清单，估算工期，分配"L3—三级计划"作业分类码。若L3级设计计划中涉及报审的作业，均使用五天工作制日历。其他作业保持默认的七天工作制日历。

步骤3：连接同一WBS下三级计划作业的内部逻辑。

步骤4：删除原二级计划与一级计划之间的逻辑关系。

步骤5：删除二级计划内部之间的逻辑关系。

步骤6：完善不同WBS间三级计划的逻辑关系（包括三级计划与一级计划的逻辑关系）。

步骤7：把二级计划作业的作业类型从"任务相关"更改为"WBS汇总"。

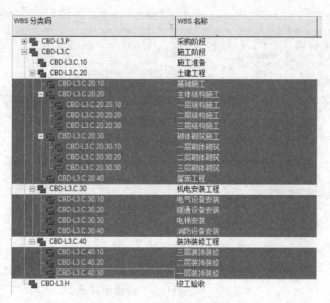

图 8-27　完善三级计划 WBS

步骤 8：执行进度计算，判断三级计划是否满足二级计划的要求，过滤二级计划，查看二级计划的开始和完成日期是否与基线计划有偏差，见图 8-28。

作业代码	作业名称	原定工期	作业类型	开始	完成	第一限制条件	第一限制条件日期	计划层级	差值-基线项目完成日期
地质勘察		10d		2020-04-01	2020-04-13				0d
E-L2-1000	地质勘察	10d	WBS汇总	2020-04-01	2020-04-13			L2	0d
初步设计		16d		2020-04-14	2020-04-29				0d
E-L2-1010	初步设计	16d	WBS汇总	2020-04-14	2020-04-29			L2	0d
施工图设计		57d		2020-04-30	2020-07-03				0d
E-L2-1020	施工图设计	57d	WBS汇总	2020-04-30	2020-07-03			L2	0d
采购阶段		131d		2020-10-20	2021-03-09				0d
电气设备采购		41d		2020-11-05	2020-12-15				0d
P-L2-1000	电气设备采购	41d	WBS汇总	2020-11-05	2020-12-15			L2	0d
消防设备采购		56d		2020-12-19	2021-02-22				0d
P-L2-1240	消防设备采购	56d	WBS汇总	2020-12-19	2021-02-22			L2	0d
暖通设备采购		56d		2020-12-19	2021-02-22				0d
P-L2-1230	暖通设备采购	56d	WBS汇总	2020-12-19	2021-02-22			L2	0d
电梯采购		131d		2020-10-20	2021-03-09				0d
P-L2-1250	电梯设备采购	131d	WBS汇总	2020-10-20	2021-03-09			L2	0d
施工阶段		274d		2020-07-04	2021-04-24				0d
施工准备		65d		2020-07-04	2020-09-06				0d
C-L2-1000	施工准备	65d	WBS汇总	2020-07-04	2020-09-06			L2	0d
土建工程		187d		2020-09-07	2021-03-30				0d
C-L2-1010	土建工程	187d	WBS汇总	2020-09-07	2021-03-30			L2	0d
机电安装工程		82d		2021-01-21	2021-04-22				0d
C-L2-1020	机电安装工程	82d	WBS汇总	2021-01-21	2021-04-22			L2	0d
装饰装修工程		22d		2021-03-31	2021-04-24				0d
C-L2-1030	装饰装修工程	22d	WBS汇总	2021-03-31	2021-04-24			L2	0d
竣工验收		7d		2021-04-26	2021-05-07				0d
H-L2-1000	竣工验收	7d	任务相关	2021-04-26	2021-05-07			L2	0d

图 8-28　比较二、三级计划完成日期差值

在完成三级计划的编制后，需要为三级计划作业分配资源及费用。

步骤 9：为三级计划作业增加资源，见图 8-29。

步骤 10：为三级计划作业增加其他费用，见图 8-30。

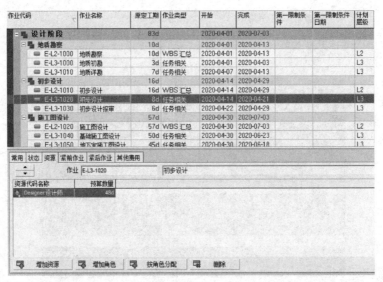

图 8-29　为三级计划作业增加资源

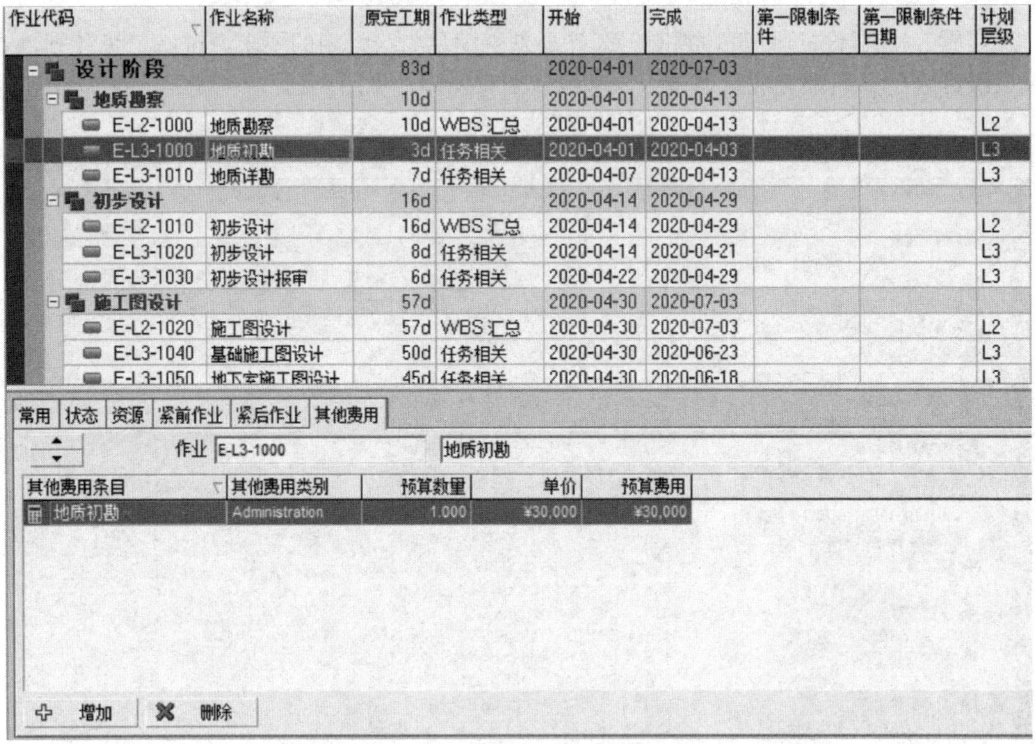

图 8-30　为三级计划作业增加其他费用

为三级计划作业分配资源及费用后，还需要新建一个项目基线即三级计划的基线，用于未来与三级计划的实际进展进行比较。

步骤 11：为三级计划生成三级计划基线，见图 8-31。

步骤 12：设置项目基线为"CBD 项目三级计划基线-V1-B1"，见图 8-32。

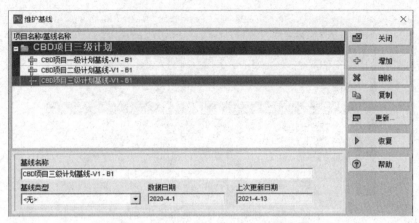

图 8-31　维护"CBD"项目三级计划基线

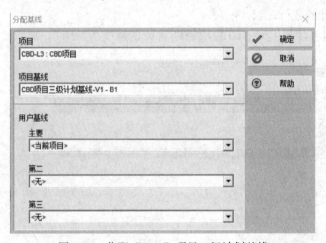

图 8-32　分配"CBD"项目三级计划基线

8.4.5　四级计划的编制

四级计划的编制原则需要满足：①四级计划的编制需要在三级计划的指导下完成；②四级计划汇总后需要满足三级计划的要求。

编制四级计划的操作步骤为：

步骤 1：定义四级计划的 WBS。本示例中将不再对 WBS 系统进一步分解，WBS 系统与三级计划保持一致。

步骤 2：增加四级计划作业清单，估算作业工期，分配"L4-四级计划"全局作业分类码。

步骤 3：连接四级计划作业的内部逻辑关系。

步骤 4：如果三级计划作业继续细分了四级，那么删除该三级计划作业与一级计划作业的逻辑关系，并搭接四级计划作业与一级计划作业的逻辑关系。

步骤 5：把三级计划作业的作业类型从"任务相关"更改为"WBS 汇总"。

步骤 6：执行进度计算，并判断四级计划是否满足三级计划的要求，见图 8-33。

图 8-33　判断三级计划是否与基线吻合

在完成四级计划的编制后，还需要新建一个项目基线即四级计划的基线，用于未来与四级计划的实际进展进行比较。

步骤 7：为四级计划生成"CBD 项目四级计划基线-V1-B1"，见图 8-34。

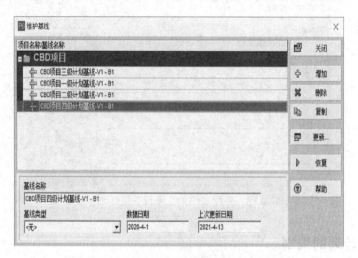

图 8-34　维护"CBD"项目四级计划基线

步骤 8：设置项目基线为"CBD 项目四级计划基线-V1-B1"，见图 8-35。

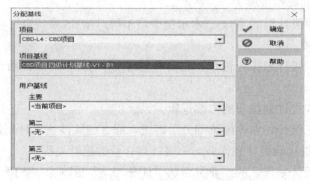

图 8-35　分配"CBD"项目四级计划基线

8.5　多级计划的更新

8.5.1　多级计划更新概述

在多级计划体系中，无论设计、采购和施工计划分成几个层级，当项目有实际进展时，需要分别更新设计、采购和施工的最末级计划以及项目一级里程碑计划作业的状态。处于中间层级的计划，因其作业类型为 WBS 汇总，其作业状态会根据其下一层级计划的状态自动更新，见图 8-36。

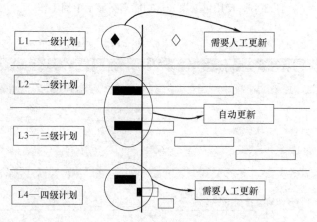

图 8-36　多级计划更新的机制

8.5.2　确定更新周期

在更新计划之前，计划经理应根据项目控制的需要，为项目建立一个较为固定的更新周期，例如每周、每两周或每月。定义更新周期的好处在于可以让项目各成员养成周期性盘点、更新和分析计划的良好习惯。

在确定更新周期后，计划工程师则需要在每个新的更新周期内检查本周期内是否有对应的一级里程碑作业需要开始或完成，并人工更新一级里程碑作业和最末层级计划中作业的状态。

8.5.3　更新作业进展

假设第一周为本项目第一个计划更新周期，使用进展聚光灯或过滤器筛选下周工作计划，可以直观地看到第一个更新周期内仅涉及设计部分的工作，见图 8-37。

设计代表在项目的第一个更新周期内，可以比较容易地检测到一级计划中"M1000-项目启动"作业按计划需要开始，因此需要根据"M1000-项目启动"里程碑作业的实际开始日期更新"M1000-项目启动"里程碑作业的状态，见图 8-38。

同时在设计三级计划中，"E-L3-1000 地质初勘"和"E-L3-1010 地质详勘"两条作业的状态也需要根据实际进展进行更新，见图 8-39、图 8-40。

317

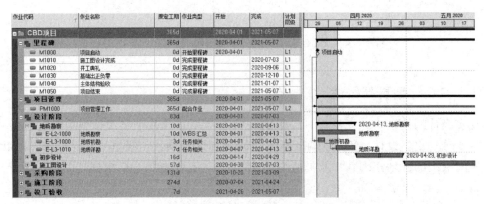

图 8-37　使用进展聚光灯功能高亮显示下周工作

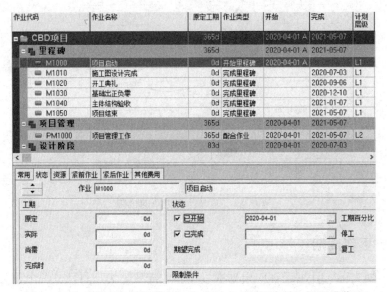

图 8-38　在"状态"标签页中勾选"M1000-项目启动"里程碑作业

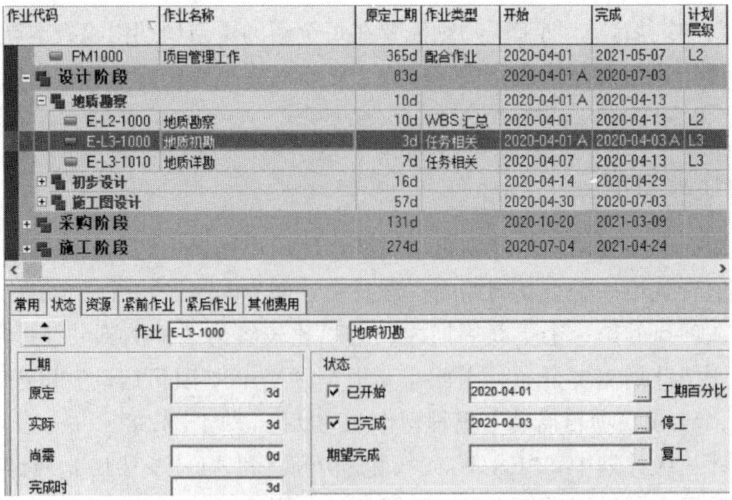

图 8-39　更新"E-L3-1000 地质初勘"的作业状态

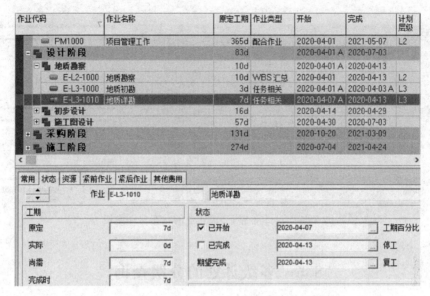

图 8-40　更新"E-L3-1010 地质详勘"的作业状态

8.5.4　进度计算

对"CBD"项目执行 F9 进度计算，并将当前数据日期更新至 2020 年 4 月 8 日，见图 8-41。

图 8-41　进度计算（2020 年 4 月 8 日）

8.5.5　检查中间层级的更新状态

进度计算后可以看到设计部分 L2 级计划，"E-L2-1000 地质勘察"和"PM1000 项目管理工作"两条作业的状态会根据设计部分 L3 级计划的进展自动更新，见图 8-42。

图 8-42　设计部分 L2 级作业的状态自动更新

8.6　多级计划的分级查询

通常，在项目上不同管理人员对计划的关注颗粒度有所不同。例如业主决策层往往会重点关注项目一级计划的执行情况以及与基线比较的偏差情况，从而有针对性地做出管理决策。因此，计划工程师可以为不同的用户角色预定义匹配该用户角色管理需求的视图，进而大大提高获取数据和信息的效率。

在 P6 软件"作业"窗口中，可以通过打开不同的视图进行多级计划的分级查询。在本项目中，如果相关用户需要查询项目一级计划的进展情况，则只需要打开视图中的"L1—一级计划查看视图"，软件会自动过滤和筛选一级计划并进行呈现，见图 8-43。

图 8-43　项目一级计划查询视图

参 考 文 献

[1] 齐国友. P3E/C 工程项目管理应用 [M]. 北京：机械工业出版社，2007.

[2] （美）Project Management Institute 著. 进度管理实践标准：第二版 [M]. 北京：电子工业出版社，2016.

[3] （美）PMI 项目管理协会. 项目管理知识体系指南（PMBOK 指南）：第 6 版中文版 [M]. 北京：电子工业出版社，2018.

[4] Williams，Daniel，Britt Krazer，Elaine. Oracle Primavera P6 Version 8：Project and Portfolio Management [M]. Britain：Packt Publishing Limited，2012.

[5] （澳）哈里斯. 项目规划和控制：OraclePrimaveraP6 应用 [M]. 孙然，译. 北京：中国建筑工业出版社，2013.

[6] 刘俊哲，中正，瑞恒. Microsoft Project 2016 管理实践 [M]. 北京：清华大学出版社，2019.

[7] （美）克劳夫（Clough，R.）. 建筑项目管理 [M]. 张平华，译. 北京：机械工业出版社，2004.

[8] Clough，R. H.，Sears，G. A.，and Sears，S. K.（2000）. Construction project management [M]，4th Ed.，Wiley，New York.

[9] 肖和平，张德义. Oracle Primavera P6 国际工程计划管理软件百问百答 [M]. 天津：天津出版传媒集团，2016.

[10] 葛娟. Microsoft Project 项目管理与应用 [M]. 北京：清华大学出版社，2012.

[11] 沈雄伟. Primanera（P3e/c）应用指导——水电篇 [M]. 北京：中国建筑工业出版社，2007.

[12] 刘运元. Primanera（P3e/c）应用指导——火电篇 [M]. 北京：中国建筑工业出版社，2007.

[13] 弗雷德里哈·哈里森，丹尼斯·洛克. 高级项目管理：第四版 [M]. 操先良，译. 北京：经济管理出版社，2011.

[14] （美）翰觉克森（Hendrickson，C. T.）. 建设项目管理 [M]. 徐勇戈，曹吉鸣，等，译. 北京：高等教育出版社，2005.

[15] （美）古尔德（Gould，F. E.）. 建设工程管理——估算、进度计划与项目控制：第二版 [M]. 毕星，王安民，等，译. 北京：清华大学出版社，2005.

[16] （美）古尔德（Gould，F. E.），（美）乔伊斯（Joyce，N. E.）. 工程项目管理：第二版 [M]. 孟宪海，译. 北京：清华大学出版社，2006.

[17] （美）欣泽（Hinze，J. W.）. Construction Planning and Scheduling [M]. 北京：清华大学出版社，2004.

[18] （美）格里菲斯（Griffis，F. H.），（美）法尔（Farr，J. V.）. 工程师用工程项目计划 [M]. 尚天成，刘培红，等，译. 北京：清华大学出版社，2006.

[19] （美）奥伯兰德（Oberlender，G. D.）. 工程设计与施工项目管理 [M]. 毕星，等，译. 北京：清华大学出版社，2006.

[20] （美）韦布（Webb，A.）. 项目经理指南：项目挣值管理的应用 [M]. 戚安邦，熊琴琴，吴秋菊，译. 天津：南开大学出版社，2005.

[21] （英）基林（Keeling，R.）. 项目管理 [M]. 王伟辉，译. 北京：经济管理出版社，2005.

[22] （印）K. K. 奇特克勒. 工程建设项目管理：计划、进度与控制 [M]. 查世云，陆参，刘志海，等，译. 北京：知识产权出版社，2005.

[23] 戚安邦. 项目管理学 [M]. 天津：南开大学出版社，2003.

[24] （英）洛克（Lock，D.）. 项目管理 [M]. 李金海，等，译. 天津：南开大学出版社，2005.

［25］ 成虎，陈群. 工程项目管理［M］. 北京：中国建筑工业出版社，2015.

［26］ 沈天阳等著. 中文版 Project 2002 & server 教程［M］. 北京：中国宇航出版社，2003.

［27］ （英）特纳. 项目管理手册——改进过程、实现战略目标：第二版［M］. 任伟，石力，魏艳，译. 北京：清华大学出版社，2002.

［28］ （英）特纳，斯蒂芬. 项目管理手册：第三版［M］. 李世其，樊葳葳，等，译. 北京：机械工业出版社，2004.

［29］ 白思俊. 现代项目管理（升级版）［M］. 北京：机械工业出版社，2019.

［30］ 昆廷. 弗莱明，乔尔. 科佩尔蒙. 挣值项目管理［M］. 张斌，陈洁，译. 北京：电子工业出版社，2007.

［31］ 张会斌，董方好. Project 2019 企业项目管理实践［M］. 北京：清华大学出版社，2020.